현대의 孫子兵法

超限戰

세계화 시대의 전쟁과 전법

초한전

Wars Beyond Limits

챠오량喬良 · 왕샹수이王湘穗 지음
이정곤 옮김

교우미디어

저자 한국어판 서문

《초한전》이 한국어판으로 세상에 나오게 되어 즐겁다. 그 이유는 이 책이 영어, 프랑스어, 스페인어, 이탈리아어, 일본어 등으로 번역되었는데, 또 새로운 언어로 번역되었고, 게다가 출판된 지 21년이 되었지만 세상으로부터 여전히 인정받는다는 것을 증명하기 때문이다.

21세기 초, 우리들은 이 책에서 미국의 9 · 11사건을 2년 먼저 예측했기 때문에, 서방은 이 책 때문에 큰 충격을 받았다. 이후, 우리들은 이 책이 미 육군사관학교의 필독서, 미 해군대학의 정식 교재가 되었다는 것을 알게 되었다. 그 후, 존스 홉킨스 대학은 5년 동안 매년 한 차례 "초한전 세미나"를 개최하였고, 미국인의 방식으로 "초한전"에 대응하는 방법을 찾으려고 하였다. 그래서 우리들은 전 미 합참의장 메티스 대장과 호프만 중령이 제기한 "혼합전" 이론과 미 공군 글로벌 타격 사령부Air Force Global Strike Command 사령관 티모시 M. 레이Timothy M. Ray 대장이 제기한 "무한 게임Infinite Game" 이론을 계속 주목하였다. 이 이론들은 제목만 보면 새로운 내용이 있는 것 같다. 그러나, 만약 그들의 저작과 우리의 것을 대조해 본다면, 아마도 구분하지 못할 사람은 없을 것이다. 이 이론들은 《초한전》의 미국판에 불과하다. 심지어 메티스와 호프만도 인정하지 않을 수 없을 것이며, "초한전"이 바로 "최초의 혼합전" 이론이다. 우리들 졸작에 대한 미국인의 모방은 우리 이론에 대한 자신감을 강화해 주었다. 말이 나온 김에, 우리들은 한국의 독자들에게 "이 책의 미국 영문판은 미국인들이 중국 저작물에 대하여 해적판을 낸 유일한 책으로, 지금까지 아마존 서적을 통해 전 세계에 발행된 지 18년이 되었다"는 점을 알려주고 싶다. 이렇게 상식을 벗어난 행동이 미국인과 우리들 사이에 발생하여, 사람들로부터 울지도 웃지도 못하게 하고 멸시받게 되었다. 다행히 우리들은 미국인들이 확대시킨 《초한전》의 영향력에 위안을 받는다.

또한 우리들은 한국의 독자들에게 “사실 이 책의 진정한 가치는 결코 9 · 11 사건을 예측한 데 있는 것이 아니라, 21세기 전쟁에 대한 예측에 있다: 우리들은 새로운 세기에 들어선 후, 전쟁은 점차 전통적인 군사적 영역의 경계를 초월하여 다른 영역으로 확대되고 있다고 생각한다.”라고 말하고 싶다. “비군사전쟁행동”은 새로운 전쟁양식이 되었고 국가들 사이 게임하게 되는 주류의 방식이 될 것이다. 현재, 우리들은 트럼프 대통령이 개시한 무역전, 과학기술전, 규칙전 등 비군사전쟁행동을 통해 그 윤곽을 명확히 보여주었다고 판단한다. 달리 말하면, 《초한전》은 역사와 시대로부터 검증을 받고 있다.

바로 이와 같기 때문에, 이 책은 21년 전 출판되어 지금까지 4가지 중국어판이 세상에 나오게 되었다. 하지만, 우리들은 모든 판본에서 서문, 후기를 통해 필요한 설명을 한 점을 제외하고는, 본문의 한 글자도 바꾸지 않았다. 그 이유는 이 책이 시간의 검증을 견뎌낼 것으로 믿었기 때문이다.

우리들은 한국어판 《초한전》의 초판을 맞이하여 한국의 독자들에게 인사를 드리고 싶다. 그리고 세상에서 가장 근면하고 창의성이 풍부한 민족 가운데 하나인 한국인들이, 이 책을 이해하고 우리들을 이해해 주기를 바란다. 끝으로 이정곤 씨에게 특별히 감사의 마음을 드린다. 그의 노력으로 이 책이 한국어로 출판되었다.

차오량(喬良) 왕샹수이(王湘穗)

2021년 1월 1일

초판 서문

이 책을 쓰게 된 동기는 세상 사람들이 주목한 군사훈련이었다. 나와 왕샹수이는 3년 전, 훈련 때문에 복건성의 쟈오안招安이라는 작은 도시에서 만났다. 당시 동남방 연해는 바람소리가 날로 세지고, 양안의 형세가 매우 긴박했으며, 2개의 항공모함 전단도 긴급히 도착해 더욱 귀찮게 되었다. 군사상황은 일시에 무슨 일이 일어날 것 같이 긴급해서, 사람들은 "가슴 속의 계책" 같은 것을 생각하게 되었다. 그래서 우리는 한 권의 책을 쓰기로 결정했다. 우리는 각자가 수십 년 특히, 최근 10년 간 군사문제에 대한 관심과 생각을 이 책에 농축시키고자 하였다.

우리는 이후 많은 전화를 걸었고, 많은 편지를 썼으며, 많은 밤을 새웠다. 유일하게 이를 증명할 수 있는 것은 바로 이 얇은 책이다.

먼저 독자들에게 유감을 전하고 싶은 것은, 설사 우리들이 매우 성실히 힘들게 썼을지라도, 여러분은우리들을 포함 여전히 실수와 부적합한 부분이 많다는 것을 발견할 수 있을 것이다. 이것은 "많은 지도 편달을 부탁드립니다"와 같이 유감스러운 말로 양해를 구할 수 있는 것이 아니다. 단지 다음에만약 다음번에 할 수 있다면 제 2판을 출판한다면 정정을 하겠다.

이 책의 출간과 관련해서, 해방군문예출판사 사장 청뿌타오程步濤와 부사장 황구오룽黃國榮에게 감사한 말씀을 드린다. 이들은 조금도 주저하지 않고 지지를 하였고, 이 책이 빠른 시간 내에 출판되도록 도와주었다. 그리고 제 1도서 편집부 주임 샹샤오미項小米에게도 감사한다. 그녀는 지난날과 다름없이 우리들을 위하여 다른 4권의 책을 편집할 때와 같이, 세밀하고 가혹하게 책을 교정했고 매우 좋은 의견들을 제시했다. 이번에도 우리들은 심심한 감사를 표하는 것 외에, 우리들의 사의를 표현할 수 있는 더 좋은 방법을 찾지 못했다.

마지막으로 우리들은 이 책의 완성을 위한 가족들의 희생에 감사하고 싶다. 이것도 물론 언어를 이용해서 표현할 수 있는 그런 것이 아니다.

1998년 3월 2일~12월 8일 완성

1999년 2월 1일 적다.

서문 (제2판)

우리는 처음 이 책을 쓸 때, 이 책이 고전이 되게 하려는 작은 '야심'을 가지고 있었다. 그 이유는 신군사혁명이란 대문이 열릴 때 우리들은 과거 고전적인 설명만으로는 국가안보가 당면한 새로운 위협에 대처할 방법이 없다고 생각했다. 군사사상은 최초로 창조한 것 같은 깨끗함을 필요로 했다.

우리들은 최초의 목표에 거의 접근했다. 그러나 "명성이 천하에 널리 알려지고, 비방이 천하에 가득 차다."라는 말과 같이 최초 창조한 저작물은 늘 기구한 운명을 가진다. 우리들은 이번 제 2판과 관련해서 편집책임자인 젠위簡于와 머우제牟洁, 중국사회출판사에 감사함을 표하고 싶다. 당연히 우리들은 이 책의 초판을 위해서 중요한 기여를 한 샹샤오미項小米, 청뿌타오程步濤와 황구오룽黃國榮에게도 감사함을 느낀다. 그리고 이 책을 읽은 군인과 일반시민 독자들, 우리들의 강연을 들은 무수한 청중, 이 책을 보도한 매체들에게도 감사하다. 또한 초한전을 일본어판, 이탈리아어판, 프랑스어판, 중국어 번체자판으로 번역을 하고 서문을 쓰며 출판을 하는 데 노력한 친구들, 심지어 우리들의 판권을 받지 않고 영문판으로 번역한 미국 출판사와 발행인들에게도 감사하다. 비록 그들이 무슨 동기로 출판했는지에 관계없이, 초한전이 영어권 나라에서 전파되어 자기들의 눈으로 읽고 자기들의 머리로 생각하는 친구들을 얻게 되었다.

마지막으로 우리들은 이번 기회를 빌어 가족들에게 감사하고 싶다. 비록 우리들은 함께 한 그녀들이 대수롭지 않게 여기더라도, 그녀들의 변하지 않는 이해와 지지에 감사한다.

2005년 8월

서문 (제3판)

우리들이 초한전을 쓴 목적은 20세기 후반에 발생한 세계군사혁명에 대한 생각을 서술하기 위한 것이었다. 우리들은 기술의 발명과 종합적인 운용 때문에, 금융전 · 신테러전 등 비전통전쟁과 군사적 성격의 전쟁과의 조합, 그리고 비국가조직과 국가가 함께 전쟁의 주체가 되어 전쟁에는 큰 변화가 나타나게 되었고, 완전히 새로운 형태의 전쟁 즉, 초한전이 나타나게 되었다고 생각한다.

1999년 2월 해방군문예출판사가 초한전을 출판한 후, 군사부문을 뛰어넘는 큰 반향을 일으켰고 많은 논쟁들이 있었다. 한 군사 전문가가 토론회에서 "테러공격 같은 전술수준의 행동이, 어떻게 초강대국에게 전략수준의 효과를 낼 수 있었는가?"라는 질문을 했다. 2001년의 9 · 11 사건은 전통적인 안보관을 가지고 있는 사람들이 새로운 위협에 대해 무감각과 사상적 보수성을 가지고 있다는 것을 증명해 주었다. 지금, 테러공격과 반테러행동은 당당하게 전쟁의 범주에 들어갔고, 현대군인이라면 반드시 대면해야 하는 새로운 도전이 되었다. 황당한 것은, 조금 일찍 빈 라덴으로 대표되는 신테러주의의 위협을 지적하고 분석한 우리들을 테러주의의 대표로 평가하는 것이었다. 이 때문에, 초한전은 '악마화惡魔化'되었다.

그러나 책에는 책의 운명이 있다. 초한전이 계속 영문판, 일본어판, 이탈리아어판, 프랑스어판, 월남어판과 중문 번체자판으로 출판되었다. 2005년 8월, 초한전의 중문판은 제 2판으로 출판되었다. 이때 '레이건 정부는 어떻게 소련을 붕괴시켰는가?', '경제 저격수의 자유' 등 비밀을 폭로하는 서적들이 출판되었고 '색깔 혁명'이 충격적으로 다가와, 사람들은 미국정부가 군사 · 비군사 · 초군사수단들을 이용하여 이익을 추구하는 방법을 이해하게 되었다. 초한전에 대한 태도는 마침내 학리화學理化로 돌아왔다. 그래서 초한전은 많은 국가들의 군사학교, 대학, 씽크탱크Think Tank, 도서관에 들어가게 되었다. 2008년에는 미국 금융위기가 발생하여, 화폐전쟁과 금융전쟁에 관한 토론이 전세계적인 화제가 되었다. 호북장강출판사湖北長江出版社의 천즈푸陳智富 편집장은 우리를 찾아와, 초한전은 현재의 위기를 이해하고 해결책을 찾는데 있어서 의미가 있다고 단언하면서 다시 출판할 것을 요청하였다. 우리들은 초한전의 원형을 유지할 것을 요구했기 때문에, 중문 제 3판은 사상을 전파하는 데 도움이 될 수 있으나 경제적 효과가 있을 것 같지는 않았다. 이 때문에, 우리는 천즈푸 편집장의 고집과 호의에 대해 심심한 감사를 표한다. 동시에 우리들을 지지하는 독자들에게도 진지한 존경의 말씀을 전하고 싶다.

여기서, 우리들은 초한전의 출판과 제 2판에 도움을 준 친구들에게도 감사하고 싶고, 그들이 초한전을 위해 했던 모든 것에 감사한다. 역사는 초한전이 인류의 군사사상을 위해 중국이 새롭게 만들어 낸 힘든 노력의 산물이라는 것을 증명해 주었고 증명할 것이다. 우리들은 성공여부와 관계없이, 함께 노력했고 이를 위해 많은 것을 치렀다. 여기에는 우리 가족들의 희생도 포함된다. 이 점에 대해 우리는 영원히 마음속에 기억할 것이다.

2014년

역자 서문

《초한전》과는 3번의 인연이 있었다. 첫째, 대만에서 군사교육을 받으면서 들은 적이 있었다. 둘째, 육군대학에서 근무할 때 한 선배님이 "《초한전》이란 책이 일본 서적에 언급되는데 국내에는 번역되지 않았다. 지역 전문가들은 왜 번역하지 않는가?"라는 질문을 하였다. 셋째, 2009년 중국 국방대학에 한 달간 연수를 가서 중국인 교수에게 《초한전》에 대한 질문을 하였고, 책을 구입하였다. 그리고 2014년 박사 논문이 통과된 후 번역을 시작하였고, 2019년 한국국방연구원 이창형 박사님을 통해 저자와 연락이 되었고, 출판하게 되었다.

지금까지 《초한전》은 초판이 1999년, 제 2판은 2005년, 제 3판은 2014년에 출간되었다. 금번 번역은 《초한전》 제 2, 3판을 중심으로 하였다. 제 3판은 외국에서 번역된 책들의 서문, 부록과 저자의 후기 등이 포함되었는데, 국내 번역에서는 분량을 고려하여 외국에서 번역된 책들의 서문을 생략하였다.

《초한전》은 미국을 포함한 서방국가, 일본, 베트남 등 많은 나라에서 번역 및 출판되었다. 그 이유는 세 가지로 정리할 수 있다. 첫째, 저자들이 《초한전》에서 "미국 정부의 대테러부서가 49개로 분산되어 있고, 빈 라덴 같은 테러주의자들이 비행기 등 일상 생활과 관련된 평화로운 수단이 공포와 큰 파괴력을 줄 것이라고 설명"하였는데, 9 · 11사건으로 현실이 되었다. 이에 미국 국방부는 전문가들을 모아 《초한전》을 집중적으로 분석하였다. 둘째, 2000년대 이후 중국의 경제성장에 따른 중국위협론이 강화되고 있을 때, 미국을 포함한 서방국가는 중국이 추구하는 전략에 대해 관심이 많았고, 이 책을 주목하게 되었다. 셋째, 쟝저민, 후진타오 등 중국 지도자들, 중국의 외교 및 안보 관련 공무원들이 읽은 책으로 알려졌기 때문이다.

한국에서도 《초한전》이 번역되지는 않았지만, 이 책의 영향들이 있었다. 한국은 군사적으로 미군의 영향을 크게 받았지만, 미군에게 영향을 준 《초한전》의 내용에 대해서는 알지 못했다. 《초한전》과 관련된 부분을 보면 다음과 같다. 첫째, 미군을 통해 한국군에도 적용된 "전술적 수준의 행동이 전략적 수준의 결과를 낳을 수 있다"는 개념은 바로 《초한전》의 '초단계조합'이다. 둘째, 미군은 적대 세력이 '하이브리드 전戰'을 한다고 언급했는데, '잡종교배 우세' 즉, 하이브리드가 《초한전》에 언급되고 있다. 셋째, 2008년 육군대학에서 '도시 유격전'에 대해 언급된 적이 있었다. 당시 이것이 나온 배경을 모르고 한반도에서 북한군이 적용할 수 있는가를 판단했었다. 도시유격전은 《초한전》에 나온다. 넷째, '비군사전쟁행동', '비전쟁군사행동' 개념의 정립이다. 미군은 '전 영역작전', '비전쟁군사행동전쟁외 군사작전, MOOTW'을 군사적 측면에서 제시하였지만, 저자들은 '비군사전쟁행동'이란 개념을 제시하였다. 이 개념은 국가안보전략 차원에서 전략의 제 수단을 이용하는 개념으로 전략학에 반영되어 있다. 다섯째, 연합사 및 합참에서 근무하는 일부 고급장교들은 미군의 영향을 받아 《초한전》 영문판을 보고 있고, 한국의 중국 전문가들은 《초한전》의 명성과 저자들이 중국의 언론에서 안보와 관련된 인터뷰를 자주 하고 있다는 점을 알고 있다. 한국 언론에서도 인용하고 있음

2001년 이후 《초한전》이 국가안보와 관련한 참신한 개념으로 알려져 연구되었지만, 지금은 역사 또는 고전이 된 느낌이다. 한국도 국방개혁을 추진하면서 미군의 군사혁신을 많이 받아들였다. 하지만 그 과정에서 미군에 대한 분석보다는 모방하기 바빴다. 이에 반해 저자들은 경쟁 상대로서 미군의 변화에 대해 철저한 분석을 하였다. 《초한전》의 제 1부는 미군에 대한 분석으로 한국의 국방개혁 결과, 군 문화 등을 평가해 볼 수 있다. 중국이 단행한 군사개혁에 대해서도 미군을 비판한 내용을 반영하였는지도 눈여겨볼 만하다. 제 2부는 새로운 전법에 관한 내용이다. 저자들이 언급했듯이 장교들은 전쟁, 전략,

전법 등에 관해 자신의 책을 쓰고 싶어 하는데, 참신한 내용으로 읽어볼 만한 가치가 있다. 부록은 필자와 독자들 사이의 문답 내용, 미국 학자들이 분석한 글들을 수록하였다. 내용은 미중 관계를 중심으로 《초한전》을 객관적으로 평가하고 있다.

끝으로 《초한전》은 탈냉전 이후 세계화 시대 즉, 신자유주의와 정보화 시대가 이끄는 포괄안보시대에 적합한 국가안보전략을 서술하고 있다. 기존 군사안보 중심에서 탈피하여, 금융위기, 신테러전, 생물전, 무역전 등을 전쟁의 형태로 보고 국가이익을 위하여 제 수단을 활용할 것을 주문하고 있다. 예를 들어, 한국에서는 1997년 금융위기, 2010년 천안함 폭침 및 연평도 포격도발, 2019년 한일 간 무역분쟁, 2020년 코로나 19를 금융위기, 국지도발, 무역전쟁, 감염병 위기로 보는데, 《초한전》은 이것들을 국가이익과 관련된 안보위기로 관점을 전환시킨다. 이에 따라 대응도 국력의 제 수단을 활용할 것을 이야기하고 있다. 이 개념은 포괄안보 시대에 부합한다. 물론 한국도 이와 비슷한 제도가 있는데, 바로 대부분의 사람들이 무관심한 '비상대비 업무'이다. '비상대비 업무'를 주로 '전쟁 대비'로만 한정시켜 적용하는데, 그 문제점이 있다.

한국은 지금까지 "탈냉전과 포괄안보"라는 세상의 변화에 따라 '비상대비 업무'의 적용 범위와 방법을 변화시키지 않았다. 따라서 《초한전》은 청와대, 주무부처의 선출직 공무원, 고위공직자 등을 포함한 주요 정책결정자, 국제정치학 및 안보 연구자, 군 장교 및 후보생, 세계화 시대의 안보와 전략에 관심 있는 분들에게 일독을 권한다. 그리고 한국의 국가안보전략을 위한 한국의 챠오량, 왕샹수이와 《초한전》이 나오기를 기대해 본다.

2021년 역자 이 정곤

차례

서론

세상을 바꾼 걸프전

20세기 마지막 10년을 경험한 사람들은 많은 변화를 느꼈을 것이다. 역사상 그 어떠한 10년도 이때보다 더 많은 변화가 발생했다고 감히 말할 수 있는 사람은 없을 것이다. 상전벽해와 같은 변화의 원인은 부지기수이지만, 사람들은 몇 가지 원인들을 반복적으로 거론했다. 그 가운데 하나가 걸프전이다.

'한 차례의 전쟁이 세상을 변화시켰다'라는 결론을 일부 지역에서 단지 42일 동안 지속된 전쟁과 연계시키는 것은 다소 과장된 표현처럼 보이지만, 사실 그러했다. 1991년 1월 17일 이후 나타난 단어를 하나 하나 열거할 필요 없이, 단지 구소련, 보헤미아, 코소보, 클론, 마이크로소프트, 해커, 인터넷, 동남아 금융위기, 유로화 그리고 초강대국인 미국만을 거론해도 충분할 것이다. 이 단어들은 지난 10년간 지구 상 주요 단어가 되었다.

그리고 우리가 말하고자 하는 것은, 이 단어들이 직접적이든 간접적이든 그 전쟁과 관련이 있다는 것이다. 단지, 우리는 신화속의 전쟁을 생각하지 않는다. 특히 신화와 같은 피아 능력의 차이가 큰 전쟁은 고려하지 않는다. 역설적이게도 우리는 한 달 만에 세상을 바꾼 걸프전을 고찰하면서, "전쟁 자체가 변하였다"는 사실에 주목하게 되었다.

우리는 '휘황찬란,' '지배자'라는 단어로 묘사할 수 있는 걸프전이 전쟁의 역사에서 최고점에 도달한 후, 사람들은 전쟁이 이제 세계의 무대에서 더욱 중요한 배역을 할 것으로 생각했는데 갑자기 B급 배역으로 이동했음을 알게 되었다.

세상을 바꾼 한 차례의 전쟁은 최종적으로 전쟁 자체를 바꾸어 버렸다. 이것은 정말 사람들이 상상할 수 없었지만, 동시에 깊이 생각하지 않을 수 없게 만든 일이었다. 아니, 우리가 지적하는 것은 전쟁의 도구, 전쟁의 기술, 전쟁의 방식, 혹은 전쟁 형태의 변화가 아니라 전쟁의 역할인 것이다. 걸프전의 출현으로 줄거리 전체를 바꾸어 버린 안하무인격인 연기자가 스스로 유일한 배역을 마지막으로 연기한 것을, 누가 상상이나 할 수 있었겠는가! 게다가 무대를 내려오지도 않았는데 다시는 주연을 맡을 수 없다는 것을 알게 되고, 자신의 배역이 다시는 무대의 중심을 차지할 수가 없다면, 그건 어떤 느낌이어야 할까?

아마도 이런 느낌을 가장 잘 아는 사람들은, 구세주 · 소방대원 · 세계경찰 · 평화의 사자 같은 배역을 연기하기 시작한 미국인 것이다. '사막의 폭풍'이 지나간 후, 미국은 승리라고 칭할 수 있는 것을 다시는 얻을 수 없었다. 그것이 소말리아든 보헤미아든 다를 바가 없었다. 특히 최근 미 · 영 양국이 이라크에 대해 실시한 공습에서 동일한 무대, 동일한 수단, 동일한 연기자가 지난 8년 전과 같이 다른 사람들에게 깊은 인상을 남긴 장면들을 다시는 보여 줄 수 없었다. 예전 모든 것이 순조로웠던 군사적 수단은, 지구 상 군인들 머리보다 더욱 복잡한 정치, 경제, 문화, 외교, 종교 등의 문제에 직면하여, 갑자기 전에 없던 한계성을 나타냈다. 그러나 이것은 강권정치가 정당했던 시대20세기 대부분 역사는 이 시대에 속함에는 문제가 되지 않았었다. 문제는 미국을 대표로 하는 다국적 부대가 쿠웨이트의 사막에서 이러한 시대를 끝냈으며 새로운 시대가 시작되었다는 것이다.

이 시대는 군인들의 대규모 실업을 생각할 수 없으며, 전쟁이 지구에서 사라지게도 못할 것이다. 이 모든 것이 아직 확정 지어진 것은 아니다. 다만 향후의 전쟁이 다시는 과거의 전쟁이 아닐 것이라는 것을 확신할 수 있다. 다시 말하자면, 인류가 이후 전쟁을 해야 한다면, 그것은 우리가 기존에 알고 있는 방식으로는 진행되지 않는다는 것을 뜻한다.

우리는 자유경제 · 인권 개념 · 환경보호 의식 같은 새로운 동기가 인류 사회와 정신에 대해 준 충격을 부인할 수 없으나, 전쟁의 변화는 이것보다도 훨씬 복잡한 배경을 가지고 있을 수 있다. 만약 그렇지 않으면, 전쟁이라는 불사조는 쇠미한 지경에 이르렀을 때 열반하지 못할 것이다. 사람들은 군사적 폭력 수단을 더 적게 사용하여 분쟁을 해결하려는데 관심을 쏟기 시작하고 이를 선호할 때, 전쟁은 오히려 다른 방법으로 다른 영역에서 새로이 나타날 것이다. 이는 다른 국가 또는 사람들의 의도를 통제하려는 사람들에게 위력이 큰 수단이 될 것이다. 이러한 의미에서, 우리는 파괴도가 전쟁에 결코 뒤지지 않는 소로스 집단의 동남아시아 금융 공격, 오사마 빈 라덴의 미국 대사관에 대한 테러, 옴 진리교도의 도쿄 지하철 가스 살포, 인터넷상 혼란 초래 등은 전쟁에 준하는, 전쟁과 유사한, 전쟁에 버금가는 행위로, 다른 종류의 전쟁으로 인정할 필요가 있다.

여러분이 그것들을 어떻게 부르든지 간에, 우리가 이전보다 더욱 낙관적으로 변하게 될 방법은 없다. 순수한 의미에서 전쟁의 역할은 줄어들고 있지만, 이것이 전쟁의 종결을 의미하는 것이 아니기 때문에 우리는 낙관할 수 없다. 설사 현대 · 후기공업시대에도, 전쟁은 완전히 해석될 수가 없을 것이다. 전쟁은 단지 더욱 복잡하고 광범해지며 은폐되고 미묘한 방식으로 인류사회에 다시 침투할 것이다. 어떤 시에서 표현되었듯이 "어떠한 사건도 발생하지 않았으며 단지 해수海水의 변화를 한번 겪었을 뿐이다"라는 것과 같다. 현대 기술과 시장경제 체제의 변화를 거친 전쟁은 더욱 많은 부분에서 비전형적인 형태로 전개될 것이다. 바꾸어 말하면, 우리는 군사적 폭력이 상대적으로 감소하는 동시에 정치적 폭력, 경제적 폭력, 기술적 폭력이 증가하는 것을 확실히 볼 수 있을 것이다. 그러나 만약 우리가 새로운 전쟁의 원리로 "군사적 수단을 이용하여 상대방에게 자신의 의지를 받아들이도록 강요한다"가 아니라, "무력과 비非무력 · 군사와 비非군사 · 살상과 비非살상의 모든 수단으로 상대방에게 자신의 이익을 받아들이도록 강요한다"라는 것에 동의한다면, 어떠한 형태의 폭력이라도 전쟁은 전쟁이며, 외관적인 변화가 전쟁의 원리를 준수하는 것을 막지는 못할 것이다.

이것이 바로 변화이다. 즉 전쟁의 변화 및 이로 인한 전쟁 방식의 변화이다. 그러면 도대체 무엇이 변화를 초래하게 하였는가? 그리고 어떻게 변화하고 어디로 변화하며 이러한 변화를 어떻게 받아들여야 하는가? 이것이 이 책에서 언급 및 제시하려고 시도하는 과제이며, 우리가 이 책의 저술을 결정하게 된 동기이다.

1999년 1월 17일

걸프전 발발 8주년

제1부
새로운 전쟁

나라가 강할지라도 전쟁을 좋아하면 반드시 망하고,
천하가 평안할지라도 전쟁을 망각한다면 반드시 위태로움이 있다.
– 사마양저(司馬穰苴)

과학과 기술적 진보는 일련의 혁명적 단계들을 통해
우리들에게 자연계에 관한 새롭고 이상적인 모습을 보여준다.
– 버나드 커언

기술은 현대 인류의 토템Totem이다.[1]

공리주의 아래, 기술이 과학보다 사람들의 주목을 더 받는 것은 그리 이상한 일이 아니다. 과학 대발견의 시대는 이미 아인슈타인 이전의 세월에 머물러 있다. 현대인은 해가 갈수록 자신이 살아 있는 동안 모든 꿈이 실현되는 것을 기대하는 경향이 있다. 이러한 현상은 현대인들로 하여금 자신들의 미래를 헤아릴 때, 도수가 매우 높은 근시용 안경을 쓰고 기술에 애걸하도록 만들었다. 이와 같이, 기술은 그리 길지 않은 시간에 사람들이 주목할 만한 커다란 발전을 거뒀고, 눈앞의 이익에만 급한 인류에게 많은 이익을 가져다주었다. 우리는 그것을 '기술의 진보'라고 자랑스럽게 일컬었으나, 이때가 오히려 인간성을 잃어버린 '기술 미개의 시대'[2]였다는 것을 몰랐다.

오늘날 기술은 사람들이 통제할 수 없을 정도로 눈부시게 발전하고 있다. 벨Bell 실험실과 소니Sony는 끊임없이 신기한 것을 선보이고 있으며, 빌 게이츠는 매년 새로운 윈도우즈를 선보였으며, 유전자 복제 양 '돌리'는 인류가 조물주를 대신하려 한다는 것을 증명하고 있다. 러시아가 제작한 탁월한 성능의 Su-27 전투기가 어떤 전장에서도 운용된 적이 없는 상황에서 Su-35[3] 전투기가 세상에 그 모습을 드러냈다. 하지만

---

[1] 철학자 스팽글러(O. Spengler)는 자신의 저서인 《인류와 기술》에서 "기술은 하느님과 같이 영원하고 불변한 것이고, 또한 하나님의 아들처럼 인류를 구원하며 성령처럼 우리를 비추고 있다"라고 밝혔다. 그는 기술을 신학자가 하느님을 대하는 것과 같이 숭배하였는데, 이는 인류가 산업시대로 진입하고 정보화시대의 몽매함에 빠져들고 있는 것을 표현하고 있다.

[2] 이 분야에서 프랑스 철학자 겸 과학자인 장 라트리얼(Jean Ladrihre)은 독특한 견해를 가지고 있었다. 그는 과학 기술이 문화에 대한 파괴 효과를 가지고 있을 뿐만 아니라 유도하는 효과를 가지고 있다고 인식했다. 인류는 이 두 가지 효과로 인하여, 기술에 대한 명확한 판단을 유지하기 어려웠다. 항상 '기술숭배'와 '反과학운동'의 사이에서 방황했기 때문이다. 글이 어렵고 사상이 심오한 그의 저서 《과학과 기술의 문화에 대한 도전》을 읽는다면, 기술이 인류 사회에 미친 영향을 관찰하는데 도움이 될 것이다.

[3] 비록 BVR(가시) 무기의 발전이 공중전투의 기본개념에 큰 변화를 주었으나, 근거리 전투개념을 완전히 없앨 수는 없었다. '코브라' 기동을 할 수 있는 Su-27과 '갈고리' 이동을 할 수 있는 Su-35는 현재까지 가장

Su-35 전투기가 전장에서 그 성능을 모두 발휘한 후 성공적으로 퇴장할 수 있을 것인지도 매우 의심스러운 일이다. 기술은 인류의 발에 신겨놓은 '마법의 신발'과 같이 상업적 이익에 따라 태엽이 굳게 감겨진 후, 사람들이 그저 신발에 따라 춤을 추고 정해진 리듬에 따라 빨리 돌게 하고 있다.

와트 에디슨이란 이름은 '기술 대발명'과 동의어로 표현되고, 이 거장의 이름을 이용하여 그 시대를 명명하는 것은 당연한 것이라고 말할 수 있다. 하지만 그 이후, 상황이 변하여 백여 년 동안 다양한 기술의 발명으로 어떠한 신기술도 인류의 생활에서 혁신적이라고 말하기 어렵게 만들었다. 예를 들어, '증기기관 시대', '전기 시대' 등의 표현은 당시에는 명실상부하다고 말할 수 있었다. 현재, 수많은 신기술이 출현하여도 사람들은 이를 향유할 수 있는 시간적 여유조차도 없고, 최첨단기술 · 최신기술의 물결에 묻혀, 하나의 신기술 또는 발명가의 이름으로 한 시대를 명명하는 것은 과거의 일이 되어 버렸다. 이 때문에 우리가 현 시대를 '핵 시대' 혹은 '정보화 시대'라고 부른다면, 사람들로 하여금 편협한 생각을 가지도록 만들게 된다.

우리는 정보기술이 인류문명의 복음이라는 것에 대해서 의문을 가질 필요는 없다. 왜냐하면, 정보기술이 유일하게 판도라 상자로부터 나온 모든 기술인 '전염병'에 커다란 능력을 부여하면서 동시에, 기술을 통제하는 수단이 되었기 때문이다. 단지 현재의 문제는 누가 기술을 제재할 수 있는가이다. 비관적인 관점은 이러한 기술이 인류가 통제할 수 있는 방향으로 발전한다면, 결국 인류는 정보기술의 희생양[4]이 된다는 것

뛰어난 전투기들이다.

[4] 프랑스의 롱거(F. G. Ronge)는 가장 강경한 기술 비관론자이며, 그는 1939년에 이미 현대 기술로 야기되는 기술 지배의 증가 및 환경 문제의 위협 등 일련의 문제들을 인식했다. 그는 기술을 필적할만한 상대가

이다. 이러한 무서운 결론에도 사람들의 정보기술에 대한 열정은 조금도 감소되지 않고 있는 것은 정보기술 그 자체가 가지고 있는 낙관적인 전망이 사람들을 유혹하고 있기 때문이다. 결국 그것이 가지는 독특한 특성인 교류와 공유가 인류를 기술의 미개함에서 벗어나도록 인도하는 '지혜의 빛'으로 기대될 수 있다.

정보기술의 특성은 공교롭게도 이미 존재하고 있는 많은 기술들과, 나타나고 있거나 또는 곧 나타날 기술들로 교체될 수 없으며, 특히 생물기술 · 재료기술 · 나노기술은 정보기술과 공생의 기술로 발전시켜 나가야 한다.

지난 300년 동안, 사람들은 습관적으로 새로운 기술을 추구하고 과거 기술을 도태시키려는 맹목적인 경향을 띠었고, 신기술에 대한 끊임없는 추구는 생존에 관한 모든 문제를 해결하는 묘약이 되었다. 하지만 사람들은 이를 맹신하여 잘못된 길로 빠져들고 있다. 통상 하나의 잘못을 숨기기 위하여 10가지 잘못을 하는 것과 같이, 사람들은 하나의 어려운 문제를 해결하기 위하여 10가지 어려운 문제가 야기되는 것을 유감스럽게 생각하지 않는다.[5] 예를 들면, 사람들은 더 편한 이동을 위하여 자동차를 발명하였으나, 채광제련 · 기계가공 · 석유시추 · 고무추출 · 도로건설 등 자동차 발명에 따른 문제들을 해결할 기술들이 필요하였고,

---

없으며, 악마와 같은 힘을 보유한 것으로 인식했다. 또한 기술이 대자연을 약탈하며 인류의 자유를 박탈했다고 인식하고 있다. 마틴 하이데거(Martin Heidegger)는 《존재와 시간》에서 기술을 "뛰어난 불합리"라고 불렀고, 인류가 기술의 위험을 피하기 위해서 자연으로 돌아갈 것을 요구했다. 가장 유명한 기술 낙관파는 비에너(Wiener)와 쉬타인부흐(Steinbuch)이고, 비에너의 《자동제어학(Cybernetics)》, 《하나님과 로봇》, 《사람에게는 사람으로서의 용도가 있다(The Human Use of Human Beings)》와 쉬타인부흐의 《정보사회》, 《철학과 자동제어학》등의 저작에서 인류사회를 위한 기술의 밝은 측면을 볼 수가 있다.

[5] 데이비드 애런펠드(David Ehrenfeld)의 《인도주의의 오만》에서 많은 사례들을 열거하였다. 슈와츠(Schwartz)는 《과도한 영리함》에서 "하나의 문제 해결은 새로운 문제들을 낳을 수 있으며, 이 문제들은 궁극적으로 그런 해결을 배제할 것이다"라고 밝혔다. 르네 디보(Rene Dibo)도 《이성적 자각》에서 같은 현상들을 이야기했다.

최종적으로 환경오염 · 자원파괴 · 토지강점 · 교통사고 등 심각한 문제를 야기하였다. 결국 자동차로써 걸음을 대신하려 했던 최초 목적과 파생된 문제들을 비교해 보면, 오히려 대수롭지 않은 발명이 되어 버렸다. 기술의 무리한 팽창은 인류로 하여금 최초의 목표를 상실하게 하고, 인류를 끊임없는 기술의 세계라는 미로로 빠지게 할 것이다. 우리는 주저함 없이 이런 현상을 '기술효과'라 부른다.

다행인 것은 이러한 시기에 현대 정보기술이 나타난 것이다. 이는 분명히 기술역사 상 가장 중요한 혁명이다. 이 기술혁명의 의미는 그 자체가 새로운 기술일 뿐 아니라, 기술 간의 첩첩한 장벽을 허물고 서로 연관되지 않은 각종 기술들을 연결시키는 접착제같은 역할에 있다. 이러한 기술의 결합을 통하여, 특이한 신기술들이 파생될 뿐만 아니라, 인류와 기술 관계에 참신한 사고의 방향을 제공하였다. 인류는 단지 인류의 시각에서만 기술의 도구적 본질을 인식할 수 있어서, 자신이 직면한 생존의 문제를 해결하지 못하는 기술-도구의 노예가 될 것이다. 인류는 자신의 상상력을 충분히 발휘하여 각 분야의 기술을 사용할 때 그 가능성을 최대한 이용하고, 끊임없이 과거의 기술을 도태시켜 나갈 것이다. 오늘날은 단지 한 가지 기술만 사용하는 것을 상상할 수가 없다. 정보기술은 낡은 기술과 최첨단 기술을 융합하여 사용할 수 있는 무한한 가능성을 제공했다. 수많은 사실들이 증명하듯이, 기술을 종합적으로 운용하면 기술의 발명보다도 더 많은 사회 발전을 촉진시킬 수 있다.[6]

독창이 중요시되던 국면은 현재 합창으로 대체되고 있다. 기술적 대융합은 세계화 추세를 향상시켰고, 세계화 추세는 역으로 기술적 대융합의 과정을

---

[6] 슐만(Shulman)은《과학시대와 인류 미래》에서 "현대기술의 폭발적인 발전을 기초로 한 현대문화의 발전은, 우리로 하여금 많은 학문들 간의 협력을 바라보게 할 것이다……. 과학의 한 특수한 분야가 과학적인 방법으로 실제를 지도할 수는 없다"라고 지적했다.

가속화하고 있으며, 이것이 바로 우리 시대의 기본적인 특징이다.

이러한 특징은 시대의 모든 분야에서 적용되는 것으로 전쟁의 영역도 예외가 될 수는 없다. 현대화를 갈망하는 군대는 신기술의 개발에 의존하기 때문에, 전쟁은 과거에서부터 신기술의 촉매제적인 역할을 해왔다. 지난 걸프전에서는 모두 500여 종의 80년대를 대표하는 최첨단 기술들을 선보였으며, 이는 걸프전을 신무기들의 공연장으로 만들었다. 하지만 사람들에게 깊은 인상을 남긴 것은 신무기 자체가 아니다. 무기의 발전과 운용의 체계화로 패트리어트 미사일이 스커드 미사일을 요격하는 것이 산탄총으로 새를 맞추는 것처럼 간단하게 보이나, 실질적으로는 지구의 절반에 달하는 지역에 배치된 많은 병기들에 영향을 준 것이다. 예를 들어 DSP 위성이 표적을 발견한 후, 호주 지상 기지에 경보를 전송하고 미국 본토의 샤이엔 산Cheyenne Mountain 지휘소를 거쳐 정보를 '리야드 센터' 지휘소로 발송한 후, 패트리어트 미사일 사수가 전투 위치에 들어가도록 지시했다. 이것은 단지 90초의 조기경보 단계로, 공간체계와 C3I체계에 의존한 송수신은 마치 '하나의 미사일이 전 지구로 움직인다' 라고 말할 수 있을 정도이다. 수많은 무기가 공간을 초월한 실시간 협력으로 전대미문의 작전능력을 구사케 하였으며, 이는 정보기술이 출현하기 전까지 상상조차도 할 수 없는 일이었다. 만약 제 2차 대전 이전에 단일 무기의 출현이 군사 혁명을 초래할 수 있었다면, 오늘날 어느 누구도 혼자서 경망스러운 행동을 할 수가 없을 것이다.

기술 종합-세계화 시대의 전쟁은 전쟁에 대한 무기의 중요성이 없어지고, 새로운 관점에서 전쟁과 무기간의 관계를 정립하였다. 신개념의 무기 특히, 무기의 신개념은 전쟁의 모습 자체를 점차 애매모호하도록 변화시켰다. 예를 들어, 해커의 한차례 침입은 적대적인 행동인가? 금융수단을 이용해 특정국가의 경제를 파괴하는 행위는 전쟁으로 볼 수 있는가?

CNN이 모가디슈 거리에 방치된 미군 병사의 시신을 보도한 것은, 미국인들에게 가득 차 있었던 세계경찰이란 의지를 흔들리게 함으로써 세계전략의 구조를 변화시킬 수 있게 했는가?

또한, 전쟁행위에 대한 판단은 수단인가 또는 효과인가? 분명히 전통적인 전쟁의 정의에서 보면, 위에서 제기한 문제들에 대해 사람들에게 만족할 만한 답안을 줄 수는 없다. 우리는 모든 비非전쟁 행위가 미래 전쟁의 새로운 구성 요소가 될 수 있다고 인식할 때, 우리는 이러한 전쟁의 새로운 형태에 대해 새로운 이름을 지을 수 있을 것이다.

이는 바로 모든 경계와 한계를 초월한 전쟁, 간단히 말하자면 '초한전超限戰'이라 할 수 있다.

만약 이 이름이 성립될 수 있다면 이 전쟁은 다음을 의미한다. 즉, ① 수단이 준비되지 않은 바가 없고, 정보가 미치지 않는 곳이 없으며, 전쟁이 존재하지 않는 곳이 없다. ② 모든 무기와 기술이 임의로 중첩될 수 있다. ③ 전쟁과 非전쟁, 군사와 非군사 사이에 가로놓여 있는 모든 한계는 파괴될 것이다. ④ 기존의 작전원칙은 수정되어 전쟁법조차도 다시 정립되어야 할 것이다.

그러나 '전쟁 신戰神'의 맥박은 파악하기 어렵다. 여러분이 전쟁에 대해 논의하길 바라고 특히, 내일 저녁 또는 모래 아침에 발생할 전쟁에 대해 논의하길 원한다면, 조용히 전쟁의 성격을 규정하고 전쟁 신의 맥박을 자세히 분석해야 할 것이다.

01

늘 먼저 도래하는 무기혁명

기술의 진보는 군사적 목적으로 이용될 수 있을 뿐 아니라,
이미 군사적 목적으로 이용되고 있다.
이는 거의 강제적으로 지휘관의 의지에 자주 반하여
작전방식의 변화, 심지어 변혁까지도 야기한다.
– 엥겔스 –

무기혁명은 언제나 군사혁명보다 먼저 나타나고 혁명적인 무기가 도래한 후에야, 군사혁명이 나타났다. 전쟁사는 이러한 것을 증명하고 있다. 청동제 혹은 철제 창은 보병의 방진方陣, 활과 안장은 기병전술의 발전에 기여하였고[1], 화약을 사용하는 총과 포는 근대의 전쟁방식을 변화시켰다. …… 원추탄과 라이플 소총[2]은 기술시대의 첨병이 되어 전장에 사용되는 시기부터, 무기는 전쟁의 가슴에 자기의 이름을 새겼다. 먼저, 철갑함정은 해상의 맹주가 되었고 '주력함 시대'를 열었으며, 전차는

---

[1] 엥겔스는 "화살의 미개시대에 대한 영향은 철검의 야만시대에 대한 영향과 화기(火器)의 문명시대에 대한 영향과 같이 결정적인 무기였다"(《마르크스 엥겔스 전집》, 제 4권, 인민출판사, 1972년, p. 19) 말등자가 작전방식을 바꾼 역할에 대해서는, 구준(顧准)의 글인 《말등자와 봉건주의, 기술이 역사를 만들었는가?》 번역과 주석을 참고할 수 있다. "말등자 …… 말등자는 백병전을 가능하도록 하였으며, 이는 혁신적인 전투방식이었다 …… 말등자와 같이 간단한 발명은 매우 적었지만, 역사에서 촉매 역할을 한 것도 매우 적었다." "말등자는 서유럽에서 군사·사회의 개혁을 야기시켰다."(《구준(顧准) 문집》, 귀주인민출판사, 1994년, pp. 293~309)

[2] 신무기의 기술발전과 비교해 보면, 1850~1860년 사이에 발명된 라이플 총과 원추형 탄환은 혁명적인 충격을 주었다. …… 20세기에 출현한 고성능폭탄·항공기·전차가 당시 미친 영향은 라이플 총의 영향과는 비교할 수가 없다" 자세한 설명은 T. N. 두퓨이, 《무기와 전쟁의 변화》, 제 3부, "라이플 총·원추형 탄환·산개대형" 참고.(군사과학출판사, 1985년, pp. 238~250)

지상전을 대표하게 되었다. 그 뒤, 항공기는 하늘의 영웅이 되었으며, 원자탄이 세상에 출현하여 '핵 시대'를 선포하였다. 오늘날 최첨단 무기가 지속적으로 양산되어 무기가 전쟁의 주역이 된 것 같다. 사람들은 미래전을 이야기 할 때, 습관적으로 어떤 무기 혹은 어떤 기술로 말하고 있으며, 이러한 전쟁을 '전자전', '정밀타격전', '정보전'이라 부른다. 인류는 이와 같은 타성에 젖은 사고 속에서 중요한 변화가 다가오고 있다는 것을 아직까지 발견하지 못하고 있다.

어느 누구도 전쟁의 명명권을 가지고 있지 않다

무기혁명은 군사혁명의 전주곡이다. 예전과 다른 점은 향후 도래할 군사혁명이 더 이상 한두 개의 단일무기 때문에 추동되지는 않을 것이라는 것이다. 인류는 기술을 대량으로 발명하여 끊임없이 신무기에 대한 동경을 자극하면서, 동시에 무기의 신기함도 빨리 사려져버렸다. 예전에는 단지 안장과 맥심Maxim 기관총[3]과 같은 특정한 장비 혹은 무기의 발명만으로도 전쟁양식의 변화가 가능했었다. 하지만, 오늘날에는 수백 종류의 무기가 몇 개의 무기체계로 구성되어야 전체적으로 전쟁에 영향을 줄 수 있게 되었다. 무기개발이 많을수록, 전쟁에서 단일무기의 역할은 줄어들고 있다. 이는 무기와 전쟁 관계에서 서로 상반되는 논리를 내포하고 있음을 나타낸다. 즉, 전면적으로 핵을 사용하는 핵전쟁을 제외하고, 어떠한 혁명적인 특성을 가진 무기가 개발되더라도, 미래전의 명명권을 가질 수는 없을 것이다.

[3] 제 1차 세계대전의 솜 전투에서, 1916년 7월 1일 영국군은 독일군에 대해 공세를 시작하였으며, 독일군은 밀집 대형의 영국군을 향해 맥심 기관총을 사용하여, 하루 동안 6만 명의 영국군 전사자를 발생시켰다. 그때부터 밀집대형은 점차 전장에서 점차 사라지기 시작했다.(류지펑(劉戟鋒), 《무기와 전쟁—군사기술의 역사적인 변화》, 국방과학기술대학출판사, 1992년, pp. 172~173)

사람들이 바로 이 점을 인식했기 때문에 '첨단기술전쟁'과 '정보전'[4]이라는 표현이 나왔는데, 그 의미는 광범위한 기술 개념으로서 구체적인 무기 개념을 대체하는 것이고, 사람들은 이런 모호한 방법으로 이 어려운 문제를 해결하고자 하였다. 그러나 이는 여전히 문제를 해결하는 방법이 아니다.

보다 상세히 연구해 보면, 미국 건축업에서 '첨단 기술'[5]이라는 단어가 가장 먼저 나타났으나 실제로 상세하게 언급한 적은 없었다. 무엇이 첨단 기술인가? 첨단 기술은 무엇에 대한 것인가? 논리적으로 말하면, 첨단 및 낙후는 상대적인 개념이다. 그래서 가변성이 큰 개념을 이용하여 각주구검刻舟求劍: 융통성이 없어 사태의 변화를 모르다식으로 천변만화千變萬化: 변화가 무궁함하는 전쟁을 명명하는 것 자체가 문제가 되는 것이다. 한 세대의 첨단 기술이 시간이 지남에 따라 낙후된 기술로 변할 때, 우리는 이어서 출현하는 새로운 기술을 다시 첨단기술이라고 부를 것인가? 그리고 기술이 폭증하는 오늘날, 새롭게 출현하고 있는 모든 기술에 대한 지칭과 사용에 있어서 혼란이 야기되지는 않는가? 또한 첨단 기술의 판단 여부는 무엇을 기준으로 삼는가? 기술 자체로 말하자면, 모든 기술은 구체적이기

---

[4] 만약, 워 게임에 관한 비에너의 견해가 정보전 관련 가장 오랜 토의로서 채택되지 않는다면, 루오나(Tom Luona)의 1976년 "정보전은 결심수립 시스템들 사이의 투쟁이다"라는 언급이 그를 '정보전' 이란 단어를 가장 먼저 사용한 사람으로 만들었을 것이다.(더글라스 디어스(Douglas Dearth), '정보전의 결과, 특징과 영향', 《군사정보》잡지, 1997년, 1~3월 호) 과거 10여 년간 군에서 복무한 중국의 청년학자인 션웨이광(沈偉光)은 연구를 통해, 1990년 《정보전》을 출판하였으며, 이는 아마도 정보전을 연구한 가장 오래된 전문서적일 것이다. 토플러는 《제 3의 물결》, 《권력이동》을 통하여 '정보전'이라는 개념을 전세계에 전파했으며, 걸프전은 이런 작전개념의 가장 좋은 광고가 되었다. 그래서 정보전을 논하는 것은 일종의 유행이 되었다.

[5] 외국 전문가들은 '첨단기술'이 완전히 고정된 개념이 아니라, 동적인 개념으로서, 세계 각국의 첨단기술에 대한 중요도는 각기 다르다고 생각한다. 군사 분야의 첨단기술에는 군용 마이크로 전자장치 기술·컴퓨터 기술·광전자 기술·우주항공 기술·생물 기술·신소재 기술·스텔스 기술·지향성 에너지 기술 등이 주로 포함된다. 군사용 첨단기술의 가장 주된 특징은 '종합성'이다. 각종 군사용 첨단기술은 많은 종류의 기술이 조합된 것으로, 하나의 기술군(技術群)이라고 할 수 있다.(군사과학원 외국군사연구부, 《외국군 자료》, 1993년 제 69기)

때문에, 시간적 제약을 수반한다.

어제의 '첨단'은 오늘의 '노후'가 될 수 있고, 오늘의 '새로움'은 미래의 '낡음' 이 될 것이다. M-60 전차, 코브라 헬기, B-52 등 60~70년대의 주력 무기에 비해, 에이브람스 전차, 아파치 공격헬기, F-117, 패트리어트 미사일, 토마호크 순항미사일은 첨단무기이다. 그러나 이러한 첨단무기 역시 B-2, F-22, 코만치 헬기, J-Stars와 비교하면, '노후무기'라 할 수 있다. 이와 같이, 언제나 한 가지 변수인 첨단기술무기 개념으로, 어찌 '새색시'라고 비유할 수 있겠는가? 이는 '해마다 꽃은 다시 피지만, 사람은 다르다'라는 말과 같이, 단지 부질없는 명분만 남아 '새색시'가 되려는 여인에게 끊임없이 이름을 지우려 한다. 지금까지 끊임없이 일어난 전쟁에서 각종 무기들은 언제 어디서든지 '첨단'에서 '낙후'로 변할 것이며, '새로움'에서 '낡음'으로 변할 것이고, 시간의 화살은 어떤 한 점에 머물지 않듯이 어떤 무기도 첨단 무기의 왕좌를 오랫동안 차지할 수 없다. 그러면 소위 첨단기술 전쟁에서 '첨단기술'은 어떤 것을 가리키는 것일까?

보편적으로 첨단기술은 '미래전쟁'과 동의어가 될 수 없다. 현대 첨단기술 가운데 하나이며, 현대무기에서 중요한 위치를 차지하는 정보기술 역시 하나의 전쟁으로 명명하기에는 충분치 않다고 볼 수 있다. 설사 미래전쟁의 모든 무기에 정보전 부품을 넣어 정보화가 될 지라도, 우리는 이런 전쟁을 '정보전쟁'이라고 부를 수 없으며 기껏해야 '정보화' 전쟁이라고 부를 수 있다.[6] 정보기술이 얼마나 중요하느냐에 관계없이, 그것이 모든

[6] 정보전의 정의는 현재까지 여전히 의견이 분분하다. 미국 국방부와 합동참모본부는 정보전을 "아군의 정보·정보처리·정보체계·컴퓨터 네트워크를 보호하는 동시에, 적의 정보·정보처리·정보체계·컴퓨터 네트워크를 교란하여 적에 대한 정보우세를 확보하기 위하여 취하는 행동"으로 정의했다. 미 육군 FM 100-6에 따르면, 국방부의 정보전에 대한 인식이 실제 분쟁에서 정보의 영향에 편중되어 있으며, 육군은 "정보가 이미 평화시기부터 세계대전까지 군사행동의 모든 분야에 침투했다"라고 이해하고 있다.(군사과학출판사,

기술의 기능과 역할을 완전히 대체할 수는 없다.

예를 들면, 충분히 정보기술화 된 F-22 전투기는 여전히 전투기이고, 토마호크 미사일 역시 미사일이므로, 일률적으로 이러한 무기들을 정보무기라고 부를 수 없으며 이런 무기를 이용한 전쟁 역시 정보전이라고 부를 수 없는 것이다.[7] 광의의 정보화 전쟁과 협의의 정보화 전쟁은 완전히 다른 개념이다. 전자는 정보기술로 강화되고 수반된 각종 형태의 전쟁이며, 후자는 주로 정보기술을 수단으로 정보를 확보하거나 억제하는 작전을 가리킨다. 이외에도 정보숭배가 만들어낸 현대 신화는 사람들로 하여금 정보가 떠오르는 해와 같은 유일한 기술이며, 다른 모든 것들은 이미 지는 해와 같이 기울어져 어쩔 수 없이 소멸될 처지에 놓였다고 오인하게 만들었다. 이러한 신화는 빌 게이츠로 하여금 더욱 많은 돈을 벌게 해도 이러한 사실을 바꿀 수는 없다. 정보기술의 발전도 다른 기술의

중국어 번역본, pp. 24~25) 미 공군대학 조지 스타인(George Stein) 교수는 "광의적인 정보전은 정보를 이용하여 국가의 목표를 달성하는 행동"이라고 정의했는데, 육군보다 정보전에 대한 더 넓은 비전을 반영하고 있다. 브라이언 프레드릭스(Brian Fredericks) 대령은 《합동군 계간지(Joinh Force Quarterly)》1997년 여름 호에 게재한 글에서 "정보전은 국방부를 초월한 국가 차원의 문제이다"라고 정의했으며, 이는 어쩌면 정보전을 가장 정확하게 설명한 것일 것이다.

[7] 정보전의 개념이 확대되고 있는 상황과는 반대로, 미군의 일부 소장파 장교들은 정보전의 개념에 점차 많은 반문을 제기하고 있다. 공군 중령인 제임스 라저스(James Rogers)는 "정보전은 새로운 것이 아니며 …… 정보전 기술과 전략이 향후 '무력전(Armed Warfare)'을 대체할 것이라고 단언하는 사람들은 과도하게 확신하고 있는 것은 아닌가?"라고 지적했다.(미 해병대, 《해병대 잡지》, 1997년 4월) 로버트 그레고리 해군 소령은 "정보전의 7가지 과오"를 제기했다. 여기에는 ① 비유법의 남용 ② 과도한 위협 확대 ③ 자신의 실력을 과도하게 평가 ④ 역사의 상관성과 정확성 ⑤ 비평을 회피하는 비정상적인 의도 ⑥ 근거 없는 가정들 ⑦ 비표준적인 정의 들을 포함한다.(미국 《사건들》잡지, 1997년, 9월호) 공군 소령 율린 화이트해드(Yulin Whitehead)는 1997년의 《공군전력 잡지》 가을호에서 정보는 만능이 아니며, 정보무기도 역시 "마법 같은 무기는 아니다"라고 지적했다. 정보전에 대한 질문들이 개인에만 한정된 것은 아니다. 미 공군 문서인 《정보전의 기초》는 '정보시대의 전쟁'과 '정보전'을 명확히 구분했으며, '정보시대의 전쟁'은 정보화 무기를 사용하는 전쟁이라고 생각했다. 예를 들어, 순항미사일을 사용하여 목표를 공격하는 것이다. 반면 '정보전'은 정보를 독립된 영역과 강력한 무기로 삼는 것이다. 마찬가지로 저명한 학자들도 자신들의 견해를 발표하였다. 존 홉킨스 대학의 교수인 엘리어트 코헨(Eliot Cohen)은 "핵무기가 재래식 무기를 도태시키지 못한 것과 같이, 정보혁명도 게릴라전술·테러주의·대량살상무기를 도태시키지 못할 것이다"라고 밝혔다.

발전에 의존하여, 관련 재료기술의 개발은 정보기술의 비약적 발전을 직접적으로 제약하고 있다. 예를 들면, 생물기술의 진전은 정보기술의 운명을 결정하고 있다.[8] 생물정보 기술에 대해 말한다면, 우리는 앞의 화제로 돌아가되 작은 가설을 세워도 무방할 것이다. 만약 어떤 사람이 정보가 제어하는 생물무기를 이용하여 생물학 컴퓨터를 공격한다면, 이는 생물전인가? 아니면 정보전인가? 아마 한마디로 답변할 수 있는 사람은 없겠지만, 이것은 발생 가능한 상황이다. 사실, 정보기술 자체는 기술 종합의 산물이고, 정보 기술의 출현과 발전은 다른 기술과 상호 융화하는 과정이기 때문에, 사람들은 오늘날 정보기술의 발전여부에 대해 근본적으로 고심할 필요가 없다. 이는 '기술종합-세계화시대'의 가장 본질적인 특징으로 현대무기에 정보기술의 전형적인 흔적을 남기고 있다.

우리는 미래전쟁에서 어떤 첨단무기가 주도적인 역할을 할 것이라는 점을 부인할 수는 없지만, 어떠한 첨단무기가 전쟁의 승패를 결정할 수 있는 무기인지에 대해서는 판단하기가 어렵다. 그것은 어쩌면 주도적일 수 있으나, 유일하지는 않고, 영원불변한 것도 아닐 것이다. 다시 말해 어떤 무기도 현대전에서 자기의 이름을 으뜸이라고 큰 소리 칠 수는 없을 것이다.

'어떤 무기로 어떤 전쟁을 할 것인가?' 와 '어떤 전쟁을 위해 어떤 무기를 만들 것인가?'

'어떤 무기로 어떤 전쟁을 할 것인가?', '어떤 전쟁을 위해 어떤 무기를 만들 것인가?'라는 두 문장에서 '전통적인 전쟁'과 '미래전쟁'의 명확한

[8] 생물 기술을 이용하여 생산한 고분자 시스템(Macromolecular Systems)은 첨단 전자부품을 생산하는 재료이다. 예를 들면, 단백질 분자 컴퓨터는 현존하는 컴퓨터 보다 속도 및 저장능력에서 수억 배나 더 높다. (《다음 세기를 위한 신군사적 관점》, 군사과학출판사, 1997년, pp. 142~145)

분야를 도출할 수 있으며, 두 종류의 전쟁에서 무기와 전법사이의 관계를 명확하게 밝혀낼 수 있다. 전자는 자연 상태에서 전쟁을 수행하는 인류의 무기와 전법에 대한 피동적인 적응을 설명한 것이다.

후자는 자유로운 상태에 처한 인류의 무기와 전법에 대한 주동적인 선택을 설명하는 것이다. 전쟁사가 쓰인 이래로, 사람들이 따른 불문율은 '어떤 무기로 어떤 전쟁을 할 것인가?'이다. 항상 무기를 먼저 보유한 후, 무기와 적절한 전법을 구사하였다. 무기가 먼저 개발되고, 전법이 뒤따라서, 무기의 발전은 전법의 발전에 대해 결정적인 역할을 하였다. 물론 여기에는 시대와 기술의 제한 요소가 있지만, 무기개발 전문가들이 단지 무기 자체의 성능만을 고려하여 개발하였다고는 말할 수 없을 것이다. 이것이 무기 혁명이 군사혁명보다 언제나 앞서는 이유라고 말할 수 있다.

'어떤 무기로 어떤 전쟁을 할 것인가?'라는 문장은 소극적인 의미를 표현하는 것처럼 보여, 우리는 무의식적으로 이 문장이 내포하고 있는 적극적인 의미를 낮게 평가하여 왔다. 적극적인 의미는 바로 현재 보유한 무기에 따라 가장 적절한 전법을 추구하는 것이라 할 수 있겠다. 환언하면, 보유하고 있는 무기에 가장 적절한 작전방식을 최대한 찾는 것이기 때문에 무기의 성능을 최대한 발휘시킬 수 있다. 오늘날 전쟁에 종사하는 사람들은 의식 및 무의식중에 이러한 방식을 소극적으로 활용하던 것을 적극적으로 활용하게 되었다.

사람들은 이러한 방식이 후진국만 부득이하게 취하는 것으로 오해하고 있으나, 미국과 같은 초강대국조차 이러한 방식을 사용한다는 것을 전혀 모른다. 비록 세계에서 가장 부유한 국가일지라도 첨단기술무기만으로 엄청난 비용이 드는 현대화 전쟁을 치를 수는 없는 것이다.[9] 단지

[9] 사람들이 새로운 무기의 실험장이라고 불렸던 걸프전에서도, 재래식 무기와 탄약이 중요한 역할을 했다.

미국은 첨단 및 재래식 무기를 선택 및 배합하는 측면에서 더 많은 자유가 있을 뿐이다. 만약 첨단 및 재래식 무기를 적절하게 혼용할 수 있는 방법과 가장 적절한 전법을 찾을 수 있다면, 첨단 및 재래식 무기의 적절한 사용은 단일무기의 취약점을 해결할 수 있을 뿐만 아니라 무기의 효과를 배가 시킬 수 있을 것이다.

일찍이 사람들로부터 수명이 다했다고 평가된 B-52 폭격기는 순항 미사일과 정밀유도무기를 장착한 후 새로운 주목을 받고 있으며 오늘날까지 여전히 운용되고 있다. A-10 공격기는 적외선 추적미사일을 장착하여 야간 공격능력을 갖춤으로써, 아파치 헬기와의 합동작전에서도 서로의 장점을 보강하게 되어, 70년대에 출현한 무기 플랫폼도 더욱 돋보이게 하고 있다. 이는 '어떤 무기로 어떤 전쟁을 할 것인가?'는 절대 소극적인 것이 아니라는 것을 나타낸다.

현재 나날이 개방되고 있는 무기시장과 다원화된 무기 공급 루트는 무기의 선택에 여유를 주었고, 여러 세대의 무기가 다수 공존하게 되었으며, 이러한 무기체계간의 세대를 초월한 조합은 과거 어떠한 시대보다도 더욱 광범위하게 확대되고 있다. 단지 무기의 세대 · 용도 · 연결 방식에서 고정된 사고를 타파한다면, 진부한 것을 신기한 것으로 바꿀 수 있을 것이다. 그러나 현대전이 반드시 첨단무기에만 의존해야 한다고 생각한다면, 첨단무기의 성능을 맹목적으로 신뢰하게 되어, 오히려 신기한 것을 진부한 것으로 바꿀 것이다. 우리는 현재 화약을 기준으로 하는 무기 체계가 정보를 기준으로 하는 무기 체계로 변화하는 무기혁명의 단계에 있으며, 이 기간에는 매우 오랫동안 무기교체가 있을 것이다. 현재 우리는 이 시기가 얼마나 길지 예언할 수 없으나, 확언할 수 있는 것은 이러한 무기

(《걸프전쟁 – 미 국방부의 의회 최종 보고서 부록》참고)

교체가 끝없이 이어질 것이라는 것이다.

'어떤 무기로 어떤 전쟁을 할 것인가?'는 첨단무기를 가장 많이 보유하고 있는 국가인 미국을 포함한 모든 국가가 무기와 작전과의 관계를 정립하는 가장 기본적인 방법이다. 여기서 지적해야 될 사항은 가장 기본적인 방식이라고 반드시 바람직한 것은 아니라는 것이다. 소극적인 전제 하에, 단지 특정한 시기의 특정한 방법을 취하는 것은 결코 영원한 법칙은 아니다. 인류는 과학기술의 발전을 일찍이 피동적 발견에서 주동적 발명으로 변화시켜 왔다. 오늘날 미국인이 제시한 '어떤 전쟁을 위해 어떤 무기를 만들 것인가?'라는 생각은 인류의 전쟁사에서 무기와 전법 관계에 관한 가장 큰 변혁을 가져왔다. 먼저 작전방식을 정립한 후, 무기체계를 연구 개발하는 방식을 통하여 '공지작전air-land battle'을 선보인바 있다. 최근에는 '디지털전쟁' 과 '디지털부대'[10]를 새롭게 선보였다.

이것은 무기가 늘 군사혁명보다 선행했던 관계가 이미 변하였으며, 전법이 선행하여 무기가 후속하거나 또는 양자가 상호보완이라는 새로운 관계를 정립시켰다. 이와 함께 무기 자체도 획기적인 변화가 발생하였는데, 무기체계의 발전은 단일무기의 성능 개선뿐만 아니라, 이러한 무기가 다른 무기와 호환할 수 있는 성능을 갖추고 있는지도 더욱 살펴보아야 한다. 현재 F-111의 뛰어난 첨단기술이 다른 무기와 배합되지 못해 '고각의 교훈'高閣的教訓:서재에 책은 있으나 읽지 않는다을 남긴 것과 같이, 한두 가지의 첨단 무기만을 '비장의 무기'로 삼아 적을 제압하는 생각은 이미

---

[10] '공지작전'의 출현, 미군 무기 · 장비의 개발은 크게 5단계로 나뉘어졌다. 이 5단계는 요구능력·초안작성·개념증명·기술개발과 생산·부대배치이다. 디지털 부대의 장비도 이 단계를 따라 개발한 것이다.(미국, 《육군지》, 1995년, 10월호) 1997년 3월, 미 육군은 여단 규모의 전투실험을 실시하여, 58종의 디지털 장비를 검증하였다.(미국, 《육군 타임스》, 1997년 3월 31일, 4월 7일과 28일) 미 육군 물자사령부 사령관 윌슨(John E. Wilson) 장군에 따르면, 임무는 교육사령부와 협력하여 수요를 만족시키는 첨단 기술장비를 개발하는 것이다.(미국, 《육군지》, 1997년, 10월호)

시대에 뒤떨어지는 사고가 되었다. '어떤 전쟁을 위해 어떤 무기를 만들 것인가?'라는 방법은 시대적 특성과 실험적인 특징을 확실하게 반영하고 있기 때문에, 주동적인 선택일 뿐만 아니라, 모든 변화에 대처할 수 있는 방식이라고 인식되기도 한다. 이는 전쟁사에서 혁신적인 변화이고 현대전의 '잠재적 위기'를 담고 있는 것이기도 하다.

그러나 아직 연구 중인 전법에 따라 무기시스템을 개발하는 것은 누가 올지도 모르는 연회에 음식을 준비하는 것과 같은 것으로, 작은 실수가 큰 잘못을 저지르게 할 수 있다. 미군이 소말리아 아이디드Aidid의 군대와의 교전에서 속수무책이었던 것은 가장 현대화된 군대일지라도, 조율하는 능력이 없으면 관례를 따르지 않는 적에게 대응할 수 없다는 것을 보여준 것이다. 미래전장에서 디지털 부대는 '바다가재 요리'를 잘하는 고급 요리사와 같이 옥수수만을 먹는 게릴라 부대를 만나서는 어떻게 할 수 없는 상황에 부딪히게 될 것이다. 무기와 군대의 '세대 차'[11]는 매우 중요한 문제가 될 것이다. 세대 차가 가까울수록, 높은 측의 전과는 명확히 좋을 것이다. 반면 세대 차가 벌어질수록, 서로 대응하는 방식이 달라서, 누구도 전쟁에서 승리하지 못하는 상황이 될 수 있다. 기존 전쟁사례를 보면, 첨단기술 군대가 비정규 전쟁과 기술수준이 낮은 전쟁에 제대로 대처하지 못한 경우가 있었는데, 여기에는 어떤 규칙이 존재하고 있는지 연구해 볼 만한 가치가 있을 것이다.[12]

[11] 러시아 총참모부 군사과학원 과학연구부 주임인 슬립첸코(Slipchenko)는 전쟁과 무기가 이미 5세대를 거쳤으며 현재 6세대로 나아가고 있다고 생각한다.(朱小莉 · 趙小卓, 《미-러 신군사혁명》, 군사과학출판사, 1996년, p. 6)

[12] 1998년 제 11기 《국방대학 저널》은 천버장(陳伯江)과 미 국방소위원회 위원장인 필립 오딘(Philip Odeen)과의 인터뷰 내용을 게재하였다. 필립 오딘은 여러 차례에 걸쳐 '비대칭 작전'을 언급하였는데, 이는 미국에 대한 새로운 위협이라고 지적했다. 안툴리오 애체베리아(Antulio Echevarria)는 《매개변수》라는 잡지에 "탈산업화 시대에서 가장 대응하기 어려운 것은 여전히 '인민전쟁'이다"라고 발표했다.

‘신개념의 무기’와 ‘무기의 신개념’

오늘날까지 우리들이 알고 있는 무기는 신개념의 무기와 비교한다면, 모두 구개념의 무기라고 할 수 있다. 따라서 어떠한 무기가 구식이라 하는 것은 무기의 기본성능 즉, 기동력과 살상력이 낙후되었다는 것을 의미한다. 정밀유도 폭탄 등 첨단기술 무기 역시, 단지 지능과 구조 이 두 가지 요소를 첨가한 것뿐이다. 실용적인 면에서 보면, 무기를 어떻게 개선시키든지 간에 전통무기의 성질을 변화시킬 수 없으며, 첨단기술 무기는 항상 직업군인들이 통제하며 일정한 전장에서만 사용되고 있다. 전통적 사고방식에 따라 만들어진 무기와 무기 플랫폼은 현대전과 미래전에 대한 적응과정에서 모두 폐기해야 할 단계에 들어섰다. 첨단기술을 이용하여 재래식 무기를 환골탈태시키려는 염원은 결국 제한된 경비를 끊임없이 소비시키고 군비경쟁이라는 첨단기술의 함정에 빠지도록 했다. 이것이 바로 재래식 무기의 발전 과정에서 반드시 직면하게 되는 딜레마이다.

첨단무기의 우세를 지속적으로 유지하기 위해서는 연구비를 부단히 증가시켜야 하며, 연구비의 부단한 증가는 결국 부유한 국가라 하더라도 상대보다 앞서기 위한 충분한 자금을 가질 수 없게 한다. 최종적인 결과는 국가를 보호하기 위한 첨단무기가 오히려 국가의 파산을 초래하는 원인이 된다.

최근의 예들은 아마도 가장 설득력이 있을 것이다. 올가코프 구소련군 총참모장은 ‘핵 이후 시대’의 무기발전 방향을 예리하게 통찰했다. 그가 ‘군사기술 혁명’이라는 참신한 개념을 제시했을 때, 그의 사상은 분명 동 시대의 사람들 보다 앞섰다. 하지만 그의 사상적 진보는 자기 나라에서 복지를 가져다주지 못하고 제기 되자마자, 오히려 재난과 같은 결과를 안겨주었다.[13] 냉전이라는 배경 아래, 그의 사상은 동료들에 의해 독보적인 것으로 간주되어 미 · 소 양국의 군비 경쟁을 한층 더 가중시켰다. 당시에는 이러한 전개가 소련을 붕괴시키고 초강대국 경쟁에서 소련을 도태시킬 것이라는 것을 아무도 예측하지 못했다.

하나의 강대한 제국이 총 한 번 쏘지 않은 상황에서 여지없이 붕괴된 것은 제프린의 시에서 "제국의 멸망은 쾅 소리가 나는 것이 아니고, 픽 소리가 나는 것이다"라는 표현으로 생동감 있게 묘사되었다. 구소련뿐 아니라, 오늘날의 미국인들도 마치 자신들이 과거 경쟁상대의 뒤를 따르고 있는 것 같아, 우리가 제시한 무기 발전의 '패러독스'를 새롭게 증명하고 있다. 기술 종합시대의 윤곽이 점차 분명해짐에 따라, 그들이 신무기를 연구개발하는 데 드는 비용이 갈수록 증가하였고, 무기의 가격도 비싸졌다.

지난 60~70년대 제작한 F-14 · F-15의 비용은 10억 달러였고, 80년대에 제작한 B-2기는 100억 달러를 초과했다. 그리고 90년대 F-22기의 연구제작 비용은 130억 달러를 초과했다. 이를 중량으로 계산해 보면, 단가가 13~15억 달러인 B-2기[14]를 동일한 무게의 황금과 가격을 비교한다면 오히려 3배나 더 비싸졌다.[15] 이와 같이 매우 비싼 무기는 미군

---

[13] 미 국방전문가는 "오가코프(Orgakov)는 전자기술이 재래식 무기에 혁명을 발생시킨 것을 보았고, 이것이 효과 측면에서 핵무기를 대체했다"고 생각한다. 하지만 오카고프의 군사혁명에 관한 선견지명은 구조적 문제 때문에 좌절되었다. "만약, 한 국가가 비용이 너무 많이 드는 기술혁명을 수행하여, 국가의 구조적 · 물질적 조건이 받아들일 수 있는 한도를 초과하고, 여전히 적국과 군비경쟁을 수행한다면 사용 가능한 군사력 측면에서 더욱 낙후될 것이라는 결과가 나올 수 있다. 러시아의 제정과 구소련 시대에도 이러한 운명이었다. 구소련은 부담하기 힘든 군사적 부담을 받아들였고, 군부는 전략적 요구의 축소를 받아들이려고 하지 않았다(스티븐 블랭크, '다음 전쟁을 위한 준비: 군사혁명에 관한 관점들', 《전략평론》, 1996년, 봄호)

[14] 1981년, 미 공군은 220억 달러를 투자하여 B-2기 132대를 생산할 계획이었다. 그러나 8년 후 220억 달러로는 오직 B-2기 1대만을 생산하였다. 가령, 중량 단위로 가치를 계산한다면, B-2기 1대는 같은 무게인 황금보다 3배의 가치가 있다.(주즈하오(朱志浩), '미국 스텔스 기술 정책의 분석', 《현대군사》, 1998년, 제 8기, p. 33을 보라)

[15] 미 국방부는 1993년 1월 13일, 이라크 공습 상황을 분석한 후, 첨단무기에는 많은 제약이 있으며, 복합 효과 폭탄(combined effect bombs)이 어떤 때는 정밀 폭탄보다 더욱 효과적인 것으로 판단했다.(미국, 《항공과 우주기술 주간》, 1993년 1월 25일)

에게는 흔한 것이다. 예를 들면, F-117A 폭격기, F-22 전투기, 코만치 공격헬기 등의 가격은 각각 1억 달러를 초과하거나 근접하는 수준이다. 미군은 과도한 비용에 비해 효과가 떨어지는 무기 때문에 갈수록 큰 부담에 직면하게 되었으며, 점차 경비 가중이라는 첨단기술 무기의 함정에 빠져들고 있다. 막대한 재정을 가진 미국도 이와 같은데, 재정이 취약한 국가들은 이러한 상황에서 얼마나 갈 수 있겠는가?

어느 국가도 이러한 상황을 지속해 가는 것이 힘들다는 것은 명약관화한 사실이다. 이러한 곤경을 벗어나기 위해서는 당연히 다른 방법을 찾아야 할 것이다. 따라서, 신개념의 무기가 시대의 요구에 따라 나타났다. 단지 사람들로 하여금 이런 상황에 대해 불만을 느끼게 하는 것은 신개념의 무기 개발도 미국인들이 주도하고 있다는 것이다. 월남전 당시, '호치민 루트' 상공에 요오드화 은 분말을 투하하고 아열대 밀림에 고엽제를 살포하여 신개념의 무기와 수단의 잔인성, 두 측면에서 부정적이기는 하지만 앞서 나갔다. 이후 30년 동안 미국은 막대한 재정과 기술적 우세 아래, 다른 국가들이 무력하게 미국의 뒷모습을 바라보게 했다. 하지만, 세상일이 모두 미국의 뜻대로 되지는 않는다. 그들은 신개념의 무기를 개발한 후, 더욱 광범위한 무기의 신개념을 제시하였다. 본래 이는 순조로운 일이었지만 미국은 이런 분야에서 실마리를 찾지 못하였다. 무기의 개념은 신기술을 발판으로 삼는 것이 아니라, 단지 명쾌하고 예리한 사상을 필요로 하기 때문이다. 그리고 이것은 미국인들의 장점인 사상을 기술에 덧붙이는 것만으로 결코 이루어지는 것이 아니기 때문이다. 미국인들은 기술이 아직 도달하지 못한 경계에서 항상 사상의 호흡을 정돈한다. 부정할 것도 없이 인공적으로 만들어낸 지진, 해일, 재난 수준의 날씨, 부차적인 음파, 새로운 생화학무기 등은 모두 신개념의 무기에 속한다.[16] 또한 우리가 통상적으로 말하는 무기와는 커다란 차이가 있으나, 이들은 군사 · 군인 ·

무기 거래상과 관련되고 직접적인 살상과 파괴를 목표로 하는 무기이다. 이러한 의미에서, 신개념의 무기는 단지 무기의 메커니즘과 살상력 · 파괴력이라는 측면에서 배가시킨 비전통적인 무기일 뿐이다.

무기의 신개념은 사람들이 말하는 신개념의 무기와는 완전히 별개의 문제이다. 만약, 신개념의 무기가 재래식 무기의 범주를 초월하고, 기술적 측면에서 숙달 및 조작할 수 있으며, 적에게 물질 또는 정신적 파괴력을 주는 무기라면, 여전히 협의의 무기일 뿐이다. 무기의 신개념은 광의의 무기관武器觀이기 때문에, 그것은 군사의 영역을 초월한다.

그러나, 여전히 전쟁행위에 사용되는 수단은 모두 무기로 간주될 수 있다. 무기의 신개념 측면에서는, 모든 것이 인류를 행복하게 할 수도 있지만, 인류에게 해를 끼칠 수도 있다. 다시 말하자면, 오늘날 세상의 모든 것들이 무기가 될 수 있으며, 이는 우리들의 무기에 대한 인식에서 모든 한계를 깨뜨리고 자각할 것을 요구하고 있다. 기술의 발전을 이용하여, 무기의 종류를 증가시키려고 노력하는 시점에서, 사상의 혁신은 무기 왕국이라는 영역을 일거에 개척하였다. 우리들이 보기에, 인위적인 주가폭락, 컴퓨터 바이러스의 침입, 적국 환율의 이상동향, 인터넷 상 적국 정상의 스캔들 유포 등 모두가 신개념의 무기에 들어갈 수 있다. 무기의 신개념은 신개념의 무기에 나아갈 방향을 제시하고, 신개념의 무기는 무기의 신개념이 고정된 형태를 갖추도록 한다. 기술은 대량으로 출현하고 있는 신개념의 무기에 대해 이미 주된 요인이 아니고, 무기의 신개념에 관해서만 진정한 요인이다.

명확히 해야 할 것은, 무기의 신개념이 주민생활과 밀접한 관계를 가지고

[16] 신개념 무기에는 주로 운동에너지 무기·지향성 에너지 무기 · 아음속 무기 · 지구물리 무기(Geophysical weapons) · 기상 무기 · 태양에너지 무기·유전자 무기 등이 포함된다.(《다음 세기를 위한 신군사적관점》, 군사과학출판사, p. 3)

있는 무기를 개발시키고 있다는 점이다. 예를 들어 우리가 언급한 첫 번째 주장은, 신개념의 무기는 미래전쟁을 시민 심지어, 군인도 상상하기 어려운 수준까지 발전시킬 수 있다는 것이다. 두 번째 주장은, 무기의 신개념이 시민과 군인들에게 자신의 일상생활에서 자주 접하던 사물도 전쟁을 수행하는 무기가 될 수도 있다는 것에 놀라움을 느끼도록 할 것이다. 사람들이 아침에 일어났을 때, 수많은 평화로운 사물들이 공격성과 살상성을 갖추기 시작했다는 것을 놀랍게 발견할 것이다.

무기의 자애로운[17] 경향

원자탄의 출현 이전, 전쟁은 줄곧 살상력이 '부족한 시대'였다. 무기개발은 주로 살상력을 증가시키는데 있었으며, 냉병기[18]와 단발 화기로 구성된 '경살輕殺무기'로부터 각종 자동화기로 구성된 '중살重殺무기'에 이르기까지, 무기의 발전사는 무기의 살상력을 부단히 증가시키는 과정이었다고 할 수 있다. 오랫동안 지속된 살상력의 부족은 군인들로 하여금 살상력이 더욱 큰 무기를 갈망하게 만들었다. 미국 뉴멕시코주에서 핵 실험이 성공함으로써, 군인들은 결국 그토록 원했던 살상력이 매우 큰 무기를 얻게 되었는데, 이는 적을 전멸시킬 수 있을 뿐만 아니라, 이들을 100번 1,000번이라도 다시 죽일 수 있다. 핵무기는 인류에게 필요 이상의 살상력을 보유하도록 했으며, 전쟁의 살상력은 처음으로 여유라는 것이 생겼다.

철학의 원리는 모든 사물들이 최대 정점에 달하게 되면, 다른 성격으로 변한다는 것을 우리들에게 말하고 있다. 핵무기와 같은 전 인류를 파괴

[17] [역자 주] 원서는 慈化, 영역본은 kinder로 번역됨.

[18] [역자 주] 冷兵器, 칼·활·화살 등 화약을 사용하는 않는 무기.

하기에 충분한 초超살상 무기[19]의 발명은 인류로 하여금 자신이 만들어 놓은 생존의 함정에 빠지도록 하였다. 핵무기는 인류 머리 위에 걸려있는 '다모클레스Damocles의 칼'이 되어 사람들로 하여금 어쩔 수 없이 사색을 하게 만들었다. 우리는 정말 '초살상 무기'가 필요한가? 적을 100번 죽이는 것과 1번 죽이는 것이 무슨 차이가 있는가? 적을 패배시키기 위해 지구를 파괴시킬 수도 있는 위험을 감수하는 것은 또 어떤 의미가 있는 것인가? 어떻게 하면 공멸共滅하는 전쟁을 피할 수 있는가? 상호공멸相互共滅이라는 공포의 균형은 이런 사색의 직접적인 산물이고, 이런 사색의 부산물은 무기 살상력의 향상을 부단히 가속화시키려는 롤러코스트에 브레이크 같은 역할을 한 것이다. 이는 무기를 '경살무기 → 중살무기 → 초살상 무기'라는 방향으로 다시는 발전하지 않도록 하였으며, 사람들로 하여금 무기발전의 새로운 경로를 모색하도록 하였는데, 만약 이것이 효과가 있다면, 무기의 살상력은 통제될 수 있을 것이다.

중대한 기술의 발명은 인류의 문화를 배경으로 한다. 1984년 UN 총회는 세계인권선언 및 이와 관련된 50여 개의 인권 관련 국제적 준칙을 규정하였으며, 이중 대량살상무기의 사용 특히, 핵무기는 생존권을 심각하게 침범하고 인류에 대한 범죄행위로 규정되었다. 정치 상 인권 등 새로운 개념이 영향을 주고, 국제경제가 단일화되는 추세가 되어 사회 · 정치적 이익 추구와 정치적 주장이 복잡하게 교차하고 있는 상황에서, 생태환경 특히 인간의 생명에 대한 '마지막 배려'라는 개념은 살상 및 파괴에 대한 망설임을 야기시킴으로써 새로운 전쟁 가치관과 새로운 전쟁윤리를 만들도록 하였다.

[19] '초살상 무기(Ultra-lethal weapons)'란 개념은 대규모살상무기의 개념을 대체하는 것으로, 무기의 살상력이 전쟁의 수요를 초과한다는 의미이고, 인류의 극단적인 사고의 산물이다.

무기의 '자애로움慈化'[20]은 바로 인류문화를 배경으로 하는 대변천이 무기생산 및 발전 분야에서 나타난 반응이다. 동시에, 기술의 발전은 적의 중심부를 직접 공격하고 다른 부분에는 재앙을 야기하지 않는 수단을 만들었고, 승리를 위한 많은 선택들을 제공했는데, 이는 사람들로 하여금 승리의 가장 이상적인 방법은 통제이지 살상이 아니라는 것을 믿게 하였다. 전쟁관념과 무기관념 모두가 변하였는데, 무절제한 살육을 통하여 적이 무조건 투항하게 하는 방법은 이미 구시대적인 유물이 되었다. 전쟁은 이미 베르덩Verdun 전역과 같이 많은 병력을 소모하는 시대와 이별을 고했다.

정밀무기와 비살상치명적이지 않은무기는 무기발전의 전환점이 되었고, 이는 무기가 처음으로 성능 강화를 지향하지 않고 '자애로움慈化'을 지향한다는 것을 반영하는 것이다. 정밀무기는 표적을 정확히 공격할 수 있고, 부수되는 살상을 감소시킬 수 있어서, 마치 종양을 절제하는데 거의 피를 흘리지 않는 레이저 메스와 같은 '외과수술식' 타격이란 새로운 전법이 나타나 짧은 전투행위가 명백한 전략적 효과를 거둘 수 있게 되었다. 만일 러시아인이 1기의 미사일로 이동전화의 신호를 추적할 수 있다면, 러시아인들은 사람들에게 골칫거리를 안겨주는 두다예프의 신랄한 입을 영원히 닫게 할 것이며, 이러한 기회를 이용하여 작은 체첸이 야기하고 있는 큰 문제점 역시 해결될 것이다.

비살상 무기는 효과적으로 사람과 장비의 전투력을 상실시킬 수 있으나, 사람에게 치명적이지는 않을 것이다.[21] 이러한 무기들이 구현하고 있는

---

[20] '자화(慈化)'무기의 '자(慈, 인자하다)'는 주로 살육과 부수적인 살상을 감소시키는 것을 가리킨다.

[21] 영국의 《국제방위 논평》은 1993년 4월 호에서, 미군이 광학무기·에너지 마이크로파 무기·음파무기 및 펄스 화학 레이저를 포함한 비살상무기를 적극적으로 연구하고 있다고 밝힌 바 있다. 1996년 3월 6일자 《Jane's Defence Weekly》는 미 국방부의 비살상무기 고위급 자문위원회가 이러한 무기에 대한 개발·구

추세는 인류가 극단적인 사고를 극복하고, 이미 보유하고 있으나 나날이 강화되고 있는 살상력을 통제하기 시작했다는 것을 의미한다. 걸프전쟁 중 한 달여 가량의 폭격에서, 이라크 민간인 사망자는 수천 명에 달했는데,[22] 이는 2차 대전 기간의 드레스덴Dresden 대폭격보다는 훨씬 적은 피해였다. '자애로운 무기'는 인류가 무기 분야에서 한 선택 가운데 가장 새로운 자각적 선택이었으며, 무기에 대해 신기술의 요소를 주입시킨 후 '인성'이란 부문을 넣은 것으로 전장에 온정이라는 색채를 칠했다. 그러나, 자애로운 무기는 여전히 무기로써, 자애로움의 필요 때문에 전장 상 무기의 효능을 떨어뜨리지는 않을 것이다. 전차 1대의 작전 능력을 무력화시키기 위해서는 포탄, 미사일을 사용하여 이를 파괴하거나 레이저를 이용하여 전차의 광학설비를 파괴하거나 또는 승무원을 실명시키는 방법 등이 있다.

전장에서 부상자 한 명은 사망자 한 명보다 더욱 많은 관심을 필요로 하고, 무인 무기 플랫폼은 점점 더 비싸지는 방호시설에 대한 투자비용을 절약할 수 있게 했으며, 자애로운 무기를 발전시키는 사람은 이미 냉정하게 이러한 비용과 효과를 비교 분석했을 것이다. 적 인원의 살상은 적의 전투력을 빼앗고, 적으로 하여금 당황하여 전투의지를 상실하게 하는 효과적인 승리의 방법이라고 할 수 있다. 오늘날 우리는 이미 충분한 기술을 보유하고 있어서 더욱 효과적으로 공포를 조장하는 방법을 만들 수 있다. 레이저빔을 이용하여 수난을 받고 있는 그리스도의 영상을 하늘에 형상화시킨다면, 절실한 기독교 신자인 병사들을 두려움에 떨도록 만들 수

매 및 사용에 관한 정책을 수립했다고 보도했다. 게다가 《1997 세계군사 연감》(pp. 521~522)에 따르면, 미 국방부는 '비치명적 무기연구 위원회'를 설립하였으며, 이 위원회의 목표는 비치명적 무기가 가능한 한 빨리 무기명단에 게재되는 것이다.

[22] 군사과학원, 《외국군 자료》, 1993년 3월 26일, 27기, p. 3.

있을 것이다. 기술 상 이러한 무기를 제조하는 것은 이미 특별한 장애가 없고, 단지 기술적 요소에 많은 상상력을 가미시키는 것만이 필요할 뿐이다.

자애로운 무기는 무기 신개념의 파생물이고, 정보무기는 자애로운 무기의 대표작이다. 강력하게 파괴할 수 있는 전자에너지 무기이든지, 소프트 타격을 실행하는 컴퓨터 로직폭탄, 네트워크 바이러스, 언론무기든 간에, 이들은 모두 마비와 파괴를 목표로 한 것이지 인명 살상을 목표로 한 것은 아니다. 자애로운 무기는 오직 기술종합시대에서만 탄생할 수 있는 무기이고, 어쩌면 가장 전망이 있는 무기발전 추세로서, 동시에 오늘날 우리들이 상상 및 예견할 수도 없는 전쟁상황 및 군사혁명의 출현을 야기할 수도 있다. 자애로운 무기는 인류의 전쟁역사에서 오늘날까지 가장 깊은 속뜻을 내포하고 있는 변화이며, 신-구 전쟁상황의 분수령이라고 할 수 있다. 자애로운 무기의 출현으로 인하여, 냉열병기 시대의 전쟁은 구시대의 유물로 남게 되었다.

이럼에도 불구하고, 우리들은 기술 낭만주의라는 현실에 빠져들어 전쟁을 전자오락과 같은 게임으로 생각해서는 안 된다. 설사 컴퓨터로 하는 가상전쟁도 국가의 총체적 능력을 전제로 하여 실제로는 허약하나 외형만 강력한 측이 10개의 가상전쟁 방안을 제시하더라도, 실질적으로 이들보다 강력한 적을 위협할 수는 없다.

전쟁은 여전히 생사와 존망의 영역이고, 어떠한 천진함도 허용되지 않는다. 설사 언젠가 모든 무기들이 자애로운 수는 있겠지만, 전쟁에서 유혈사태를 피할 수 있는 자애로운 전쟁도 역시 전쟁이다. 자애로운 전쟁이 전쟁의 참혹함을 바꿀 수는 있지만, 전쟁의 강제성이라는 본질을 변화시킬 수는 없기 때문에, 참혹한 결말을 바꿀 수는 없을 것이다.

/ 02 /

표정이 모호해진 전쟁의 신(神)

모든 역사에서 전쟁은 항상 변화한다.
– 토플러 –

고대 사람들이 동물의 사냥을 동족의 살육으로 변화시킨 이후, 전쟁이라는 괴수는 시종 군인들을 무장을 하게 하고, 다른 목적을 위해 움직이게 하여 피비린내 나는 전장 속에 묶어두었다. 전쟁은 군인들의 일이라는 게 이미 불변의 진리가 되고 말았다. 몇 천년 동안 군인–무기–전장은 줄곧 어떠한 전쟁에서도 없어서는 안 되는 3가지의 하드웨어가 되었으며, 그것들을 꿰뚫는 것은 소프트웨어인 전쟁의 목적이다. 이 모든 것은 전쟁의 기본요소가 되었으며, 어떠한 사람도 이러한 요소에 대해 아무런 의문을 제시하지 않았다. 문제는 '어느 날 고정불변인 요소들이 사람들에게 파악되지 않을 정도로 변했다면, 전쟁의 신은 예전처럼 표정을 지을 수 있는가?'이다.

전쟁은 왜 하고 누구를 위하여 싸우는가?

고대 그리스인에 대해 말하자면, 트로이 전쟁의 목적은 명확하며 간단하다. 만일 토마스 詩의 기록이 실제로 믿을 만하다면, 아름다운 헬레네 왕비는 10여 년간의 전쟁을 통해 얻을 만한 가치가 있는 것이다. 시야의 한계, 활동 범위의 협소, 낮은 수준의 생존 요구, 무기 살상력의 부족 때문에 고대 사람들은 목표가 비교적 단순하고 거의 복잡하다고 말할 수 없는 전쟁을 실시하였다. 단지 정상적인 수단으로 얻을 수 없는 물건이 있으면, 그들은 조금도 주저하지 않고 평범치 않는 수단으로 그 물건을 얻었다. 이에 따라 클라우제비츠는 군인과 정치가들이 인용하는 "전쟁은 정치의 연속이다"라는 명언을 썼다. 고대 사람들은 한 종파가 정통의 지위를 얻기 위한 전쟁, 풀이 무성한 목장을 차지하기 위한 전쟁을 실시할 수 있었다. 심지어 향료 · 술 · 국왕과 왕비의 풍류와 문화를 위해 전쟁을 일으켰으며, 역사에는 향료 전쟁 · 연인 전쟁 · 럼주 반란 사건 등등 사람들로 하여금 울 수도 웃을 수도 없는 사례들이 기록되어 있다.

이 밖에도 영국은 아편무역을 위해 청나라와 전쟁을 일으켰으며, 이는 아마 문자로 기록된 것 중 가장 큰 국제적 마약판매 행위이다. 이러한 것에서 근대 이전의 전쟁은 동기와 행동이 단일하다는 것을 쉽게 알 수 있다. 이후에 히틀러가 제시한 '게르만 민족을 위한 생존공간의 확보'와 일본의 '대동아공영권 건설'은, 문자 상 이전 전쟁의 목표와 비교했을 때 다소 복잡해졌지만, 실질적으로는 새로운 열강들이 과거 열강들이 구분했던 세력 범위를 다시 구분하여 식민지의 이익을 쟁취하려는 것에 불과했다.

그러나 현재, 사람들이 무엇을 위해 전쟁을 하는지는 판단하기가 쉽지 않을 것이다. 특히 냉전이 끝난 후, 양대 진영 사이에 걸쳐진 철의 장막이 붕괴되고 '혁명 수출'이라는 이상 또는 '공산주의 확장 저지'라는 구호들은 지난날의 호소력을 잃었다. 진영이 분명한 시대는 이미 종결되었다. 누가 우리의 적이고 누가 우리의 친구인가? 이는 일찍이 혁명과 반反혁명에 대한 가장 중요한 문제였으나, 갑자기 복잡하게 얽혀 구별할 수 없게 변하였다. 어제의 적이 오늘의 동반자가 되었으며 지난날의 동맹국이 다음 전장에서는 적이 될 수도 있을 것이다. 지난날 이란–이라크 전쟁에서 미국을 위해 이란을 공격한 이라크는 그다음 해에는 미군의 공격대상이 되었다.[1] CIA가 훈련시킨 아프가니스탄 유격대는 하룻밤 사이에 미 순항미사일의 타격 목표가 되었고, 나토 회원국인 그리스와 터키는 키프로스 문제로 상호간 무력을 사용할 뻔 했으며, 동맹관계였던 한국과 일본은 작은 섬독도으로 상호간의 얼굴을 붉히고 있다. 이러한 예는 "변하지 않는 친구는 없다. 단지 변하지 않는 이익만 있을 뿐이다"라는 교훈을 다시 증명한다. 전쟁의 변화무쌍함은 이익으로 인해 움직이고, 환상적이지 못한 모습으로 나타난다. 첨단기술의 신속한 발전은 세계화를 촉진시키고, 게다가 이익의 분화와 이익 조화의 불확정성을 더욱 격화시켰다. 영토 자원 · 종교 신앙 · 부족의 복수 · 이념에서 시장의 분배 · 권력의 분배 · 무역의 제재 · 금융의 동요는 모두가 전쟁 발발의 원인이 될 수 있다. 그리고 서로 다른 이익추구는 전쟁의 목적을 모호하게 하여 사람들로 하여금 무엇을 위하여 전쟁을 하는지 갈수록 알기 어렵게 한다.[2]

두말 할 필요 없이 걸프전에 참전한 젊은이들은 "우리는 약한 쿠웨이트에서 정의를 회복하기 위하여 싸웠다"고 말할 것이다. 하지만 전쟁의 진실한 목적은 이 허울 좋은 이유와는 거리가 멀고, 진정한 목적은 이 공명

---

[1] 이라크와 미국의 긴밀한 관계는 《사막의 용사 – 합동군 사령관의 걸프전에 대한 견해》, 군사의문출판사, p. 212 참고. 이라크는 일찍이 미국과 매우 밀접한 관계를 맺고 있었다. 이라크는 일찍이 미국으로부터 무기·이란 관련 귀중한 정보 및 이란해군 공격 관련 지원을 받았다.

[2] 1993년, 미국 《장교》 2월 호는 미 국방장관 레스 아스핀(Les Aspin)의 '안보환경의 변화'라는 글을 게재하였다.

신–구 안보환경 비교

1. 지정학적 정치환경

구 안보환경	신 안보환경
양극(융통성 없음)	다극(복잡)
예견 가능	불확실
공산주의	민족주의와 종교극단주의
미국, 서방세력의 선두	미국, 오직 군사강국의 선두
공고한 동맹	일시적인 동맹
마비된 유엔	동적인 유엔

2. 미국의 직면한 위협

구 안보환경	신 안보환경
단일(소련)	다양
미국생존에 대한 위협	미국이익에 대한 위협
명확	불명확
위협 저지 가능	위협 저지 불가능
유럽 중심	다른 지역들
위험의 확대가 높음	위험의 확대가 적음
전략핵무기의 사용 명시	테러주의자의 핵무기 사용 은폐

정대한 이유를 방패삼고 있다. 사실상 모든 참전국들은 자신의 동기와 목표를 심사숙고한 후에, 비로소 '사막의 폭풍'이란 작전에 참전할 것을 결정했다. 이 전쟁에서 서방국가들은 '석유'를 위하여 전쟁을 하였고, 미국은 이 목표와 함께 미국이 주도하는 세계질서를 수립하고, 선교사식式의 정의를 위한 열정을 추가하여 참전했던 것이다.

사우디아라비아는 가까운 위협을 해소하기 위해 아랍의 금기를 깨고 미국과 손을 잡았다. 영국은 포클랜드 전쟁에서 받은 미국의 도움에 보답하기 위해 부시 대통령을 열정적으로 지지했다. 프랑스는 그들의 중동에 대한 전통적인 영향력이 약화되는 것을 방지하기 위해, 결국에는 걸프지역에 군사를 파견했다. 이러한 상황에서 일어난 전쟁은 당연히 단일 목표를 추구했다고 할 수 없다.

많은 국가들로 구성된 이익의 집합체는 '사막의 폭풍작전'이란 당대의 전쟁을 공동이익이라는 깃발 아래 서로 다른 이익을 추구하는 경쟁으로 변화시켰다. 그래서 공동이익이라는 것은 전쟁의 공식에서 참전한 각 국가가 모두 받아들이는 최대 공약수가 되었다. 다른 국가들이 전쟁에서 서로 다른 이익을 추구하고, 설사 한 국가의 내부일지라도 다른 이익의 계층이 전쟁에서 서로 다른 이익을 추구하고 있기 때문에, 공동으로 수행하는 전쟁은 반드시 각 국가의 이익을 고려해야 한다. 복잡한 이익관계는 우리들로 하여금 '걸프전'을 석유를 위한 전쟁을 했는지, 새로운

---

3. 군사력의 사용

구 안보환경	신 안보환경
소모전 대리 전쟁 첨단과학에 의지 전방배치 전방주둔 주도국 지원	주요목표에 대한 결정적 공격 직접 증원 고 · 중 · 저기술의 통합운용 전투력 투사 본토 주둔 자력갱생

* 표에서 미국은 자신의 안보환경에 대한 변화에 민감하며, 냉전 종결 후 많은 세력과 요소들의 신(新)세계구조에 대한 제약과 영향을 알 수 있다.

국제질서를 위해 전쟁을 했는지, 침략자를 쫓아내기 위해 전쟁을 했는지 결정할 수 없게 하였다. 오직 극소수의 군인들만이 "현대전쟁과 과거전쟁의 큰 차이점은, 공개된 목표와 은폐된 목표가 완전히 별개의 문제이다"라는 정치가들이 깨닫고 있는 원리를 이해하고 있다.

어떤 장소에서 작전을 하는가?

"전장으로 가자!" 군장을 짊어진 젊은이들은 가족과 고별을 하고, 연인과 친척들은 눈물을 머금고 배웅을 한다. 이는 전쟁영화의 전형적인 장면이다. 젊은이들은 말을 타고 떠나든지 아니면 기차 · 선박 · 항공기를 이용하든 모두 중요하지 않다. 중요한 것은 도처에서 일어나는 전장이라는 목적지는 영원불변하다는 것이다.

냉병기 시대의 전장은 매우 좁고 조밀했다. 일부 평지 · 요충지 · 성城은 두 군대가 서로 싸우고 죽이는 장소가 되었다. 현대군인의 시각에서는 지난날의 전쟁은 군사지도상 작은 점과 같은 것이며, 근본적으로 근 · 현대전쟁의 규모와는 비교될 수 없을 것이다. 화기가 세상에 출현하여 군대의 진형陣形은 산개대형으로 바뀌어졌고, 점 형태의 전장이 점차 산병선散兵線으로 변하였다.

제 1차 세계대전에서 천리에 걸쳐 이어져 있던 참호전은 선형 전장을 극에 달하게 함과 동시에, 몇십 Km의 종심을 가진 전장으로 변하였다. 당시의 참전자들에 대해 말하자면, 새로운 전장은 참호 · 토치카 · 철조망 · 기관총과 갱도를 의미하며, 그들은 이러한 전장에서 전개된 비참한 전쟁을 '도살장' 또는 '고기를 가는 기계'라고 불렀다. 군사기술의 폭발적인 발전은 전장 공간을 끝없이 확장시켰다. 전장이 점點에서 선線으로 변하였고, 평면에서 입체적인 전장으로 바뀌는데 일반 사람이 생각하는 것만큼 오랜 시간이 걸리지 않았고 잇달아 나타났다. 전차가 포성을 울리고 참호를 지나갈 때, 체펠린Zeppelin 비행선은 일찍이 폭탄을 투하하는 법을 깨달았으며, 프로펠러 비행기에도 기관총을 장착했다. 이는 단지 무기가 발전했다고 해서 자동적으로 전장의 변화를 가져온 것이 아니고, 이러한 중대한 변화는 군사전문가들의 능동적이고 혁신적인 사고에 의해 이루어졌다. 풀러의 《1914~1918년 대전 중의 전차》, 두헤의 《제공권》, 투하체프스키가 제시한 종심작전은 몇천 년 간 지속된 전장을 단번에 입체공간으로 변화시켰다. 또한, 전장을 철저히 바꾸려 했던 사람이 루덴도르프이다. 그는 '총력전'이라는 이론을 제시하여 전장과 비非전장을 하나로 보았으며, 비록 성공을 하지는 못했지만, 반세기 동안 그와 유사한 군사사상의 선구자가 되었다. 루덴도르프의 전장은 마수리안 호수Masurian Lake와 베르덩에서만 존재할 수 있었는데, 이는 한 군인과 시대의 숙명이었다. 크루프Krupp 대포의 사거리가 짧아 전후방을 관통하는 포탄을 발사할 수는 없었지만, 히틀러는 루덴도르프 보다 운이 좋아 장거리 무기를 보유하였다. 그는 메르세데스 폭격기와 V-1 · V-2 미사일을 이용해 과거에 침입을 당한 적이 없는 영국의 세 섬을 파괴하였다. 전략가도 전술가도 아닌 히틀러가 직감에 따라 전후방을 통합하였으나, 그는 전장과 비전장 사이의 벽을 없애는 혁명적 의미를 이해하지 못했다. 아마도, 이것은 히틀러와 그의 군사전문가들이 완성시킬 수 없는 생각이었다.

하지만 이러한 혁명은 뒤늦게라도 도래하는데, 이때 기술이 또 한 번 사상보다 먼저 나타났다. 아직 어떤 군사 사상가도 광범위한 전장 개념을 제시하지 못했을 당시, 기술은 이미 현대 전장을 크게 확장시켰다. 우주에는 위성이 있고, 해저에는 잠수함이 있고, 탄도미사일은 지구의 어떠한 지역도 공격할 수 있으며, 보이지 않는 전자공간에서도 전자전이 실시되고, 인간의 최후 피난장소인 마음의 세계에도 피할 수 없는 심리전이 실시되는 등 빈틈없는 공격으로, 사람들은 도망칠 수 없게 되었다. 작전

지역의 넓이, 종심과 이러한 개념은 이미 과거의 것들이 되었으며, 전장 공간은 인류의 상상력과 기술 수준에 따라 끝이 없는 수준까지 확장될 것이다.

이와 같이 기술에 의해 견인된 사상도 그의 발걸음을 멈출 수 있다. 이유는 기술이 이미 사상에게 매력적인 전망을 보여주었고, 단지 공간에 따라 통념적인 생각으로 전장의 크기를 확대하는 것은 부적절하기 때문이다. 미래 전장은 이미 과거전장의 기계적인 확대처럼 변화하지 않을 것이다. 해양의 더 깊은 곳, 우주의 더 높은 곳에서 수행하는 전쟁이 미래 전장이 확장되는 추세라는 견해는 보통 물리학 수준에서 보는 수준 낮은 관찰과 결론일 뿐이다. 진정 혁명적인 전장의 변화는 비非자연적인 공간의 확장에서 왔다. 여러분은 전자공간을 본래 의미의 전장 공간으로 보지 않았다. 전자공간은 기술이 혁신되어 기술에 의존하는 또 다른 공간이 되어, 이런 인공 공간 또는 기술 공간[3] 안에서는 거리 · 폭 · 높이 또는 육 · 해 · 공 · 우주의 개념도 모두 그 의미를 상실했다. 왜냐하면 전자 신호는 어떤 통념적인 공간을 차지하지 않는 동시에, 이 공간을 통제할 수 있는 특수한 존재이기 때문이다. 향후 전장 공간의 중대한 변화 또는 확대는 '기술의 발명 또는 여러 분야의 기술적인 결합이 새로운 기술 공간을 만들어 낼 수 있는가'에 달려 있을 것이다. 현재 군인들의 관심을 끄는 '네트워크 공간'이 바로 전자, 정보기술에 전문적인 디자인을 더한 독특한 연결방식으로 형성된 기술 공간이다. 만일 이 공간에서 전개되는 전쟁이 여전히 사람에 의해 제어된다면, 향후 출현할 '나노 공간'은 사람들의 무인전쟁이란 꿈을 실현시킬 수도 있을 것이다. 일부 상상력과 창의력이 많은 군인들은 가까운 미래에 일어날 수 있는 전쟁을

[3] '기술 공간'은 우리가 제시한 새로운 개념으로, 물리적 공간과는 구별된다.

기획하고 이러한 신기술로 이루어진 공간을 받아들이고 있다. 전장-전쟁의 장소가 향후 근본적으로 변화될 날이 얼마 남지 않았다. 얼마 지나지 않아 우리들 주변에서 어느 누구도 생각해내지 못할 네트워크 전쟁 또는 나노 전쟁이 실현될 수 있을 것이다. 그러한 전쟁은 비록 피를 흘리지는 않겠지만 매우 격렬할 것이며 전과 다름없이 승리하는 쪽과 패배하는 쪽이 결정될 것이다. 이런 종류의 전쟁은 전통적인 의미의 전쟁과 함께 나타날 것이다.

두 가지 전장 공간-통념적인 공간과 기술 공간이 서로 합쳐지고 교차되면서, 전쟁이 거시적 · 중간적 · 미시적 그리고 서로 다른 물리적 특성의 영역 사이에서 동시에 전개되어, 인류의 전쟁역사상 일찍이 없었던 기이한 전장이 구성될 것이다. 이와 동시에 군용기술과 민간기술, 직업군인과 비직업 전사가 갈수록 서로를 구분하지 않고, 전장공간은 비전장공간과 점차 중첩되어, 양자 간의 경계가 모호해 질 것이다. 이로 인해 원래 서로 분절되었던 영역이 통하게 되어, 어떠한 공간도 전장이라고 불릴 것이다. 오직 여러분이 어떠한 지역에서 어떠한 수단을 사용하여 어떠한 목표로 공격할 수 있는 능력이 있다면, 전장은 어떤 곳에도 존재한다. 만일 컴퓨터 사무실 또는 증권거래소에서도 적국을 위태롭게 할 전쟁을 개시할 수 있다면, 전장공간이 아니라고 할 수 있는 곳이 있겠는가?

만일 명령을 받고 출발하는 젊은이가 "어디가 나의 전장인가?"라고 질문한다면, 그 대답은 "모든 지역"일 것이다.

어떤 사람이 작전을 하는가?

1985년 중국군의 '백만 명 감축'을 서두로 10년 동안 세계 주요 국가들은 지속적으로 군대를 감축을 시켰다. 군사 전문가들의 말에 따르면, 냉전이 끝난 후, 과거에 서로 대립했던 국가들이 평화와 공동이익을 함께 나누기 바빴고, 이는 세계적인 차원에서 감군을 하는 중요한 원인이 되었다. 하지만 이것은 단지 빙산의 일각일 뿐이었다.

감군의 원인은 이것뿐만 아니라 더 큰 원인은 대규모의 조립라인에서 주조하고, 기계화 전쟁의 수요에 따른 대규모 군대는 나날이 발전하는 정보화 전쟁 앞에서 지나치게 비대하여 효율성을 발휘하지 못했기 때문이다. 바로 이 때문에 앞을 내다보는 국가들은 감군에서 병력의 감축뿐만 아니라 군인의 자질, 무기장비 중 첨단기술 장비 수준의 향상, 더 나아가 군사사상, 작전이론[4]에 주안을 두었다. '용감한 용사는 나라의 간성'이라는 말은 이미 과거의 표현이 되었다. 핵전쟁조차도 이미 구시대적인 단어라고 표현되는 세상에, 도수가 높은 안경을 쓴 백면서생도 건장하고 용감한 남자보다도 현대에 더욱 적합한 군인이 될 수 있다.

서방의 군대에서 전설처럼 전해지고 있는 사실로 미 국방정보체계 안전성 점검 중, 한 공군 중위가 해군 지휘통제시스템에 침입하여 해군 함대의 무장을 해제한 이야기가 아마 가장 적합한 증거일 것이다.[5] 20세기 100년간 끊임없는 기술의 발전, 락앤롤 · 디스코 · 월드컵 · NBA와 할리우드와 같은 세계적인 문화의 영향으로 인해 현재 군대 내 선후배의 세대차도, 우리가 앞에서 언급한 무기의 세대 차와 같이 명확해질 것이다. 이러한 세대의 차이는 체력 또는 지능면에서 모두 선명한 차이점을

---

[4] 미 국방부의 1998년도 《국방보고서》에 따르면, 1989년 이래 미군은 32%의 병력을 감축했고, 대량의 노후화된 장비들을 폐기하여, 미군들은 대량의 병력감축이라는 상황에서도 전투력을 다소 향상시키게 되었다. 1997년 5월, 미 국방부는 《4개년 국방검토보고서(Q.D.R.)》를 발표하였다. 이 보고서는 "미래를 생각하고 미군을 개혁"할 것을 강조했다. 새로운 군사이론에 따라 미군을 건설하고, 지속적으로 병력을 감축해야 하지만, 상대적으로 장비구입을 위한 비용은 더 증가시켜야 한다고 주장했다.

[5] 이 이야기는 영국의 《선데이 텔레그래프》에서 처음 보도되었다. 보도에 따르면, 미군은 국방전자시스템의 안전성을 실험하기 위해, 1995년 9월 18일~25일까지 '합동용사(Joint Warrior)'라는 훈련을 실시했다. 훈련 동안 한 공군장교는 해군지휘시스템에 성공적으로 침입했다.(후용(胡泳) · 판하이옌(範海燕), 《네트워크가 왕이다》, 해남출판사, pp. 258~259) 이와 비슷한 사건들은 매우 많지만, 일부 군사전문가들은 이것들이 고의로 유포된 허위 사실로 생각하고 있다.

드러낸다.

70~80년대에 출생한 신세대 군인도 설사 미국 육군 사관학교의 혹독한 훈련을 받았더라도 당시 사회의 영향을 받은 문약文弱한 습성을 벗어나기는 어려울 것이다. 현대 무기체계는 그들에게 재래식 전장을 더욱 멀어지게 했으며, 가시거리 밖에서도 적을 타격할 수 있게 했다. 그리고 피를 흘리며 살육할 가능성에 직면할 필요가 없어 군인 한 사람 한 사람을 주방에서 겸손한 척 하는 사이비 군자가 되게 만들었다. 디지털 병사는 몇천 년 동안 확고부동했던 무인의 지위를 대체하기 시작하였다.

정보기술이 산업사회의 전통적인 분업을 타파한 후, 전쟁도 직업군인의 독자적인 국가의 영역이 아니고 이미 "시민화"[6]경향을 보이기 시작했다. 이러한 경향은 모택동의 "全民皆兵전 국민의 兵士化"의 영향을 받은 것이 아니다. 그 이유는 광범위한 민중을 동원할 필요가 없으며, 심지어 기술만 뛰어난 시민들이 자원하여 직업군인과 전문화된 전쟁은 이제 적지 않은 난처한 도전을 맞지 않을 수 없게 되었다. 누가 미지의 전쟁에서 주인공이 될 가능성이 있는가? 가장 먼저 나타나고 가장 유명하게 된 도전자는 바로 컴퓨터 '해커'이다. 대부분은 군사 훈련을 받은 적이 없고 군사와 관련된 직업에 종사한 적도 없다. 그들은 단지 개인의 기술적 특기를 이용해 쉽게 군대 또는 국가 안보에 커다란 피해를 줄 수 있다. 미국 FM 100-6 정보작전 교범에는 하나의 전형적인 사례를 열거해 놓았다. 1994년 컴퓨터 해커 한 명이 영국에서 뉴욕의 미군 공군발전센터를 공격했으며, 30개 시스템의 안전을 위협했고 100여 개의 다른

[6] 토플러는 《전쟁과 反전쟁》에서 "만일 전쟁의 수단이 이미 전차와 대포가 아니고, 컴퓨터 바이러스와 마이크로 로봇이라면, 무장집단을 국가와 군인만이 독점한다고 말할 수는 없다"라고 밝혔다. 일본 자위대의 타카마 소우이치 대령은 '군사혁명은 무엇을 가져왔는가? – 2020년의 전쟁양식'이란 글에서, 전쟁의 시민화는 21세기 전쟁의 중요한 특징이라고 지적했다.

시스템에 침입했다. 피해자는 한국의 원자력연구소, 미국의 우주항공국이었다. 사람들을 더욱 놀라게 한 것은 이번 공격의 파급이 광범위했을 뿐만 아니라, 피해가 매우 컸고 이 해커가 단지 16세의 소년이었다는 것이다. 이 소년 해커가 장난으로 한 침입을 당연히 전쟁행위로 볼 수는 없다. 문제는 '무엇이 장난 또는 전쟁 수준의 파괴인지, 무엇이 한 시민의 행위이고, 무엇이 비직업병사의 적대적 행동이고 심지어, 국가차원의 조직적인 해커의 전쟁인지 어떻게 구분하느냐?'이다. 1994년 미국 국방부는 23만 건의 안보와 관련된 네트워크 침입을 받았다. 여기에는 얼마나 많은 비직업전사가 있었고 조직적인 파괴 행위가 있었는가? 여러분도 영원히 알 수 있는 방법이 없다.[7]

사회에 각각의 사람들이 존재하고 있는 것과 같이, 해커들도 마찬가지로 각양각색이다. 인터넷이란 장막 속에는 서로 다른 신분과 가치관의 해커들, 호기심 많은 중학생 · 인터넷으로 일확천금을 노리는 사람 · 분노로 가득 찬 회사직원 · 끊이지 않는 인터넷 테러분자 등이 몸을 숨기고 있다. 이러한 사람들은 이념에서 행동까지 모두 다르지만, 같은 인터넷 세상에 모여 있다. 그들은 자신의 독특한 윤리관과 가치관에 따라 판단하고 어떠한 사람들은 목적의식이 전혀 없는 사람들이기 때문에, 그들이 선 혹은 악을 행하든지 간에 현실사회에서 적용되는 규칙의 제약을 받지 않는다.

그들은 컴퓨터라는 수단으로 다른 사람의 계좌에서 돈을 빼내고 있으며, 타인이 어렵게 획득한 데이터를 장난삼아 삭제할 수 있고, 전설 속의 검객처럼 뛰어난 자신의 인터넷 기술로 악한 세력에게 도전할 수도 있다. 과거 인도네시아 내 중국인은 수하르토 정부에 의해 엄중히 봉쇄되고

[7] 많은 해커들이 채택한 것은 "인터넷 유격전"으로 부를 수 있는 새로운 전법이다.

조직적인 침해를 받았는데, 정의감을 가진 한 목격자가 맨 먼저 인터넷에 이를 폭로했다. 그 결과, 전세계는 놀라움을 표시하는 동시에, 인도네시아 정부와 군대를 도의의 심판대에 오르게 했다. 그리고 그 전에 'Milworm'이란 해커들는 인터넷상에 볼거리를 올렸다. 그들은 인도의 핵 시험에 항의하기 위하여 인도의 원자력 연구센터의 인터넷 방화벽을 뚫고, 그 기관의 웹페이지를 변경시켰으며, 5MB의 데이터를 내려 받았다. 이 해커들은 점잖은 측에 속하여 이 수준에서 그쳤으며, 상대방에게 커다란 혼란을 주지는 않았다. 이런 행동은 그 자체의 효과뿐만 아니라 상징적인 의미를 가진다. 즉, 정보시대에는 핵미사일 한 발이 아마도 해커 한 명을 막아내지 못할 것이다.

해커들보다 더 기세등등하고 현실세계에 큰 위협을 주는 것은, 이름만 제기해도 서방을 놀라게 하는 비非국가조직이다. 조직의 규모에 관계없이 모두 군사적 색채를 띠고 있다. 예를 들어, 이슬람 성전 조직 · 미국의 백인민병 · 일본의 옴진리교에 이어 최근 케냐 및 탄자니아 주재 미 대사관을 폭파한 빈 라덴식의 테러단체는 대부분 몇몇의 극단적인 신념과 동기에 의해 움직이고 있다. 그들의 파괴적인 행동은 틀림없이 해커의 행위보다 현대전쟁의 새로운 발원지가 될 가능성이 크다. 그리고 일정한 규칙을 따르고 제한된 역량을 이용하여 제한된 목표를 달성하는 국가와 군대는, 어떠한 규칙도 따르지 않고 어떠한 수단도 사용하여 한계가 없는 전쟁을 수행하는 조직과 싸운다면 우세를 차지하기가 힘들 것이다.

90년대 비직업화전사와 비국가조직이 수행한 일련의 군사행동들이 동시에 나타났고, 또 다른 비직업전사가 수행한 비군사적 성격을 가진 전쟁에 대한 실마리도 나타나기 시작했다. 이러한 사람들은 일반적인 의미의 해커도, 군사조직의 대원도 아니다. 그들은 시스템 분석가 · 소프트웨어 엔지니어 또는 펀드매니저 또는 자산을 보유하고 있는 금융가,

심지어 여러 매체를 통제하는 미디어 거물 · 유명한 작가와 TV앵커일 수도 있다. 어떠한 맹목적이고 잔혹한 테러분자와 달리, 그들은 통상 확실한 인생관을 가지고 있지만, 신앙에 대한 열정은 결코 빈 라덴에 뒤지지 않고, 수시로 전투에 참가하는 용기와 동기도 가지고 있다. 이러한 기준으로 평가해 보면, 소로스는 금융관련 테러분자가 아니라고 누가 말할 수 있겠는가?

현대 기술은 무기와 전장을 바꾸는 동시에 참전자의 개념을 모호하게 했다. 전쟁은 이때부터 군인들의 전매특권이 아니었다.

기술 융합이 가져온 세계화 추세의 부산물 가운데 하나는, 세계적인 테러활동이고 비직업전사와 비국가조직이 갈수록 주권국가를 위협하고 있고, 이는 그들이 직업군대의 중요한 상대가 되는 결과를 낳았다. 그들과 비교해보면, 직업군대는 매우 크지만 새로운 시대에는 적응력이 떨어지는 공룡과 같다. 그리고 이런 사람들은 생존력이 강한 설치류齧齒類같이 날카로운 치아로 대부분의 세계를 갉아 먹을 것이다.

어떤 수단과 방법으로 전쟁을 하는가?

미래 전쟁의 작전수단과 방법을 말하자면, 미국의 견해를 배제할 수는 없을 것이다. 그 이유는 미국이 세계의 마지막 패권국이고 이 문제에 대한 미국의 견해와 다른 국가의 견해를 비교해 보면 확실히 뛰어난 부분이 있다. 다른 것은 말할 것도 없이, 미국은 미래전쟁을 정보전 · 정밀타격전[8] · 합동작전[9] · 비非전쟁군사행동역자 주-영어로 Military operations other than war

---

[8] 정밀타격전은 새로운 형태의 작전이다. 정밀타격전의 출현은 무기 정밀도의 향상과 전장가시도 증대의 종합적인 결과이다.(미국, 리차드 J. 던 3세, '게디스버그에서 걸프전까지', 《1997년 세계군사 연감》, pp. 294~295에서 재인용)

[9] 미 합동참모본부, '합동비전 2010', 《합동군 계간지》, 1996년, 여름 호를 보라.

MOOTW로 한국에서는 '전쟁 외 군사작전'으로 통용된다[10] 등 4가지 작전형태로 분석하고 있는데, 이는 상상력이 풍부하고 현실적인 미국인들이 그리는 미래전쟁을 잘 보여준다.

이 4가지 작전형태 가운데 합동작전은 전통적인 합동작전과 협동작전, 공지작전에서 발전되었고, 나머지 3가지 작전형태는 군사상 새로운 사유의 산물이다. 설리번Gorden R. Sullivan 전 미 육군 참모총장은 정보전을 미래전쟁에서 기본적인 작전형태라고 주장했다. 그는 이를 위해 미군을 세계 최고의 디지털부대로 편성했다.

그리고 그는 "미래전쟁은 향후 정보처리와 스텔스 장거리 타격을 기초로 해야 한다"는 인식에 근거하여 정밀타격전 개념을 제시했다. 미국은 정밀 유도무기 · GPS · C4I시스템과 스텔스 전투기 등 첨단기술 무기 및 장비는 군인들을 소모전이란 악몽에서 벗어나게 할 수 있다고 생각한다. 미국이 말하는 '비접촉 타격'과 러시아가 말하는 '장거리전'[11]의 정밀타격전은 은폐성 · 신속성 · 정확성 · 효과와 사상자가 적은 특징을 가지고 있고, 초전이 바로 결전이 될 수 있는 미래전쟁에서, 걸프전 시 사용된 전법은 미국 장군들이 가장 흥미롭게 받아들인 방식이었다. 하지만 진정 독창적인 것은 정보전도 아니고 정밀타격전도 아닌 비전쟁군사행동일 것이다.

이 개념은 미국이 줄곧 주장한 전세계적인 이익을 기초로 만들어졌고, '천하의 일을 자신의 소임으로 삼는' 미국식의 과분한 행동을 낳았다. 미국은 평화유지 · 마약사범 체포 · 폭력사태 안정 · 군사원조 · 군사

---

[10] 미 육군, 1993년판 《작전요무령》을 보라. 미 《육군》지 1993년 6월호 참조.

[11] 러시아의 전술전문가인 보롭예프(I. N. Vorobyev)는 걸프전을 연구한 후, "장거리 전투는 매우 유망한 작전이다"라고 지적했다.(러시아, 《군사사상》, 1992년 제 11기)

통제 · 재난구조 · 교민철수 · 테러활동 타격 등 20~21세기 인류의 전면적인 대응이 필요한 문제들을 비전쟁군사행동이란 바구니 속에 모두 포함시켜서, 군인들이 전장 이외의 지역에서 어찌할 바를 못하게 했다. 그러나 이러한 평가는 우리들이 비전쟁군사행동을 높이 평가하는 것에 영향을 주지는 않는다.

이 때문에 군인들의 사고가 광의의 전쟁이란 개념의 가장자리에 머물게 되었다. 안타까운 것은, 바구니가 작아서 비군사전쟁행동이라는 참신한 개념을 담을 수가 없었다는 것이다. 하지만 이 개념이 바로 인류가 전쟁을 바라보는 시각에서 진정 혁명적 의미를 갖는 견해이다.

'비군사전쟁행동'과 '비전쟁군사행동'은 개념 측면에서 문자 상 보이는 것보다 차이가 크고, 이는 결코 재미 삼아 단어의 앞뒤를 바꾸어 놓은 것이 아니다. 후자비전쟁군사행동는 오직 군대가 비전쟁 상태에서 수행하는 임무와 행동을 명명한 것이라면, 전자비군사전쟁행동는 전쟁상태를 군사행동이 포용할 수 있는 인류의 활동 영역을 초월하는 수준까지 확장한 것이라고 말할 수 있다. 이러한 확장은 인류가 목적을 달성하기 위해서는 어떠한 수단도 마다하지 않는 것에 대한 당연한 결과이다. 비록 군사이론 측면에서 선두인 미국일지라도, 이러한 새로운 전쟁개념을 앞장서서 제기할 수는 없었다. 하지만 우리는 미국식 실용주의의 세계적인 유행과 첨단기술이 제공할 가능성이 '비군사전쟁행동'이란 개념을 만들어 내는 원동력이라는 것을 반드시 인정해야 할 것이다.

그러면, 전쟁과는 관련이 없어 보이는 수단이 결국에는 어떻게 비군사전쟁행동전세계에서 갈수록 빈번히 전개되는 또 다른 전쟁이 되었는가?

무역전 "무역전"이 십몇 년 전에는 단지 하나의 형용사였다면, 현재의 무역전은 실제로 많은 국가들이 수행하는 비군사적 전쟁의 수단이 되었다. 특히, 미국은 국내무역법을 마음대로 국제적으로 운용하는데, 여기에는 관세 장벽의 임의적인 수립 및 해제, 무역제재, 첨단기술의 봉쇄, 슈퍼 301조항, 최혜국 대우 등이 있다. 이 가운데 단 하나의 수단이 만들어 낼 수 있는 파괴적인 효과는 군사행동에 뒤지지 않는다. 미국이 실시한 8년간의 대이라크 경제제재는 이 분야의 전형적인 전례이다.

금융전 동남아시아 금융위기가 발발한 후, 아시아인보다 "금융전"에 대한 깊은 인상을 가진 사람은 없을 것이다. 어찌 인상뿐이겠는가? 사실 송곳으로 가슴을 찔리는 고통이었다. 국제 투자자들이 개시한 금융 기습전은 얼마 전세계로부터 "작은 용", "작은 호랑이"란 평가를 받은 국가들이 무너졌으며, 일찍이 서방국가들도 부러워한 경제적 번영도 일순간 추풍낙엽 같이 무너지고 말았다. 한 번의 타격이 한 국가의 경제를 10년이나 후퇴시켰다. 경제 전선의 함락은 사회 및 정치 질서를 붕괴시켰다. 여기저기 일어난 혼란때문에 발생한 사망자는 국부전쟁에 뒤지지 않으며 사회 전반에 걸친 손상 정도는 심지어 국부전쟁보다 더욱 심했다. 이것은 비국가조직이 비군사수단으로 주권국가에게 첫 번째 비무력전쟁을 한 것이다.

이로써 금융전은 피를 흘리지는 않지만 파괴력이 큰 비군사전쟁 형태를 갖추었으며, 정식으로 군인과 무기, 유혈과 사망이 몇천 년 동안이나 지배했던 전쟁이란 무대에 등장했다. 금융전은 군사사전에 정식으로 등재될 것이며, 다음 세기 초에 편찬될 20세기 전쟁사에서 주의를 끄는 한 절이 될 것이다.[12] 이 절에서 중요한 역할을 한 사람은 정치가도 아니고

[12] '금융시장은 평화에 대한 가장 큰 위협이다', LA 타임스, 1998년 8월 23일. 기사는 "현재 세계평화에 대한 가장 큰 위협은 금융시장이지, 테러분자의 훈련캠프가 아니다."라고 지적했다.(《참고소식(參考消息)》,

군인도 아닌 조지 소로스다. 당연히 금융을 무기로 이용한 것은 결코 소로스의 독점적인 특허가 아니다. 소로스 전에도 콜은 마르크를 이용해 포탄도 무너뜨리지 못한 베를린 장벽을 파괴했다.[13] 콜 이후에도 리덩휘李登輝는 동남아시아 금융위기 때, 대만화폐를 평가 절하하여 홍콩달러와 주식을 공격하였다. 당시 금융위기 때 밀려오는 크고 작은 '투기꾼'에는 신용평가를 명분으로 금융자산가들에게 공격목표를 제시하는 모건 스탠리 회사와 무디스 회사[14]도 포함된다. 이 회사들은 간접적으로 참여해서 이익을 취한 회사들이다.

1998년 여름 이후, 1년 내내 지속된 금융전은 더 넓은 전장에서 제 2 라운드의 전역戰役을 전개시켰다. 이번 전쟁에 끌어들여진 국가에는 지난 1년 간 참패한 동남아시아 국가뿐만 아니라, 거대한 두 국가 즉, 일본과 러시아도 있었다. 이 전쟁의 결과, 전세계의 경제는 점차 악화되었고 통제하기 힘들어졌다. 그리고 보이지 않게 타오르는 불길은 심지어 불장난을 하는 자신의 전투복에도 불을 붙였다. 들은 바에 따르면, 소로스와 그의 퀀텀기금Quantum Fund은 러시아와 홍콩에서 수십억 달러의 손실을 입었다.[15] 여기서 우리는 금융전의 파괴력이 얼마나 큰지를 짐작할 수 있다.

사람들을 놀라게 한 핵무기가 점차 실전 가치를 상실하고 있는 오늘날, 금융전은 사전 은폐가 가능하고 통제가 용이하며 파괴력이 강한 특징을

1998년, 9월 7일)

[13] 왕젠난(王儉南), 《누가 싸움에 가담하는가?–헬무트 콜》, 중국광보출판사, 1997년, pp. 275, 232, 357.

[14] '경제에 영향을 주는 뉴욕 회사', 《크리스천 사이언스 모니터》, 1998. 이 글은 무디스의 신용 평가보고서가 이탈리아·한국·일본 및 말레이시아의 경제적 추세에 어떻게 영향을 미치고 심지어, 좌지우지할 수 있었는지를 밝혔다. (《참고소식》, 1998년, 8월 20일)

[15] 소로스는 자신의 저서인 《세계자본주의 위기》에서 자신의 이야기를 했다. 그는 1998년 참혹한 투자 기록에서 이번 금융위기의 교훈을 분석했다.

가져 세계가 주목하고 있는 전략적인 무기가 되었다. 얼마 전 '알바니아 위기'에서 부유한 사람과 다국적 그룹이 설립한 각종 기금의 역할을 명확히 볼 수 있었다. 이 기금들은 미디어를 통제하고, 당국과 싸우는 정치조직에게 자금을 지원하여, 국가질서와 합법적인 정부를 붕괴시켰다. 우리는 아마도 이것을 '기금 형태의 금융전쟁'이라고 불러야 할 것이다. 사람들로 하여금 관심을 갖고 직시하여야 할 것은 이런 전쟁은 점차 많아지고, 강도도 강해질 뿐만 아니라 많은 국가와 비국가조직들이 이용하는 수단이 될 것이라는 사실이다.

신(新)테러전 전통적인 테러전과 비교된다. 통상적인 의미에서의 테러전은 규모가 제한되어 있고, 비록 한 차례의 전쟁 또는 전역보다 사상자가 적지만, 짙은 폭력적인 색채를 띠고 있으며, 어떠한 규칙의 제약을 받지 아니한다. 그 군사상 특징은 바로 '제한된 수단'으로 '한계가 없는 전쟁無限戰争'을 수행한다는 것이다. 특징은 제한전쟁을 하는 국가는 항상 일정한 규칙에 따라 행동하기 때문에 늘 전쟁이 발발하기도 전에 불리한 위치에 처하게 된다. 바로 이것이 설사 소수의 젊은이들로 조직된 테러조직이라도 미국과 같은 강대국들이 매번 곤혹을 치루고 소 잡는 칼로 닭을 잡는 방법으로는 효과를 늘 보지 못하는 이유이다.

최근 케냐의 나이로비와 탄자니아의 다르에스살람Dar es Salaam에 동시 발생한 두 번의 미국 대사관 폭발사건이 바로 가장 최신의 증거이다. 빈라덴식의 테러주의는 사람들에게 국가가 아무리 강하더라도 규칙 없는 게임 앞에서는 우위를 차지하기 어렵다는 인상을 남겼다. 국가 자신이 테러분자로 바뀌어 미국이 현재와 같이 행동한다면, 반드시 승리를 거둘 수는 없을 것이다.

그러나 만일 테러주의자들이 자신의 행동을 폭발 · 납치 · 암살과 항공기 납치와 같은 전통적인 방법으로 한정한다면, 오히려 가장 공포스러운 일이 아닐 것이다. 진정으로 사람들로 하여금 공포를 느끼게 하는 것은, 테러주의자들이 강력한 무기가 될 수 있는 첨단기술과 만나는 것이다. 현재 사람들이 이 전쟁의 실마리를 조심스레 확인하고 있다. 실제 옴진리교 신자들이 동경 지하철에서 사린 가스를 살포하였는데, 테러 효과는 독가스로 인한 사상자보다 훨씬 컸다. 이 사례는 현대의 생화학 기술이 대규모의 인명을 살상하려는 테러분자들에게 유용한 무기가 되었다는 것을 보여준다.[16] 이와 같이 복면을 쓰고 무고한 사람을 살해하여 테러를 하는 킬러들과는 달리, 이탈리아의 '롱 스피어역자 주-영역본, Falange Armed Forces'라는 무장조직은 첨단기술을 이용하는 테러조직이다. 이 조직은 목표가 명확하고 뛰어난 수단을 가지고 은행과 뉴스센터의 컴퓨터망에 침입해 자료절취, 프로그램을 소거 및 수정, 허위정보 확산 등에 뛰어난 능력을 보였는데, 이것이 바로 네트워크 및 매체에 대한 전형적인 테러였다. 우리는 이렇게 최신기술을 이용해 새로운 영역과 인류에 위협이 되는 테러를 신테러전이라고 명명한다.

생태전 현대기술은 하류 · 해양 · 지각 · 극지의 빙하 · 대기와 오존층의 자연 상태에 영향을 줄 수 있다. 강수 · 기온 · 대기성분 · 해수면의 높이 · 일조와 지진을 일으키는 방법을 통해 지구의 물리적인 환경 또는 생태환경을 파괴하면, 이것도 비군사전쟁양식인 생태전이다. 또한 얼마 안 있으면 인공적인 "앨리뇨" 또는 "라니뇨"가 어떤 국가 또는 비국가조직에게 또 다른 무기가 될 수 있다. 특히 테러성격을 띠는 비국가조직은 사회와

[16] 미국의 일부 안보전문가들은 정부에게 테러조직의 화학무기 공격을 방지하기 위하여 해독제를 많이 비축해야 한다고 건의했다.

시민에 대한 책임의식이 없기 때문에, 쉽게 생태전의 주체가 될 수 있다. 생태전의 위험은 그 발전 속도가 빨라서, 작은 변수로도 생태와 관련된 재난을 충분히 일으킬 수 있다.

위에서 언급한 것을 제외하고도, 우리는 이미 존재하거나 미래에 발생할 수 있는 비군사전쟁의 작전수단과 방법을 제시할 수 있다. 예를 들면 유언비어로 상대방의 의지를 와해시키는 **심리전**, 시장을 교란시켜 경제 질서를 타격하는 **밀수전**, 시청자를 조종하여 여론을 유도하는 **매체전**, 다른 나라로부터 폭리를 꾀하는 **마약전**, 자취와 형태가 없어서 막을 수가 없는 **네트워크전**, 표준을 스스로 정하고 특허를 농단하는 **기술전**, 적에게 능력을 실제보다 크게 보이게 하는 **기만전**, 비축물을 약탈하는 **자원전**, 겉으로는 시혜를 베푸나 안으로는 통제를 도모하는 **경제원조전**, 패션을 통해 자타를 동화시키는 **문화전**, 규칙을 먼저 제정하는 **국제법전** 등 셀 수 없이 많다. 새로운 기술과 새로운 작전수단과 방법이러한 수단과 방식의 조합과 창조적인 사용을 포함하지 않는다이 있는 시대에서 수단과 방식 모두를 나열하는 것은 의미가 없는 일이다. 하지만 전쟁분야에 과거 반영했거나 현재 반영하고 있거나, 미래에 반영될 수단 및 사용방법이 인류의 전쟁관을 천천히 바꾸기 시작했다. 사람들은 다양한 선택을 할 수 있는데, 왜 자승자박하여 전쟁수단을 무력과 군사란 범위로 한정시키는가? 비무력, 비군사 심지어 비살상, 무혈의 방법도 전쟁의 목표를 달성하는데 유리할 수 있다. 이러한 전망은 이치에 맞으면 스스로 변하는 것과 같이 "전쟁은 유혈의 정치"라는 표현을 수정했으며, 동시에 인류가 무력전武力戰을 분쟁을 해결하는 마지막 수단이라는 견해를 변화시켰다. 분명히 수단의 다양화는 전쟁의 개념을 확대시켰으며, 개념을 확대시킨 결과는 전쟁을 수행하는 영역을 확대시켰다. 여기에서 전통적인 전장에 국한된 협의의 전쟁은 자신의 근거를 찾는 게 어려워서, 내일 또는 모레에 발생할 전쟁은 무력전과 비非무력전이 혼합된 광의의 전쟁이 될 것이다.

이러한 전쟁의 목적은 "무력을 이용해 적에게 자신의 의지를 강요한다"는 기존의 표현에 만족하지 못할 것이다. 따라서 향후에는 "무력과 비무력 · 군사와 비군사 · 살상과 비살상을 포함한 모든 수단을 이용해 적에게서 자신의 이익을 만족시키는 것이다"라는 표현으로 바꾸어야 할 것이다.

03

경전(經典)에서 벗어나는 경전

걸프전의 성격은 특수한데 …… '군사혁명'을 불러올 수 있는가?
이것은 항상 관점의 문제이다.
– 안토니 H. 코데스만(Anthony H. Cordesman), 아브라함 R. 와그너(Abrsham R. Wagner) –

걸프전은 전쟁사의 그 어떤 전쟁과 비교하더라도, 대전大戰이라고 불릴 만하다. 6개의 항공모함 전단, 300여 척의 군함, 4,000대의 항공기, 12,000대의 전차와 12,000대의 장갑차, 30여 개 국가의 약 200만 명의 군인들이 걸프전에 참가했다. 42일 간의 전쟁에서, 38일은 공중폭격이었고, 지상전은 단지 100시간을 수행하였다.

미국을 중심으로 한 다국적 부대는 이라크의 42개 사단을 격파하여, 3만 명의 이라크군이 사망했고, 8만 명이 포로로 잡혔으며, 3,847대의 전차, 1,450대의 장갑차, 2,917문의 대포가 파괴되었다. 반면 미군은 단지 184명이 사망하였고, 610억 달러에 달하는 거액의 예산을 사용했을 뿐이다.[1]

아마도 매우 쉽게 승리하여 기뻐하는 미국인들 가운데, 소수만이 걸프전의 의미를 명확하게 평가하고 있었다. 일부 냉정하지 못한 사람들은 "미국은 무적"이란 신화를 끊임없이 조작하기 시작했지만, 일부 냉정한 사람들은

[1] '걸프전 — 미 국방부가 의회에 보내는 최종보고서', '새로운 시대의 국방: 걸프전의 경험과 교훈' 등 연구 보고서 참조.

대다수가 사막의 폭풍작전에 참가하지 않은 장군과 군사전문가들이다 착잡한 심정으로 사막의 폭풍 작전은 과거의 전형적인 전쟁[2]이 아니고, 이상적인 조건에서 수행된 전쟁은 교훈이 되지 못한다는 사실에 주목했다. 확실히, 전통적인 관점으로 보면 사막의 폭풍작전은 전형적인 전쟁의 경전은 아니지만, 인류역사상 가장 큰 군사혁명이 다가오고 있을 때 수행된 전쟁으로, 전통적인 심지어 과거의 기준으로 평가해서는 안 된다.

새로운 전쟁이 새로운 경전을 필요로 할 때, 미군을 중심으로 한 연합군들은 걸프만에서 적절한 시기에 새로운 경전을 만들었으며, 오직 과거의 관습에 얽매인 사람들만이 '걸프전'의 미래전쟁에 대한 경전적인 의미를 알아보지 못하였다. 왜냐하면, 미래전쟁의 경전은, 오직 전통적인 방법을 벗어나야 만들 수 있기 때문이다. 우리는 미국이 신화를 만드는 것을 도울 생각은 없지만, 사막의 폭풍 작전은 많은 국가가 참전하여 단기간에 최소한의 피해만으로 눈부신 전과를 거두고 종결됐을 때, '기술종합ㅡ세계화시대의 전쟁'이 미국의 기술과 미국식 전술로 만들어진 경전이라고 할지라도, 전쟁사에서 그 문을 처음으로 열지 않았다고 누가 말할 수 있겠는가?

우리가 기존 전쟁사례를 통해 무엇이 '기술종합ㅡ세계화시대의 전쟁'인가?를 논의할 때, 사막의 폭풍 작전만이 이러한 요구에 적합할 수 있을 것이다. 현재, 사막의 폭풍 작전만이 유일하고 경전적인 전쟁이기 때문에 상세히 분석할 만한 가치가 있다.

---

[2] 미국 국제전략문제연구소(CSIS)의 연구보고서 '걸프전의 군사적 경험과 교훈'의 제 1장 '한 차례 독특한 전쟁'은 "걸프전의 특수성은 실제 경험과 교훈을 취하려는 우리들의 능력을 극도로 제한했다. 사실상 걸프전에서 중요한 장기적인 교훈과 경험을 얼마나 취할 수 있느냐가 중요한 문제이다"라고 주장했다.(《걸프 전쟁》(下), 군사과학출판사, 1992년 내부 발행, p. 155). 걸프전 이후, 강한 충격을 받은 중국의 군인들은 처음부터 서방 군사전문가들의 견해를 전반적으로 받아들였지만, 현재는 적지 않은 사람들이 걸프전의 경험과 교훈을 다시 생각하기 시작하고 있다.(《현대군사》, 1998년, 11월, No. 262)

'이슬(역자 주-영역본은 Overnight로 번역, 의미는 '아주 짧은')' 동맹

사담 후세인의 관점에서, 이란혁명 시 미국인을 인질로 삼은 것과 비교해 보면 쿠웨이트 병합은 아랍국가들 내부의 일과 비슷하고, 특히 사전에 통고까지 했었다. 그러나 후세인은 양자의 차이점을 무시하여, 이란의 미국인 인질 사건이 미국인들의 빰을 때렸다면 쿠웨이트 병합은 서방국가의 목을 꺾은 것과 같았다. 당연히 생명이 체면보다 중요하기 때문에 미국은 이를 진지하게 대하였고, 이라크의 위협을 느낀 국가들 역시 이를 심각하게 받아들이지 않을 수 없었다. 대다수의 아랍 국가들이 미국과 동맹을 맺은 이유는 후세인이란 인물을 제거하여, 그가 막후에서 자기들의 이익에 영향을 미치는 것을 막기 위한 것이지, 쿠웨이트에 정의를 구현하기 위한 것이라고 말하기는 어렵다.[3]

이익에 대한 공통적인 우려는 미국으로 하여금 이라크를 고립시키기 위한 동맹의 그물을 신속하게 설치하게 만들었다. 서방 국가들은 현대 '국제정치의 기교'를 발휘하여, 유엔의 기치 아래 반反이라크 동맹을 집결시켰다. 정의라는 후광은 아랍인들의 종교적인 컴플렉스를 성공적으로 해소시켜서, 후세인이 의도했던 기독교에 대한 '자하드성전' 계획을 물거품으로 만들었다. 그래서 많은 국가들이 자발적으로 반이라크 동맹에서 책임 있는 역할을 하였다. 비록 일본과 독일은 원하지 않으면서, 자신의 돈주머니를 풀었을 지라도, 자금지원보다 더욱 중요한 것은 그들도 적절한 시기에 병력을 파병함으로써, 다시 세계적인 강대국이 되는 상징적인 발걸음을 조용히 내딛었다. 이집트는 리비아와 요르단을 전쟁에

[3] 아랍 세계의 반이라크 동맹은 사우디아라비아, 이집트, 시리아가 주축이 되었다. '사막의 폭풍' 작전에 참전했던 할리드(Khalid) 장군에 따르면 이라크는 우리들에게 큰 위협을 조장함으로써, "우리들은 어쩔 수 없이 미국과 같은 우군들에게 지원을 요청했다"라고 말했다.(《사막의 용사》, 군사의문출판사, p. 227 참조) 미국도 동맹을 매우 중시하였다. '미 국방부가 의회로 보내는 최종보고서', 부록 제 9절 '동맹의 편성, 협조와 작전' 참조.

수수방관하도록 설득하여, 이라크를 지지하지 않도록 만들어 후세인을 철저히 고립무원으로 만들었다. 고르바초프조차도 자국 내 취약한 상황에 대한 미국의 지지를 얻기 위해 다국적 부대가 과거의 동맹국을 공격하는 것을 최종적으로 묵인했다. 미국과 같은 강대국이라고 할지라도 동맹국의 지지를 필요로 한다. 이러한 지지는 주로 군사작전의 합법성과 후방지원 속에서 구현되지 병력을 얼마나 지원했느냐는 대수롭게 여기지 않는다. 부시 대통령의 정책이 미국 국민의 지지를 얻은 이유는 국제적인 동맹을 구축했기 때문이다.

이 때문에 미국인들은 이번 전쟁이 다른 나라를 위해 이용만 당하는 것이 아니고, 전쟁을 위해 자금을 제공하고 위험을 무릅쓰는 국가가 미국만은 아니라는 것을 믿게 되었다. 제 7군단을 독일에서 사우디아라비아까지 수송하기 위해, NATO 4개국의 열차 465량 · 312척의 선박 및 119개의 선단이 동원되었다. 이와 동시에 일본도 미군 장비 중, 급히 필요한 전자부품을 제공했는데, 이는 미국의 동맹국에 대한 의존성이 점차 커지고 있음을 증명하는 것이다. 새로운 시대에 '단독행동'은 현명하지 못한 행동일 뿐만 아니라, 현실적인 선택도 아니다.[4]

이와 같이, 동맹체결은 함께 해야 하는 사항들을 요구한다. 임시로 조직된 동맹국들은 이라크군의 쿠웨이트 철수를 요구한 유엔 안보리 제 660호 결의안부터, 권한을 부여받은 회원국이 모든 수단을 취할 수 있는 유엔 안보리 제 678호 결의안 채택까지, 국제사회로부터 가장 많은 동의를 받았다. 110개 국가는 이라크에 대한 수출입금지 조치에 참여

---

[4] 미국 국제전략문제연구소(CSIS)의 연구보고서 '걸프전의 군사적 경험과 교훈'의 제 2장 '미국의 군사상 의존성'은 걸프전은 미군이 정치적으로나 후방지원 측면에서 우방과 동맹국들에게 의존하고 있다는 것을 의심할 여지도 없이 증명하고 있다. 다른 국가들의 대폭적인 지원이 없었다면, 미국은 중대한 긴급작전을 수행할 방법이 없었을 것이다. 소규모 작전 외, 단독작전의 선택은 근본적으로 통하지 않으며, 모든 외교 및 국방 정책의 결정은 모두 이러한 인식에 따라 결정되었다.(출처: 상동)

했고, 30여 개 국가는 군사행동에 참가했는데, 이중에는 아랍 국가들도 포함되어 있다. 분명히, 모든 국가들은 이러한 행동에 앞서, 모두들 자신의 이익을 충분히 고려했을 것이다.

유엔의 전면적인 개입조차도, 이렇게 단기간에 진행되어, 거미줄과 같은 취약한 동맹으로 하여금 전쟁을 감당하게 할 수는 없었다. 정치인에게 동맹은 단지 자국의 이익을 자세히 평가한 다음에 가지는 고위급 회담 또는 서명 심지어 핫라인을 통한 구두약속일 뿐이다. 그래서 연합작전을 수행하는 부대들은, 어떠한 세부 사항이라도 소홀히 할 수는 없었다. 미국은 병사들이 이슬람 계율을 위반하는 행위를 하지 않도록 주둔국의 풍속을 엄격히 준수하도록 규정한 것 외에도, 유람선 '규나드 프린세스Cunard Princess'호를 임대하여 해상에 정박시켜 미군들에게 서양식의 휴양환경을 제공했다. 이스라엘이 스커드 미사일 공격에 대한 보복공격으로 이라크군 진영을 교란시키는 것을 방지하기 위하여, 미국은 이스라엘에게 방공망을 최대한 지원하여 반이라크 동맹을 조심스럽게 유지시켰다.

더욱 의미 있는 것은 1879년 조인된 독일-오스트리아 군사동맹부터 시작된 '이슬동맹'의 시대가 막을 내렸다는 것이다. 냉전 종식 후, 이념을 기초로 한 동맹의 시대가 사라지고, 이익을 위하여 동맹을 맺는 방식이 주류로 나타났다. 국가의 이익이 모든 정치적 현실주의보다 우선시된다는 기치아래, 동맹은 적극적으로 이익을 중심으로 생각하고, 심지어 '도의道義'라는 기치도 짓밟히기까지 했다. 동맹이라는 현상은 향후에도 지속되겠지만, 산만하며 단기간의 이익집합체가 대부분일 것이다. 이는 이익이 존재하지 않는, 오직 '도의道義'만 갖는 동맹은 다시는 존재하지 않는다는 것이다. 매 시대마다 서로 다른 이익이 있기 때문에, 이익이 바로 동맹의 체결을 결정할 것이다. 현대동맹은 과거보다 현실적이고, 도의적인 구속을 받지 않는다는 특징이 있다. 모든 동맹이 이익에 따라 연결되고, 단기간 동안 지속될 수도 있겠지만, 매우 효과적일 수도 있다. 현대 국가, 다국적 조직과 지역적 성격을 띤 세력사이의 이익적 관계가 이때부터 불안전하게 흔들리기 시작했고, 이는 락 가수인 췌젠崔健이 부른 노래와 같이 '내가 이해하지 못하는 것이 아니라, 세계가 빨리 변화'한 것이다. 현재 세상에서 끊임없이 변화하는 세력간의 조합방식은 끊임없이 변화하는 '기술종합-세계화시대'와 필연적으로 조우하게 되었다. 이런 연유로, 걸프전을 위하여 조직된 '이슬동맹'은 정식으로 새로운 동맹시대의 장을 열었다.

시의 적절한 '조직 개편법(Reorganization Act)'

안하무인격인 미국인들은 자주 반성하는 태도를 취한다. 이렇게 모순적으로 보이는 성격 때문에 미국인의 불행을 바라는 사람들이 매번 놀라게 되는 동시에, 미국인들은 많은 이익을 얻었다. 확실히, 미국은 매번 군사작전에서 얻은 교훈을 토대로, 다음 군사작전을 위한 실마리를 찾았다.

군종 사이의 차이와 상호 이익 경쟁은 오래 전부터 있었고, 이런 현상은 모든 국가에 존재하고 있다. 그리고 사람들은 미군의 군종들이 이익과 명예를 위해 경쟁하는 것이 가장 이상적이라는 것을 알고 있다. 이런 관점에서 깊은 인상을 남긴 사건은, 60년 전 일본과의 작전에서 맥아더와 니미츠가 자기 군종의 역할을 위하여 각자 태평양 전략을 수행한 것이다. 이는 용의주도한 루즈벨트 대통령조차도 균형을 잡기가 어려웠다. 이외에도 이를 증명할 수 있는 사례로서, 30년 전 베트남을 폭격한 미군 폭격기들이 의외로 4개의 각기 다른 사령부로부터 명령을 받은 것인데, 이는 정말 믿기 어려운 사실이다. 그래서 15년 전까지, 지휘체계는 독립적으로 분할되어 있었고, 권한도 불분명했었다.

이는 베이루트 주둔 미군에게 큰 피해를 안겨주어 대략 200명의 해병대가 사망하게 되었다. 레인저 부대의 부사령관으로 그레나다 작전에 참가했던 노먼 슈워츠코프 소장은 '사막의 폭풍' 작전에서 연합군사령관으로 보직된 이후에도 그레나다 작전 시, 군종이 각자 행동하여 야기된 문제점을 생생히 기억하고 있었다. 이 문제의 핵심은 바로 합동작전에서 누가 누구의 지휘를 받아야 하는가?라는 것이다.

자못 흥미로운 사실은, 수십 년간 미군을 곤혹스럽게 했던 문제를 백전노장의 장군 또는 풍부한 경험을 가진 전문가들이 해결한 것이 아니라, 골드워터Goldwater와 니콜스Nichols라는 두 명의 미 상원의원들이 해결한 것이다. 1986년 미 의회는 골드워터와 니콜스가 제안한 '국방부 조직 개편법DOD Reorganization Act'[5]을 통과시켰으며, 이는 입법의 형태으로 합동작전 간 군종의 지휘통일이란 문제를 일거에 해결했다.

다음에 이어지는 문제는 전쟁이 한 차례 발발하는 것만이 남게 되었다. 이르지도 늦지도 않은 적절한 시기에 후세인이 어리석게도 쿠웨이트를 침공하였다. 이것은 '국방부 조직 개편법'의 실효성 검증을 원했던 미국인들에게는 매우 좋은 기회가 되었다. 이러한 의미에서 본다면, '국방부 조직 개편법'이 시의 적절했다기 보다는 걸프전이 적절한 시기에 발발했다는 표현이 더 적절하다고 말할 수 있다.

파월과 슈워츠코프는 운 좋게도 '국방부 조직 개편법'의 최초 수혜자가 되었고, 미국의 전쟁사에서 가장 큰 권력을 가진 2명의 장군이 되었다.

---

[5] 레스 아스핀과 디킨슨은 미 하원을 대표하여 작성한 걸프전 연구 보고서에서, '골드워터-니콜스 국방부 조직 개편법'을 높게 평가했으며, '국방부 조직 개편법'은 미 3군이 합심하여 전쟁을 수행하도록 했다. 또한 보고서는 당시 체니 국방장관의 말을 인용했는데, '국방부 조직 개편법'은 '국가안보법(National Security Act)'이 탄생한 이래, 국방부에 가장 큰 영향을 미친 법안이라고 밝혔다. 미군 장군들도 이 법에 대해 높은 평가를 했고, 합참차장을 역임했던 오원스(Owens) 제독은 '국방부 조직 개편법'을 미국 군사분야 3대 혁명 가운데 하나로 평가했다. 이 법안은 모든 분쟁에서 합동군을 운용하여 작전을 수행하게 했으며, 각군 참모총장이 다시는 작전지휘관이 아님을 명확히 했다. 작전지휘관은 5명의 전구사령관이다.(《국방대학 저널》, 1998년, 11기, pp. 46~47; 《현대군사》, 1988년, 12기, p. 24)

미 합참의장이었던 파월은 최초로 대통령 수석 군사고문이라는 지위를 얻었는데, 이를 통해 대통령과 국방장관으로부터 직접 명령을 받아 3군에 명령을 하달할 수 있게 되어서, 각군 참모총장간의 끊임없는 말다툼에서 더 이상 중재자의 역할을 담당할 필요가 없었다. 그리고 걸프전 사령관이었던 슈워츠코프는 누구의 간섭도 없이 지휘를 할 수 있었다. 그는 국방부에서 전해지는 소식들 가운데, 자신들이 원하는 것만 경청하고, 자신의 뜻대로 전장에서는 대통령의 명령도 거부할 수 있다는 위엄을 가지고 지휘했다. 그리고 걸프만에 집결한 백만 대군에서 우주의 위성까지, 바닷속 수중요원에서 해상의 모든 선박에 이르기까지, 모두 그의 명령에 복종하게 되었다. 이것은 그가 '국방부 조직 개편법'이 통합군사령관에게 부여한 군종을 초월한 권한을 행사할 수 있도록 하였다. 예를 들면, 미 해병대의 지휘관이 쿠웨이트 해안에 상륙작전을 실시하자고 강력히 요구했을 때, 그는 전체적인 국면을 검토하여 과감하게 거부권을 행사했으며, 이미 마음속으로 구상해 놓았던 자신의 '레프트 훅Left Hook, 좌익 강화' 계획을 지속적으로 진행시켰다.

시행된 지 5년도 안 된 법령이 곧이어 발발한 걸프전에서 철저하게 집행되었다. 이것은 미국이라는 법률사회의 계약정신이 적용된 결과였다. 여기에서 파생된 새로운 지휘방식은 군종이 정립된 이후, 가장 성공적으로 군사지휘권을 적용한 적절한 방식이 되었다. 이 법령의 효과는 지휘계단을 감소시켜서, 진정한 '임무형 지휘'를 실현하였으며, 고질적인 '수목형rooted tree-structure 지휘' 체계를 '망상형network structure 지휘' 구조로 변화시키기 시작하였다. 이러한 변화는 더욱 많은 작전부대가 전장정보를 신속하게 공유할 수 있도록 만들었다.

만약, '국방부 조직 개편법'을 과거 시대적인 측면에서 검토한다면, 미군의 개편이 결코 우연히 나온 것이 아니라, 새로운 시대를 맞아 과거의 군 지휘계통을 적절히 검토한 결과 나온 합리적인 요구사항이었다. 즉 과거의 분산된 군종의 권한이 다시 통합되고, 이를 기초로 임시 목표를 위하여 응집된 부대는 모든 군종들을 능가하는 '슈퍼 권력'을 형성시켜서, 어떠한 전쟁에서라도 맡은 바 임무를 훌륭히 수행할 수 있게 만들었다. '국방부 조직 개편법'이 제정되었는데, 사람들은 이 법이 미군에 미친 영향을 깊이 연구할 필요가 있다. 21세기 전쟁에서 승리를 바라는 모든 국가들은 이 선택을 피할 수 없어서 개편하든지 실패하든지 다른 길이 없다.

공지작전보다 뛰어난 작전체계

공지작전은 본래 미군이 유럽의 평원에서 제파식으로 공격하는 바르샤바조약기구 기갑부대에 대응하기 위한 대책이었지만, 안타까운 점은 실전에서 이를 적용하지 못했다는 것이다. 걸프전은 창조와 살육이란 욕망으로 가득 찬 미군들에게 충분히 공연할 수 있는 무대를 제공했으나, 전쟁 상황은 사람들의 예상과는 큰 차이가 있었다. '사막의 폭풍' 작전은 기본적으로 수십일 동안 지상전은 없고 '공중전'만 있는 전역으로, 마지막에 '레프트 훅'을 포함한 '사막의 군도沙漠軍刀' 작전은 불과 100시간 만에 종결되었다. 지상전은 육군이 기대했던 것처럼 '결정적인 한 방'이 되지 못했고, 오히려 한 악장만을 연주하고 급하게 마무리 짓는 협주곡 같았다.[6]

[6] 걸프전 당시 미 공군 참모총장이었던 맥피크 장군은 걸프전이 공중 군사력을 대량으로 사용한 전쟁이었고, 미국과 다국적 공군부대가 승리한 전쟁이었으며, 유사이래 공중 군사력을 이용하여 지상부대를 패배시킨 전쟁이었다.(미국,《공군지》, 1991년, 5월호) 맥피크 장군 이전 공군 참모총장이었던 마이클 J. 듀건(Michael J. Dugan)은 걸프전이 개시되기 전에 유혈이 난무하는 지상전을 피하는 유일한 방법은 공군을 이용하는 것이다고 말하였다. 비록 듀건의 발언이 월권으로 판단되어 면직되기는 했지만, 그의 견해는 결코 잘못된 것이 아니었다.

두헤는 "공중전이 결정적인 성격을 갖는 전쟁이 될 것이다"라고 예언을 했는데, 이 예언이 늦게나마 증명되었다. 그러나 걸프만 상공에서 전개된 모든 상황들은 공군 필승론자의 상상력을 크게 벗어난 것이었다. 쿠웨이트든지 이라크든지, 모든 공중전은 단순한 중세 기사와 같은 결투가 아니라, 정찰 · 조기경보 · 폭격 · 전투 · 통신 · 전자전 · 지휘통제 등 모든 작전형태를 통합한 공중전역이다. 여기에는, 우주공간과 전자공간에 대한 점령과 쟁탈도 포함된다.

이로써, 공지작전 개념이 두헤가 생각한 것보다 훨씬 뛰어나더라도 미국은 몇 년이 더 지나서야 알게 되었다. 이러한 공군과 지상군이 '통합되는 작전'이 일단 실전에 적용되면, 그 범위에 자신들이 처음 예상했던 것보다도 훨씬 광범위하여, 육 · 해 · 공 · 우주 및 전자 등 모두가 포함된다는 것이다.

비록, 걸프전의 결과를 이해하는 데 일정한 시간이 필요하지만, 걸프전이 장래 미 육군 엘리트 장교들이 제시할 '전 영역작전'의 시발점이 되는 것은 이미 정해진 수순이었다. 흥미로운 점은, 여러분들은 미국인의 오성悟性이 좀 떨어진다고 이해할 수 있겠지만, 이것은 의외로 미국인들이 '전 영역작전'으로 통하는 '비밀의 열쇠'를 먼저 획득하는 데에는 영향을 미치지 못했다. 이것은 바로 그 유명한 '항공임무 명령서Air Tasking Order'[7] 이다. 이것은 육 · 해 · 공군이 합동으로 수립한 것으로, 육군 출신인 연합군사령관 슈워츠코프가 매일 300페이지에 달하는 '항공임무 명령서'로 모든 공중전력을 통제했으며, '항공임무 명령서'는 공중전역의 중심이라고 할 수 있었다. '항공임무 명령서'는 공격계획에 따라, 매일

[7] 미국 국방부 보고서든지, 아니면 미 하원 아스핀의 보고서든지, '항공임무 명령서'를 모두 높게 평가했으며, '항공임무 명령서'가 정밀하게 계획되고 통합된 공중전을 연출했다고 생각했다.

모든 항공기들에게 최적의 공격표적을 할당해 주었다.

매일 수천 대의 항공기들이 아라비아 반도 · 스페인 · 영국 · 터키에서 이륙하여 컴퓨터가 처리한 '항공임무 명령서'에 따라, 군종과 국가를 초월한 긴밀한 협조로 공중타격 작전을 전개하였다. 비록 해군은 이런 지휘절차를 과도한 '공군화'로 보지만, 머리를 써서 자신들을 과시하기 위하여 항공기 일부를 몰래 남겨 놓았다. '항공임무 명령서'는 결국 전쟁 역사상 최대 규모이면서 복잡한 공중전역을 성공적으로 계획하였다.

이뿐만 아니라, '항공임무 명령서'는 이후부터 모든 작전행동에 지휘체계를 계획하는 규범이 되었다. 한 장의 명령서는 군종 간의 전투력을 가장 적절하게 조합하는 안으로, 국적을 초월하는 조합의 성공은 '항공임무 명령서' 장점이다. 이 점은, '항공임무 명령서'가 이미 '공지작전' 설계자들의 안목을 크게 넘어서게 하였다. 이것은 미군이 부지불식간에 '전쟁의 신神'을 과거 한 번도 발을 들여놓지 않았던 개활지로 데려온 것으로 말할 수 있다.

누가 지상전의 왕인가?

야마모토 이소로쿠는 당시 가장 혁신적인 군사적 천재로서, 항공모함을 이용한 진주만 공격으로 승리하며, 해전사海戰史에 한 획을 그었다. 그러나 사람들은 야마모토가 자신의 이 독창적인 전법이 가지는 의미를 알지 못했다는 것을 이해하지 못한다.

야마모토는 연합함대를 지휘하여 미 해군에게 큰 타격을 준 후에는, 여전히 오직 '주력함'만이 해상전의 주력이라는 신념을 견지하여, 이미 가지고 있던 승리의 열쇠를 드넓은 태평양에 던져버렸다. 만약, 처음 실수한 사람이 다른 사람들에게 아쉬움을 남긴다면, 두 번째로 같은 실수를 한 사람은 그야말로 어리석은 사람이다. 특히, 더욱 어리석은 사람은 이미 성공했어도 이를 생각하지 못하여 잘못을 저지르는 사람이다. 유감스러운 것은 전쟁사에서 사상이 행동보다 뒤처지는 사례가 흔히 있는 일이라는 점이다.

당시의 야마모토와 같이, 미 육군은 헬기를 이용하여, 이라크의 기갑 및 기계화부대를 공격하여 초토화시켰다. 보도에 따르면, 미 제 7군단이 바스라 남쪽의 '공화국 수비대'인 메디나Medina 기갑사단을 포위했을 당시, 한 차례의 전투를 제외하고는 과거와 비슷한 '기갑전투'가 거의 벌어지지 않았다. 걸프만에서 전쟁이 끝난 후, 헬기를 이용해 지상전의 새로운 시대를 개척한 미국은 또 다시 걸프전 이전의 사유체계로 되돌아가 전쟁의 새로운 주역이 되어야 할 헬기를 한 쪽에 방치시켰고, 전차를 포함한 다른 무기장비의 연구개발 비용이 증가하는 상황에서도 헬기에 대한 예산만을 삭감시켰고, 여전히 관습에 얽매여 전차를 미래의 지상전에서 승패를 좌우하는 병기라는 입장을 고수한다는 것이다.[8]

사실, 베트남전 당시 헬기는 미군 부대들 중에서 이미 두각을 나타냈다. 그 뒤를 이어서 구소련은 아프가니스탄의 산악지대에서, 영국은 포클랜드 군도에서 헬기의 뛰어난 능력을 발휘하게 하였다. 단지 헬기의 상대가 주로 게릴라 및 비非기계화보병에 불과하였기 때문에, 헬기가 전차의 왕좌에 도전하는 시기가 20년이나 늦어졌을 뿐이다.

---

[8] 러시아 및 서방 군사전문가들의 예측에 따르면, 오늘날 단일표적이 된 전차가 전장에서 생존할 수 있는 시간은 2~3분을 넘지 않는다. 대대~중대로 편성된 전차가 개활지에서 생존할 수 있는 시간은 30~50분 정도이다. 비록 전문가들이 이렇게 평가했지만, 대다수의 국가들은 여전히 전차를 주력 병기로 삼고 있다.(러시아, 《군인지》, 1996년, 제 2기) 랄프 피터(Ralph Peter)는 《기갑전의 미래》이라는 글에서 "'날으는 전차'가 오랫동안 사람들이 바랐던 것이지만, 연료사용의 합리성과 작전 중 기능 및 심리적 요소를 고려하면, 미래 필요한 것은 여전히 지상시스템이다고 밝혔다. 공격헬기가 우리들이 '날으는 전차'로 구상한 특징들을 띠고 있지만, 우리들은 공격헬기가 기갑차량을 보완하는 것이지, 완전히 대처하지는 못할 것이다"라고 언급하였다.(《매개변수(Parameters)》, 1997년, 가을호)

걸프전은 결국 헬기가 뛰어난 능력을 발휘할 기회를 제공했다. 이번은 연합군 전체의 헬기부대를 포함하지 않아도, 미군만으로도 걸프만 지역에 1,600대의 헬기를 배치했으며, 이와 같이 대규모의 헬기부대들은 헬기군단으로 충분히 편성될 수 있었다. 그러나, 줄곧 혁신을 표방해 왔던 미국은 이번에는 오히려 프랑스가 제 2차 세계대전에서 전차를 보병부대에 분산 배속시켰던 것과 같이, 헬기를 기갑 및 기계화부대와 다른 부대에 배속시켰다. 다행인 것은, 걸프전에서 유명해진 헬기가 자신의 뛰어난 능력을 숨기지 않았다는 점이다.

미국은 패트리어트 미사일 · F-117 · 토마호크 미사일 등이 CNN을 통해 전장에서 유명해질 때에도 헬기오직 아파치 헬기만 좋은 평가를 받았다는 불공정한 냉대를 받았으며, 미 국방부가 걸프전 종결 후 의회에 보낸 최종보고서 외에, '사막의 폭풍' 작전에서 가장 큰 공을 세운 무기가 다른 어떤 무기도 아닌 헬기라는 것을 기억하는 사람들이 많지 않았다. 한 달여 폭격이 시작되기 20분 전에 폭격기들의 안전한 통로를 확보하기 위하여 MH-53J와 AH-64 아파치 헬기가 수 시간에 걸친 저공비행 후, 헬파이어 미사일을 이용하여 이라크 조기경보 레이더를 사전에 파괴함으로써, 헬기의 탁월한 돌파능력을 보여주었다.

전장에서 가장 기민한 비행 플랫폼인 헬기가 대량의 보급품 수송 · 의무후송 · 구조활동 · 정찰 · 전자전 등의 임무를 담당했으며, 카프지Khafji 전투에서 이라크군의 공세를 신속하게 저지하고 최종적으로 이라크군의 주력부대를 격퇴한 주요부대 역시 헬기였다. 걸프전에서 진정으로 사람들에게 깊은 인상을 남기고, 헬기의 잠재력을 보여준 것이 바로 '코브라' 작전이었다. 제 101공정사단은 300여 대의 헬기를 이용하여 전쟁사상 최장거리 이동인 '프라그 점프Leap-Frog' 작전은, 이라크 내 종심 100여 km 지역에 '코브라' 작전의 전방작전 기지를 구축했다.

이어서, 그들은 작전기지에 의지하여 이라크군이 유프라테스Euphrates 계곡을 따라 후퇴할 수 있는 유일한 퇴로를 차단했으며, 하말Hamal 제방 도로로 빠져 나가는 이라크군 부대를 저지했다. 이것은 분명히 걸프전의 지상전 가운데 가장 의미가 있는 전술적 행동이었다. 이러한 전술적 행동은 헬기가 이때부터 독립적으로 대규모 단독작전을 수행할 수 있다는 것을 선포한 것이다. 이라크군 병사들이 미군 헬기의 공격으로 파괴된 진지에서 나와 투항하거나, 서부평원에서 소를 모는 카우보이와 같이 헬기 조종사가 패잔병을 내몰았다. 과거, '최종적으로 전투를 끝내는 것은 오직 보병'이라는 관점은 '공중의 카우보이헬기 조종사' 때문에 크게 동요되었다.

그리고 본래 이번 헬기의 '프라그 점프' 작전의 최초 의도는, 단지 주공인 기갑부대를 지원하기 위한 것이었지만, 헬기부대들은 예상외의 성과를 거두어 계획이 전장 상황보다 훨씬 뒤처지는 결과를 낳았다.

이 때문에, 슈워츠코프는 제 7군단에게 15시간을 앞당겨 공격하라는 명령을 내리지 않을 수 없었으며, 프랭크스 장군이 지휘한 제 7군단이 사막에서 전개한 작전이 전격전으로 유명한 구데리안보다 훨씬 속도가 빨랐으나, 그들은 구데리안과 같이 전격전이라는 명예를 얻지는 못하고, 오히려 '할머니처럼 천천히 전진했다'는 질책을 받았다. 걸프전이 끝난 후, 프랭크스 장군은 이라크군이 여전히 전투력을 보유하고 있었다는 이유로 리야드Riyadh에 있는 연합군사령부에서 나오는 질책들을 반박했다.[9] 그러나, 실질적으로 비난 또는 반박이든지 모두 문제의 본질을 파악하지 못했다. 프랭크스 장군이 지휘한 전차의 기동성이 지적을 받은

---

[9] 《폭풍 속으로 – 지휘 연구》는 퇴역 후 프랭크스(Franks)가 펴낸 책으로, 그는 이 책에서 제 7군단이 사막을 횡단한 속도에 실수가 없었기 때문에 리야드의 비난은 비합리적인 것이라고 말했다.(미국, 《육군타임스》, 1997년, 8월 18일 참조)

이유는, 헬기를 비교대상으로 했기 때문이었다. 현재까지 어떠한 전차라도 헬기의 작전능력과 맞먹는 전례가 아직은 없다.

사실 기동성뿐 아니라 전차는 지난날 '지상전의 왕'으로써, 모든 분야에서 헬기의 도전에 직면하고 있으며, 지표면의 마찰 계수를 극복해야 하는 전차와 비교하면, 헬기의 작전공간은 한 단계 높아, 지상의 어떠한 장애물로부터 영향을 받지 않을 뿐만 아니라, 뛰어난 기동성은 얇은 장갑이라는 약점을 상쇄하기에 충분하다. 또한 헬기는 기동성 있는 무기 플랫폼이고, 화력은 전차와 비교하여 조금도 뒤떨어지지 않으며, 이것은 '물통tank'이란 별명으로 전쟁이란 무대에 등장한 이래 직면한 최대의 위기이다. 더욱 전차를 난감하게 하는 것은, 일정 규모의 기갑부대의 공격을 계획하는데 소요되는 노력어떻게 일정 수량의 전차를 집결 지역까지 장거리 수송을 하는 것은 골치 아픈 일이다과 감수해야 할 위험전차가 집결되어 있으면, 적의 선제공격을 당하기 쉽다이 분산 배치와 집중 공격이 뛰어나 집결되어 있어도 정규전을 수행할 수 있고, 분산되어도 유격전을 수행할 수 있는 헬기와 비교한다면, '우세'하다고 말할 수 있는 부분이 없다. 사실상, 전차와 헬기가 천적이 되어도, 전자는 결코 후자의 상대가 될 수 없는데, 이는 AH-64 아파치 헬기와 같은 '전차 킬러'는 말할 필요도 없이, 구형의 AH-1 '코브라' 헬기조차도 걸프전에서 아무런 피해도 없이 수백 대 이상의 전차를 격파시켰다. 누가 헬기의 강력한 공격력 앞에서, '전차에 대항하는 가장 좋은 무기는 전차이다'[10]라고 주장할 수 있겠는가?

이제는 헬기가 전차를 잡는 진정한 '종결자'라고 말할 수 있다. 이 걸프전에서 유유히 떠오른 샛별은 '사막의 폭풍' 작전 중 거둔 혁혁한 전과를 통하여 자신의 명성을 만천하에 떨쳤으며, 헬기가 전장에서 전차를

[10] 《미국 국방부가 의회로 보내는 최종보고서》, 부록, p. 522.

축출하는 것이 단지 시간문제라는 것을 어느 누구도 의심하지 않는다. 어쩌면, 얼마 지나지 않아 더욱 더 많은 육군 지휘관들이 “공중에서 지상전을 승리한다”라는 개념이 더 이상 과장된 구호가 아니라는 것을 인지하게 될 것이다. 그리고 헬기를 주력무기로 하는 ‘날으는 육군’과 ‘날으는 지상전’이라는 새로운 개념이 표준적인 군사용어가 되어, 모든 군사용어 사전에 수록될 것이다.

걸프전 승리의 배후에 숨어 있는 또 다른 손

만약 통수권자인 부시가 사전에 공격시간을 알고 있었다는 점을 별개의 문제로 한다면, 단지 CNN 보도만을 통하여, 전세계가 미국 대통령과 같이 동일한 시간에 조마조마하면서 개전의 서막을 시청했다. 정보공유 시대에는 대통령이 결코 시민보다 더욱 많은 특권을 가지고 있지 못하다. 이것이 바로 현대 전쟁이 과거의 전쟁과 다른 사항이며, 실시간 혹은 근실시간 보도는 시민들이 언론매체를 통하여 전쟁을 직접 시청할 수 있는 ‘새로운 프로그램’을 만들었다. 이로써 언론매체도 단지 전장정보를 제공할 뿐만 아니라, 직접적인 전쟁의 구성요소가 되었다.

월드컵 경기를 생중계하는 것과는 달리, 시청자들이 시청한 것은 우선 TV 기자들의 주관적인 관점으로 영향을 받는 보도 외에도전선으로 파견된 1,300명의 신문기자들은 누구라도 미 국방부가 공표한 ‘걸프전 뉴스 보도의 수정 지침’을 알고 있으며, 어떤 것이 보도 가능하며, 어떤 것이 보도 불가능하다는 것을 인지하고 있었다, 다란Dhahran과 리야드에 설치된 합동 공보처의 심사를 거친 보도였다. 어쩌면 미군과 언론이 모두 베트남전 당시 깊은 불신의 교훈을 겪어서인지, 걸프전에서는 공동취재단과 미군 간 조화가 잘 이루어졌다. 이는 걸프전 시, 한 자료를 보면 잘 알 수 있다. 걸프전 기간에 작성된 1,300여건의 뉴스 원고에서, 오직 5건만 워싱턴으로 보내져 심사를 받았으며, 이 가운데 4건은 몇 시간 후 통과되었고, 나머지 1건은 공동취재단에서 자체적으로 폐기시켰다.

전선의 지휘관들은 뉴스기자의 협조 하에 성공적으로 전세계의 이목을 걸프전으로 집중시켰으며, 시청자들로 하여금 군대가 바라는 내용만을 시청하게 하였다. 그래서 어느 누구도 군대가 원하지 않는 내용을 시청할 수가 없었다.

미 언론계는 줄곧 표방해왔던 중립적 입장을 포기하고, 반이라크 진영에 열정적으로 합류하여, 미군과 함께 하는 출중한 파트너로써, 조용히 전력을 다해 '전쟁 시나리오'를 표현하여 연합군과 반이라크 세력을 형성했다.[11]

이라크가 쿠웨이트를 침공한 지 얼마 되지 않은 시점에, 각 뉴스에서는 대규모의 미군이 지속적으로 사우디아라비아에 전개되고 있다는 보도를 하여, 이라크군으로 하여금 쿠웨이트-사우디아라비아 국경지역에서 물러서게 하고, 'Hobbling적의 말이 걸려 넘어지도록 둘러친 굵은 새끼나 밧줄' 작전을 위한 기세를 조성했다. '사막의 폭풍' 작전이 개시되기 전날, 미 항공모함 전단이 수에즈 운하를 통과했다는 서방언론의 보도가 후세인을 현혹시켜서, 개전이 임박했는데도 미군이 부대배치를 아직 완료하지 못했다고 생각하도록 만들었다. 마찬가지로, 언론의 과장선전이 없었다면, 걸프전에서 운용된 어떠한 첨단무기도 사람들이 생각하는 것처럼 커다란 위력을 과시하지는 못했을 것이다. 걸프전 기간 중 실시된 98차례의 뉴스 브리핑에서, 사람들은 정밀유도 폭탄이 통풍구를 통하여 건물을 뚫고 들어가 폭발하는 화면과 패트리어트 미사일이 스커드 미사일을 요격하는 장면들을 시청했으며, 이 장면들은 이라크를 포함한 전세계인

---

[11] 《미국 국방부가 의회로 보내는 최종보고서》, 부록 제 19절, '뉴스 보도'.

들에게 강력한 시각적인 충격을 주었고, "강력한 위력을 가졌다"는 미제 무기에 대한 신화가 이때부터 확립되었다.

'이라크 필패必敗, 미국 필승必勝'이라는 신념이 여기서 비롯된 것이다. 분명히, 언론은 미국에 큰 도움이 되었다. 미군과 서방언론들은 고의든 고의가 아니든 공동전선을 구축하여, 후세인의 이라크를 교수대로 내몰았다. 미국은 종전 후, 《작전요무령》을 수정하여 "언론의 힘이 전략 및 군사적 행동에 대하여 큰 영향을 준다"라고 밝혔다. 그리고 최근 작성된 FM 100-6 정보작전은 걸프전에서의 '언론전'을 하나의 예로 제시했다. 우리들이 보기에 오늘 이후의 전쟁은 군사적 타격이라는 기본적인 수단 외, 전쟁의 수단으로 변한 언론도 전쟁수행 과정에서 군사적 타격과 동등한 역할을 할 것으로 예상된다.

매우 주관적이어서 상대방 및 중립을 지키는 자로부터 거부되는 전장의 선전과는 다르게, 언론은 객관적인 보도라는 명목을 교묘하게 이용하여 예측할 수 없는 영향력을 발휘한다. 걸프전에서 미군을 중심으로 한 연합군이 군사적 측면에서 이라크의 발언권을 빼앗은 것과 같이, 강력한 서방언론들은 이라크의 정치적 발언권, 변호권뿐만 아니라, 동정 및 지지를 받을 수 있는 권리까지도 빼앗았다. 그리고 이라크가 부시를 천악 무도한 '사탄'이라고 선전한 것과 비교해 봐도, 후세인을 '침략자', '전쟁광'으로 만든 서방언론의 이미지가 더욱 사람들의 설득력을 얻었다. 결국, 이라크는 미국 쪽으로 기울어진 언론과 군사력 때문에, 전장과 도덕이라는 측면에서 강력한 타격을 받았다. 이것이 바로 후세인이 실패한 결정적인 요인이었다.

그러나, 언론의 역할은 양면의 날을 가진 검과 같다. 이는 언론이 적을 지향함과 동시에, 또 다른 측면에서는 날카로운 칼로 자신을 겨눌 수도 있다는 의미이다. 전쟁 후 발표된 소식에 따르면, 지상전이 100시간 후에 종결된 이유는 부시 대통령이 현재 미군 공보관이 TV에서 발표한 전황과 관련한 경솔한 견해의 영향을 받아 경솔한 결정을 내렸는데, 이 결정은 전략적 결심에서 작전종결까지 걸리는 시간을 극적으로 단축시켰다.[12] 이 결과는 후세인으로 하여금 필사적으로 도망치게 했으며, 향후 정권을 잡게 될 클린턴에게는 마지막까지 터지지 않은 '사막의 지뢰'로 남겨졌다. 언론의 전쟁에 대한 영향력이 갈수록 일반적이고 직접적이어서, 정전停戰과 같은 초강대국 대통령의 결심조차도 TV 뉴스에 대한 반응에서 시작되었다. 이를 통해서도 오늘날 언론이 사회생활에서 큰 비중을 차지한다는 사실을 알 수 있다. 그리고 뉴스기자가 전쟁승리를 위한 중요한 요소라는 것도 더 이상 과장이 아니다. '사막의 폭풍' 작전이 걸프만을 휩쓴 후에는, 군사력에만 의존하고 언론의 개입 없이 승리할 수 있는 전쟁은 더 이상 없을 것이다.

단면이 많은 사과

'사막의 폭풍' 작전은 구시대를 끝내고, 새로운 시대를 열었으며 기술종합적인 특징을 가진 전쟁으로써 각국의 군인들에게 깨우침을 주는 경전적인 전쟁이었다. 군사적 문제에 대한 연구자는 걸프전을 어떠한 관점에서 연구하더라도 교훈을 얻을 수 있을 것이다. 이를 기초로, 우리는 경험과 교훈 측면에서 많은 의의가 있는 이 전쟁을 '단면이 많은 사과'라고 부르겠다. 이 사과의 단면은 앞에서도 논하였는데, 당신이 예리한 '사유의 칼'을 가지고 있다면, 언제라도 예상하지 못한 단면이 당신의

[12] 미 육군 FM 100-6 정보작전은, 이러한 극적인 사건을 상세히 폭로했다.(《정보작전》, pp. 68~69) TV 뉴스의 '사망의 고속도로'에 대한 보도는 전쟁의 조기종결에 영향을 미쳤다.(《합동군 계간지》, 1997~1998 가을/겨울호)

눈앞에 펼쳐질 것이다.

부시 대통령이 미국과 전세계에 대하여 쿠웨이트를 위한 도의적 책임을 격앙된 어조로 언급할 때, 어떠한 경제학자도 미 의회가 걸프전의 예산을 위하여 'A - A식' 책임분담제 계획을 제출한 것을 예견하지 못했다. 따라서 걸프전은 국제전 비용의 분담 '함께 싸우고, 함께 부담한다'라는 새로운 모형을 만들었다. 여러분이 비록 사업가가 아니라고 할지라도, 월 스트리트식[13]의 총명함에 감탄을 금할 수 없을 것이다.

심리전은 결코 참신한 전법이 아닌데, '사막의 폭풍' 작전 시 심리전의 참신성은 창조성에 있다고 할 수 있다. 미군은 위력이 큰 폭탄 1발을 투하한 다음 전단을 뿌려서, 수 km 밖에서 폭발로 놀란 이라크 병사들에게 "다음 폭탄의 표적은 바로 당신이다"라고 경고했다. 이 방식은 사단을 건제로 편성한 이라크 군대를 와해시키기에 충분했다. 한 이라크군 사단장은 포로수용소에서 심리전이 이라크군 사기에 준 타격은 연합군의 폭격 다음이었음을 인정했다.[14]

걸프전 개전 시, 미국은 A-10 공격기를 이미 낙후한 대지상 공격기로 인식하고 있었다. A-10 공격기는 아파치 헬기와 '치명적인 연합Lethal Union'이란 작전을 통하여, 이라크군 전차들을 격파하여 자신의 도태될 운명을 벗어났을 뿐만 아니라, 걸프전의 주역이 되었다. 이와 같이 첨단이

[13] 《미국 국방부가 의회로 보내는 최종보고서》, 부록 제 16절 '책임 분담' 문제를 다루었다. 일반적인 견해와는 다르게, 미국이 동맹국들에게 전쟁 비용을 분담시켰을 때, 주로 경제적 요인이라기보다 정치적 고려에 기인한 것이었다. 레스터 뚜로우(Lester Thurow)는 《21세기의 경쟁》에서 610억 달러의 전쟁비용을 미국 GDP인 60조 달러와 비교한다면, 이는 비교할 가치도 없을 정도로 적은 금액이라고 언급했다. 전투병력을 보내지 않으면서 참전한 국가들에게 재정적 지원을 받은 이유는 미국인들에게 걸프전은 미국만의 전쟁이 아니라, 연합작전이란 것을 믿게 하기 위한 것이었다.

[14] 제이크 샘(Jake Sam) 소령은 《특수작전》이란 잡지에서, 미군 제 4심리전 대대가 걸프전에서 수행한 심리전 상황을 소개했다.(《특수작전》, 1992년, 10월호) 미군의 《동유럽 · 중앙아시아 군사저널》 1991년 12월호는 걸프전에서의 심리전을 소개했다.

아닌 무기를 다른 무기와 배합시켜, 뛰어난 효과를 발휘한 것은 무기의 설계와 운용 측면에서 형언할 수 없는 시사점을 주고 있다.

미국은 개전 직전에서야, 맥피크McPeak장군을 공군 참모총장으로 임명했다. 그는 '이 사과' 위에 흔적을 남겼는데, 그것은 전략공군과 전술공군의 구분을 깼으며 혼성연대라는 꿈을 실현했다. 그리고 전쟁이 끝난 후에는 '−7, +4'라는 방법으로 공군 지휘체계를 개혁하였다. 즉, 전략 · 전술 · 항공수송 · 후방지원 · 체계 · 통신 및 보안 등 7개 사령부를 폐지하고, 작전 · 기동 · 장비 · 정보 등 4개 사령부를 창설했다.[15] 만약, 걸프전이 없었다면, 맥피크 장군의 동료들은 이렇게 대담한 변혁을 받아들이기 어려웠을 것이다.[16] 그리고, 우리같이 걸프전과 관계없는 사람들은 걸프전에서 어떤 계시와 참고사항을 얻기가 더욱 어려웠을 것이다.

만약, 우리들이 걸프전을 지속적으로 연구한다면, 이 '사과'의 더욱 많은 단면을 볼 수 있을 것이다. 솔직히, 걸프전의 결점과 의심스러운 곳도 어쩌면 장점만큼 많을 수도 있겠지만, 그렇다고 해도 우리들은 걸프전을 경시하지 못할 것이다. 그러나 걸프전이 비록 깊은 의미를 내포

---

[15] 공군 참모총장 맥피크 장군은 여러 기종으로 구성된 '혼합 연대'가, 단일 기종으로 구성된 연대를 대체해야 한다고 주장했다. 그는 "만약 우리가 사우디아라비아에서 작전을 다시 수행한다면, 다시는 F-16 전투기 72대로 조직된 연대가 아니라, 공격기·방공전투기·전파방해기·공중급유기 등으로 구성된 연대를 이용할 것이라고 밝혔다. …… 이러한 전술은 세계 어느 지역에서 분쟁이 발생하더라도 도움이 될 것이다.(미국, 《공군지》, 1991년 2월)

[16] 미 공군장관인 도널드 라이스(Donald Rice)는 "걸프전은 이러한 경험을 매우 철저하게 설명했고, 공군력은 통합된 계획을 수립하고, 전투작전을 시행할 때 가장 큰 기여를 할 수 있다"고 주장했다. 미 전술공군 사령관인 마이클 장군은 '전략'과 '전술' 같은 용어로 항공기의 종류와 임무를 한정하는 것은 공중 군사력을 발전시키기 위한 노력을 막는 행위로, 이러한 상황이 되면, 우리들은 반드시 조직 구조의 개혁을 단행해야 할 것이다.(미 공군교범 AFM 1-1 미국 공군 우주항공의 기본이론, p. 329, 주석 8) 미 공군본부 프로그램 및 작전 참모차장인 제니 V. 아담스(Jenny V. Adams)는 걸프전의 교훈은 "우리들의 전투규정들을 수정하는 것이지, 검토하는 것이 아니다"라고 밝혔다. 미 공군본부의 군수 참모차장인 헨리 위슬리 장군도 개혁을 통하여 지원 방면의 취약한 분야를 개혁하는 것에 동의했다.(《제인스 디펜스 위클리》, 1991년 3월 9일)

하고 있더라도, 현대전쟁의 백과사전이라고 간주될 수는 없고 최소한 미래전쟁에 대한 답을 제공하지는 못했다. 하지만, 걸프전은 최초로 다량의 첨단무기가 집중적으로 사용되어, 군사혁명을 일으키는 실험장이었다고 말할 수 있는데, 바로 이러한 점이 전쟁사에서 걸프전을 경전적인 위치로 올려놨으며, 우리들이 새로운 생각을 할 수 있는 토대를 제공했다.

/ 04 /

미국은 코끼리를 만져서 무엇을 얻었는가?

공중작전은 걸프전 승리의 결정적인 요소이다 ……
첨단무기의 효과적인 운용은 공군과 지상군이 전쟁을 잘 수행하게 된 요인이고,
연합군의 사상자를 최소화 시킨 요인이었다.
– L. 아스핀(L. Aspin) –

걸프전은 미군이 최근 수십 년 만의 전쟁에서 얻은 가장 큰 전리품이 되었다. 전쟁이 끝나고 미국의 군사전문가 · 국회의원 · 민간기구들은 서로 다른 측면에서 이 전리품을 자세히 해부하기 시작하였다. 우리는 그들의 보고서와 미국의 조정에서 이번 대해부가 큰 성과를 낳았다고 볼 수 있다. 또한 전세계의 군대와 군인들은 모두 이러한 성과가 매우 중요한 것으로서, 절대 등한시 할 수가 없을 것이다. 지나친 우월의식이 있는 미국인은 군종사이에 오랫동안 존재한 편견 때문에, 그들의 연구에는 '이론측면의 맹점'과 '사유측면의 오점'이 불가피하여, 거대한 전쟁에 대한 분석을 마치 자기가 옳다고 하는 '장님 코끼리 만지기 식'으로 변하게 하였다. 그래서 우리는 과제를 분명히 선별하는 것이 필요한데, 이것을 부정적으로만 봐서는 안 된다. 그런데 미국은 도대체 이 거대한 코끼리 몸에서 무엇을 만졌는가?

군종, 자신의 영역 밖으로 내민 손길

남북 전쟁에서부터 시작된 미 육군과 해군사이의 괴리는 공군이 탄생된

후에도 없어지지 않았으며, 오히려 3군 사이에 형성되어 위로는 대통령, 아래로는 국방부까지 골치 아프게 하는 고질병이 되어 버렸다. 설사 걸프전에서 효과가 있었던 '국방부 조직 개편법'이 군종 사이에 보이지 않는 장벽을 겨눌지라도, 근본적인 처방이 아닌 임시처방이라고 말하는 편이 더 나을 것이다. 사람들은 전쟁이 끝나고 군대가 철수하면 사람들은 예전과 다름없이 외부와의 교류를 차단한 채 자화자찬할 것으로 알았다.

하지만 미국의 장군들은 결코 어리석거나 평범한 사람들이 아니었다. 걸프전에서 사람들의 예측을 뛰어넘는 진행과 결말은 세상을 놀라게 함과 동시에, '사막의 폭풍' 작전의 지휘관들도 놀라게 하였다. 연이어 발생한 소련의 해체는 미국이 자신을 중심으로 하는 새로운 세계질서를 수립해야 한다는 사명감을 가지게 했고, 장군들은 설사 그들이 군종 간의 이견 차이를 좁히지는 않을지라도 군대개혁의 절실함을 알게 되었다. 90년대 초반부터 발행한 각 군의 교범을 보면, 미군은 이미 전면적인 개편을 시작하였는데 그 출발점은 역시 걸프전에서 얻은 실전 경험과 교훈이었다. '1000개의 사람 눈에는 1000개의 햄릿'이 있다는 말과 같이, 미국 3군의 눈에는 3개의 걸프전이 있었다. '구시대의 마지막 전쟁이면서 새로운 시대를 연 전쟁'이라는 걸프전에 대해서 미국의 각 군종은 자기에게 유리한 증거를 찾으려고 노력했다. 결국, 군종 간 울타리 밖으로 내민 이기주의적 성향의 손은 걸프전과 같은 큰 코끼리의 전체를 만질 수는 없었다.

설리번Sullivan장군이 만진 것은 아마도 융통성이 결여된 코끼리의 다리일 것이다. 걸프전 당시 육군 참모차장이었던 설리번 장군이 걸프전이 끝난 몇 개월 후, 육군참모총장이 된 것으로 보아, '사막의 폭풍' 작전에서 미 육군의 활약이 칭찬할 정도로 좋았던 점이 있었다고 할지라도 훌륭했다고는 절대로 말할 수는 없었다. 특히 38일간의 맹렬한 폭격으로 유감없이 위력을 과시한 공군과 비교해 보면, 4일이라는 짧은 기간 동안 지상전은 육군에게 기대되는 영광을 가져다주지 못했다.

육군의 모든 부분을 꿰뚫고 있던 설리번 장군은 전쟁사에서 한 획을 그은 걸프전에서 육군의 문제점이 무엇인지를 그 누구보다도 자세히 알고 있었다. 비록 그가 취임할 당시 미 육군이 걸프전의 위력을 등에 업고 소련군의 쇠퇴로 무적의 군종이 되었을지라도, 그는 여전히 육군에 대해 깊은 우려를 표명하였다. 그의 가장 큰 고민은 미 육군이 냉전이라는 활시위가 갑자기 느슨해진 후 육군의 구조가 노화 현상을 보이고 서둘러 평화를 향유하려는 정치가들로 인해 육군이 21세기의 문턱을 넘지 못하지만, 21세기에도 미 육군이 세계의 육군 가운데 최고의 지위를 여전히 확보하는 것이었다. 이에 대해 새로운 활력을 불어넣는 유일한 방법은 바로 '극약 처방식'의 철저한 개조였다. 그는 이를 위하여 '21세기 육군21st century Army'이라는 구상을 제시하여 '참호에서 공장까지' 모든 부분에서 미 육군을 다시 설계할 것을 강력히 주장했다.[1]

설리번 장군은 각계각층의 조직 내에 퍼져있는 관료적 습성을 최소화하기 위해 최초로 1100명으로 구성된 샤먼 장군 직속의 '루이지애나 드릴 TFLouisiana Drill Task Force'를 편성하였고, 걸프전에서 얻은 경험과 교훈으로 통상 사람들이 '디지털 부대'라고 부르는 특수부대를 만들었으며, 이를

[1] '21세기의 육군'은 설리번이 심혈을 기울인 작품이다. 취임 초기부터 퇴임 이후까지, 그는 이 일에 대해 시종일관 식지 않는 열정을 가졌다. 비록 미군 내부와 다른 국가의 수많은 사람들이 '21세기의 육군'을 '디지털 부대'와 동일시했지만, 설리번은 그렇게 생각하지 않았다. 그는 '21세기의 육군'이 '최종 계획'보다는, '태도와 방향'으로 취급되고, 미 육군이 계속 '통합' 개혁을 수행해야 한다고 믿었다. '21세기 부대의 통합에는 작전이론·조직체제·훈련·지휘관육성·장비 및 병사의 문제·기초시설 등 각 방면이 포함된다.'(미국, 《군사이론》, 1995년 5~6월호) 현재 미 육군의 일반적인 견해에 따르면, 21세기 부대는 정보시대의 야전실험·이론연구·장비구입 계획을 수행하는 현재의 육군이 지상작전 부대들로 하여금 현재부터 2010년까지 임무를 수행할 준비들을 취급하는 것이다.(육군교육사령부 참모장 보좌관 로버트 질리뷰어(Robert Jilibuer) 대령, 《육군 저널》, 1996년 10월호)

사용해 이루어낸 성공은 육군을 정보화 전쟁의 수준으로 향상시켰고, 이로 인해 다른 군종들 보다 앞서게 되었다. 따라서 그는 이 부대를 비록 대담하고 혁신적이지만 전망하기 어려운 길로 들어서게 했다. 이런 모든 과정 가운데, 그가 지금까지 명확하게 밝히지 않은 것은 개혁을 진행하는 데 있어서 수십 년간 처음으로 축소된 국방예산에서 육군이 다른 군종보다 더 많은 예산이 삭감되었다는 것이다.

설리번 장군의 후계자인 레이머Reimer 장군 역시 이것을 잘 알았으며, 그는 전임자가 구상한 청사진 위에 지속적으로 개혁을 강화시켰다.[2] 디지털 부대를 창설하는 데 거액이 필요하다는 것은 누구나 알고 있는 사실이다. 그러나 이것은 바로 설리번 장군과 레이머 장군의 선견지명이 부각되는 것으로, 예산을 많이 사용한다는 것은 예산을 많이 요구하기 위해서이다. '21세기 육군'부터 '2010년 이후의 육군'까지, 다시 '미래의 육군'은 사람들이 신뢰할 수 있는 발전 목표를 미끼로 의회의 지지와 더욱 많은 예산을 육군의 건설을 위해 끌어들였다.

한편 정치인들은 군사문제에 대해서는 문외한이고 장군들의 얼굴 속에서 승리를 위한 새로운 결론과 방법을 얻어낼 수가 없었다. 그들은 대부분 망신당하는 것을 두려워했으며, 어느 누구도 다음번 대통령이 될 수 있는 사람에게 감히 대꾸할 수 없었다.

실제로 디지털 부대의 홍보에 대해 의견이 분분함에도 불구하고, 현재 이 구상의 정확성에 대한 결론을 내는 시기도 아직 멀었다. 다른 것은 말할 필요도 없이, 단지 미국 육군의 표준 방식에 따라, 군 측이 새로운

---

[2] 레이머 장군은 "'2010년 육군 구상'이 '21세기 육군'과 '내일의 육군'과 이론적으로 연결되어 있다. '21세기 육군'은 육군이 바로 수행하는 계획이다 …… '내일의 육군'은 육군이 현재 검토 중인 장기 계획이다 …… 3자간의 상호조화는, 육군이 체계적으로 발전할 수 있도록, 연속적이고 질서 정연한 변화를 확정지었다"라고 말했다.('2010년 육군 구상' 보고서, 1997년)

무기장비에 대한 요구를 제시하고, 군수업체가 연구 개발하여 군 측이 다시 검증하는 주기가 10년이 걸린다. 또한 컴퓨터 발전의 '18개월 법칙'과 네트워크 기술의 '60일 정리定理'라는 두 종류의 조화되지 않는 규칙 때문에 디지털 부대는 기술적으로 정형화 되고 군의 일부로 편제되는 것이 어렵게 되었다.

이 때문에 디지털 부대는 지속적으로 변화하는 신기술이란 채찍이 때리는 팽이처럼 되어서, 대응에 지친 회전 속에서 누구의 말을 따라야 할지도 모르고 어떠한 성과도 내지 못하게 되었다.[3] 이것으로 볼 때, 한 군종의 운명이 어떤 기술의 보급과 결부되는데, 이 시대를 앞서는 대담한 구상도 진정으로 미래 육군의 발전을 지도하는 유일한 이정표가 되기는 어렵다. 어쨌든, 미래전쟁에서 이것은 크게 낭비가 되고 과도하게 단일 기술에 의존하여 오히려 취약하게 되는 전자적 마지노선이 아니라고 누가 감히 단언할 수 있겠는가?[4]

공군에 대해 말하자면, 시원시원한 성격을 가진 듀건Dugan 장군이 해임되고, '사막의 폭풍' 작전에 참전한 모든 공군부대는 슈워츠코프 육군 장군의 지휘를 받게 되었으나, 공군부대는 걸프전의 대大승리자가 되었다.[5] "전세계에 영향을 미친다"는 건군 방침은 처음으로 전쟁의 검증을 받았고, 공군은 이 검증을 통해 단독으로 전략과 전역 차원의 공격 임무를

---

[3] 기술 갱신의 속도가 무기 장비 속도보다 훨씬 빠른 현상의 배후에는 '선구자는 오히려 쉽게 낙후된다'라는 더욱 깊은 모순이 숨겨져 있다.(이 점은 전자통신 산업의 발전과 컴퓨터의 변화에서 확인될 수 있다) 이는 아마도 산업시대 모델에 따라 만들어진 직업군대가 정보기술과 협력하기 힘든 모순 가운데 하나다. 이 때문에, 미국은 각종 첨단군사 기술, 심지어 민간의 최신기술 확산에도 병적인 민감함을 보이게 되었다.

[4] 이 점은 미군 내부에서도 많은 사람들이 의문점을 제기한 것이다. 앨랜 캠펜(Allen Campen) 대령은 "사람들이 이해하지 못하고 있거나, 아직 검증되지 않은 새로운 전술을 성급하게 사용하는 것은 위험하다.", "한 차례의 군사혁명을 국가안보에 대한 도박으로 변화시킬 가능성이 있다"라고 생각했다.(미국, 《신호》, 1995년 7월호)

[5] 찰스 호너(Charles Horner) 공군 장군이 지휘한 연합군 공군사령부는 비록 슈워츠코프의 명령을 받았지만, 결국 걸프전에서 자기 자신을 한껏 드러냈다.

수행할 수 있는 능력이 있다는 것을 보여주었으며, 그 지위가 지금과 같이 대대한 적은 없었다.[6]

이것은 맥피크 장군과 그의 후임자가 더욱 멀리 나가는 결심을 하게 만들었다. 그들은 한 차례의 승리로 자신들이 향후 3군의 서열 가운데 주역을 담당하게 될 거라고 생각했다. 50년 전 육군에서 일부 선발하여 만든 공군은 이미 과거의 공군이 아니었다. 그 이유는 그들은 걸프전에서 코끼리 몸에서 뜻밖에 자란 날개를 만졌기 때문이다.

공군 참모총장 포글맨Fogleman과 육군 참모총장 레이머가 설사 걸프전을 통해 "양개 군종이 21세기 군사작전에 대해 깊이 이해하고 있다"라고 하더라도, "양측은 향후 걸프 전쟁에서 얻은 교훈을 구체화하거나 이를 이용할 때, 육군과 공군은 긴장된 관계로 변할 것이다"[7]란 인식을 함께 했다. 이유는 간단하다. 날개가 길고 단단한 공군과 자기가 천하제일이라는 육군은 누구도 작전지휘통제권을 공손히 상대방에게 양보하길 원하지 않았다.

이와 같이 군종 간의 다툼은 각자의 입장에서 보면 타당하나, 이를 뛰어넘어서 보면 백해무익하다는 것을 알 수 있을 뿐만 아니라, 합동작전과 관련한 지휘관 회의도 문제를 해결하지 못하는 연례행사로 변했으며, 군종들도 걸프전에서 얻은 경험들을 충분히 서로 공유하지 못하게 만들었다. 이 점은 전쟁이 끝난 후 공군과 육군이 지속적으로 발표한 작전 요무령과 교범을 살펴본다면 알 수 있을 것이다.

다음으로 지적해야 할 것은, 전쟁 후 공군은 당연히 다른 군종과의

---

[6] 'Global Arrival, Global Power'는 냉전 후, 미 공군의 전략적 구상이 되어, 1990년 6월 백서의 형식으로 발표되었다. 6개월 후, 걸프전은 이 구상의 기본 원칙을 증명하였다.

[7] '육군과 공군의 합동작전', 미국, 《육군지》, 1996년 12월호 참고.

이권쟁탈을 그치지 않았다. 그들은 '사막의 폭풍' 작전의 주역인 공중타격 전역의 성공으로 모든 작전비행연대를 이미 증명된 방식에 따라 혼합연대로 개편하였다. 이어서 '−7, +4'의 방식으로 모든 공군의 지휘기구를 철저하게 개편했다. 현재 그들은 시험 삼아 48시간 내에 전세계 어떠한 전구戰區에도 도착할 수 있고, 위기와 충돌의 전 과정에서 작전능력을 유지할 수 있는 공군원정부대를 조직하고 있다.

미 공군은 줄곧 전자전 더 나아가서 정보전에 대해 매우 열성적이어서 설리번 장군이 디지털 부대를 만들기 전에, 이미 공군 정보전센터를 편성했다. 이런 조치들은 분명히 걸프전의 결과와 직접적으로 관련되어 있다. 그러나 아쉬운 점은 이와 같이 유익한 시도도 군종의 경계를 초월하지 못해 결과적으로 오랫동안 논의된 '군종 간 합동작전'이 결국 예전대로 하나의 구호에 그쳤다.

미 공군의 장군들은 육군 장군들과 같이 군종 내 적극적인 변혁과 타군종과의 적극적인 경쟁을 자군의 이익을 추진하는 2가지 중심축으로 간주했다. 전혀 활기가 없고 신선한 계획이 없는 군종은 군비지출을 책임지는 의원들에게서 예산을 지원받는 것이 불가능했다. 이 측면에서 공군은 자신만의 계산이 있었다.[8]

군종 간 더욱 심해지는 예산 확보전 가운데, 우주 항공 무기 체계는 공군이 가지고 있는 히든 카드였다. 비록 레이건 대통령이 제안한 '스타워즈' 계획이 시작부터 허장성세의 측면이 있었고, 대통령을 연임한 후에는 그 작전능력을 만들 수가 없었다. 그러나 미국인의 우주 공격능력을

[8] 미 공군은 1997년 새로운 발전 전략인 '전세계의 참여-21세기 미 공군의 구상'을 제시했다. 우리들의 전략 구상은 다음과 같은 한마디로 요약할 수 있다. 미 공군은 세계에서 가장 우수한 항공 및 우주군을 건설할 것이다 …… 이는 세계적인 힘이 될 것이며, 미국의 그림자를 어디서나 볼 수 있게 될 것이다.('전세계의 참여-21세기 미 공군 구상' 참조)

만든다는 열정만은 식지 않았다.[9] 이러한 미국인의 성원을 기반으로 공군 참모총장들은 자기의 군종을 위해 가능한 많은 예산을 획득했다. 미국의 우주 항공능력이 에스테스Estes 장군이 "우주항공부대가 걸프전에서 보여준 능력이 그 부대가 독립적인 운용의 잠재력을 구비했다는 것을 증명했다"라고 말한 것과 같은지 여부는 아마도 하늘만이 알 것이다.

만약 걸프전을 코끼리에 비유한다면, 미 해군은 코끼리를 거의 만지지도 못했기 때문에 장님과 코끼리 이야기는 나눌 길이 없다고 할 수 있다. 아마도 바로 이 점 때문에, '사막의 폭풍' 작전이란 차가운 벤치에서 미끄러져 내려온 자부심이 강한 수병들은 귀항 도중 미 해군 역사상 가장 고통스러운 전략적 사상을 전환시키기 시작했다. 이 고통은 미 해군의 군인들을 1년 반 동안 고통스럽게 했다. 이후, 몇 명의 중령과 대령이 작성한 '바다에서 육지로'라는 백서가 해군장관에게 제출되었다. 이 백서는 미 해군의 정신적 스승인 마한의 교리를 분명히 위배하였고, 과거 교리를 바꾸어 해상결전을 통해 제해권을 탈취하는 것이 더 이상 해군만의 신성한 임무로 여기지 않게 되었다. 그래서 미 해군은 처음으로 연안과 지상작전을 지원하는 것을 자신의 가장 중요한 임무로 반영하였다. 이는 심해의 상어를 늪에서 구르는 악어로 만든 것과 같다. 더욱 사람들을 놀라게 하는 것은, 이와 같이 정도를 벗어난 백서가 뜻밖에 해군장관 · 해군작전사령관 · 해병대 사령관의 공동 성명을 받아 마한이 저술한 《역사에 미친

[9] 비록, 클린턴 대통령이 '스타워즈'계획의 취소를 발표했지만, 실질적으로 미군은 우주 군사화의 발걸음을 늦추지 않았다. '전세계의 참여-21세기 미 공군 구상'은 "이 혁명적인 변혁의 첫걸음은 미 공군을 항공-우주군으로 변화시키는 것이며, 더 나아가 우주-항공군으로 개조시키는 것이다"라고 지적했다. 이 가운데 순서의 변화는 중심의 조정을 명확히 구현하는 것이다. 우주사령부는 우주부대의 역할을 더욱 강조한 것이다.(《미군 우주부대와 합동우주 이론》 참고) 1998년 4월, 미 우주사령부는 장기계획인 '2020년 구상'을 발표하여, 공간통제·전세계적 교전·총전력 강화·전세계적 협력이라는 우주의 4가지 작전개념을 제시했다. 오는 2020년까지 공간통제는 다음과 같은 5가지 목표를 달성하고자 한다. ① 진입 공간의 확보 ② 공간 감시 ③ 미국 및 동맹국의 우주항공체계 보호 ④ 적의 미국 및 동맹국 우주항공체계 사용 방지 ⑤ 적의 우주항공체제 사용 방지.(《현대군사》, 1998년 10기, pp. 10~11 참조)

해양력海洋力의 영향》 이후 가장 중요한 해군의 문헌이 되었다.

대담한 전략적 변화는 세계 구조의 대변동이라는 배경 하에, 재생의 길을 찾는 해군에게 중요한 전환기를 가져다주었다. 비록 해군 스스로가 설정한 목표가 육군의 목표보다 급진적이지 못하고 공군의 포부에 미치지 못할지라도, 해군의 변환은 분명히 다른 군종보다 근본적이고 전체적인 성격을 가지고 있었다. 군종의 예산 편성에서 육 · 공군에 비해 조금도 떨어지지 않는 해군은 당연히 변혁 자체와 군비확보라는 두 가지 측면에서 일석이조의 성과를 바랐다.

하지만 한 전쟁에서 중요한 역할을 하지 못한 군종이, 전후 새로운 이익의 분할에서 기 확정된 배당금을 지키고, 게다가 야심만만하게 더 큰 이익을 확보하기 위해서는 반드시 최상의 방안을 제시하여 철저한 개혁을 해야 한다. 그래서 '바다에서 육지로'를 제시한 지 2년이 지난 후, 미 해군은 새로운 백서인 '최전방 …… 바다에서 육지로'[10]를 발표하여 더욱 적극적인 '전방에서의 존재' · '전방 배치' · '전방 작전' 등 새로운 호르몬을 해군전략에 주입시켰다. 또다시 2년이 지나고, 미 해군작전사령관 보다Boorda제독은 '2020년 해군 구상'을 제시하였으나, 스스로 훼손한 군인의 명예를 위하여 자살을 했다. 그의 후임자인 존슨 제독은 전례를 따라서 역대 전임자들이 추진한 개혁을 지속적으로 추진했다. 그는 "평화 시기의 참여 · 위협과 충돌 방지 · 작전과 승리"를 21세기 미 해군의 3대 임무로 반영시켰다. 세상사에서 아무리 변해도 변하지 않는 것처럼, 존슨 제독도 그의 전임자들처럼 제시한 방안이 모두 해군을 중심으로 한다는 것이었다.

---

[10] 1992년 발표한 해군 및 해병대 백서인 '바다에서 육지로'는 전략 중심과 중점의 변화를 나타내고 있다 …… 해군부대의 전진배치를 강조한다. 이것이 바로 '전방 배치 …… 바다에서 육지로'와 '바다에서 육지로' 사이에, 반영된 가장 중요한 차이점이다.(J. M. 보다(J. M. Boorda) 해군 대장, 《해병대 잡지》, 1995년 3월호) 이 해군 대장도 단도직입적으로 예산에서 해군의 우선권을 요구했다.

이와 관련한 존슨 제독의 주장은 미군이 책임지는 빈번한 해외 작전 임무 가운데 육군은 많은 수송수단의 협조를 받아 부대를 전개시키고, 공군은 다른 국가의 기지에 지나치게 의지하지만, 해군은 유일하게 어떠한 해역도 자유로이 순항하고 다양한 수단으로 작전에 투입될 수 있는 능력을 갖추고 있기 때문에 해군이 합동작전의 핵심이 되어야 한다는 것이다.

존슨 제독의 저의는 분명해서 그의 주장이 대통령과 국방부의 동의를 얻기만 하면, 해군은 순조롭게 국방예산의 우선권을 획득하게 되었다. 미 정부의 1998년도 국방예산에 따르면, 최근 10년 동안 국방예산은 지속적으로 삭감되고 있는 추세에도 불구하고 해군 및 해병대는 모든 군종 가운데 군비 삭감이 가장 적었다. 해군제독들은 마침내 원하는 바를 이뤘다.[11]

상술한 분석은 걸프전 후 미 3군의 지향 방향과 군종이 서로 틈이 발생한 현상이다. 여러분은 아마도 미군이 걸프전에서 행한 노력에 감동받아서, 미군이 군종의 이익을 지키기 위해 채택한 방법에 영향을 받을 수 있다. 하지만 이와 동시에, 이렇게 훌륭한 군인들이 결국 군종이란 울타리에 갇혀 서로를 견제함으로써 각각 강한 군종처럼 보이지만, 완성된 조직은 여전히 불안정한 음정을 가진 나팔에 보조를 맞추는 미군들일 뿐이다.

'사치병'과 '사망자 0'

목표달성과 사상자를 줄이기 위하여 비용을 고려하지 않고 값 비싼 무기를 대량으로 사용하는 것은, 부자만이 할 수 있는 전쟁으로 미군의 장기이다. '사막의 폭풍' 작전은 다시 한 번 작전수행에 있어서 비용의

---

[11] 미 국방부 회계연도 1998년《국방보고서》 참고.

무절제성을 노출시켰는데, 이는 고질적인 수준에 도달했다. 평균 2500만 달러의 항공기는 42일의 시간 동안 11만여 차례의 맹렬한 폭격을 실시하였고, 1발 당 130만 달러인 토마호크 미사일을 운용하여 '신新사회당 본부'를 파괴하였으며, 수만 달러의 정밀유도 미사일로 참호를 조준했다. …… 설령 미국의 장군들이 610억 달러를 사용한 이 전쟁의 비용을 계산할 필요가 없다는 것을 알았더라도, '황금구슬로 새를 잡는다'는 식의 전투는 여전히 그들로 하여금 과분한 사치로 느끼게 할 수밖에 없을 것이다.

미국의 폭격기 한 대는 자신의 표적보다 더욱 고가여서, 많은 달러를 보잘 것 없는 표적에 사용했는데, 이것이 가치가 있는지는 믿음이 충만한 신도에게도 의심이 생기게 했다. 이외에도 161일에 달하는 시간 동안, 주야 쉴 틈 없이 52만 명에 달하는 병력과 800여만 톤의 물자를 미국 본토와 유럽 각지에서 전선으로 수송했다. 이 가운데에는 몇십 년 동안 쌓아 두어 어디에 있는지도 몰라 이미 폐기 처분된 썬캡SunCap 모자와 리야드 항구의 컨테이너에서 썩고 있던 미국의 과일도 포함되어 있었다. 후방 지원을 담당한 파고니스Pagonis 소장은 이와 같이 대규모의 혼란에 사치를 더한 후방 보장 행동을 "아마도 유사 이래 들어본 적이 없는 해 · 공중 수송"이라고 불렀다.

그러나 미 국방부의 표현에 따르면, 이는 미시시피주 주정부 소재지인 잭슨 시市의 모든 생활시설을 사우디아라비아로 옮겨 놓은 것과 비슷하다. 전세계의 군인 가운데 아마도 미군만이 이를 한 차례의 전쟁을 승리하기 위하여 반드시 필요한 사치라고 생각했을 것이다.[12]

바로 이 점 때문에 사람들이 의아함을 느끼게 되었다. 맥나마라가

[12] 《걸프전-미국 국방부가 의회에 보낸 최종 보고서》 및 《부록 6》 참고.

영리주의를 이용하여 철저하게 개조했던 미 국방부는 예산을 문제 삼지 않고 호화로운 전쟁을 줄곧 수행했다.[13]

항상 돈과 4성 장군들이 입씨름하는 기구인 하원의 3군 위원회The Armed Services Comittee of the House of Representatives조차도 걸프전에서의 많은 지출에 대해 한 마디도 말하지 않았다. 그들이 각각 내놓은 걸프전 관련 보고서 가운데, 판에 박은 듯이 첨단기술 무기에 관한 중요한 역할은 매우 높은 평가를 받았고, 체니 국방장관은 "우리는 무기기술 측면에서 1세대를 앞섰다"라고 말했으며, 아스핀 의원은 "첨단기술 무기는 우리의 가장 낙관적인 예측을 초월했다"라고 밝혔다.

만약 당신들이 이러한 자만 속에 숨어 있는 다른 뜻을 알아보지 못하고, 단지 그들은 미군이 첨단무기의 도움 아래 이라크를 이긴다는 전쟁 목표를 원만하게 달성했다고 생각한다면, 당신은 이것이 전형적인 기술 승리론자 2명의 터무니없는 말에 불과하다는 것을 알지 못하고, 미국식 전쟁의 함의를 아직까지 깨닫지 못하고 있는 것이다. 미국은 여태까지 모든 생명을 아끼려 하지 않은 적이 없었고, 물질적 원가를 아끼지 않고 승리를 쟁취하는 민족이라는 것을 알아야만 한다. 첨단무기는 바로 미국의 이러한 욕망을 만족시킬 수가 있었다.

걸프전에서 미국은 50만 대군인데도 단지 148명만이 사망하였고, 458명이 부상을 당했으며, 그들이 장기간 줄곧 꿈꾸며 추구하던 목표인 '사상자 0'을 거의 달성했다. 월남전 후, 군부 또는 미국 사회를 막론하고

---

[13] 포드 자동차 사장에서 국방장관이 된 맥나마라는 자영 회사의 채산제와 '비용 대 효율'이란 개념을 미군에 도입했다. 그는 군대로 하여금 적은 비용으로 무기 구매를 하도록 하였지만, 전쟁수행방법에서는 다른 기준을 가지고 있었다. 국방부 목표는 위험의 최소화, 지출의 최소화 그리고 일단 전쟁에 돌입하면, 최소한의 병력 피해로 조국의 안보를 확보하는 것이다.(맥나마라, 《월남전의 비극과 교훈에 관한 회고》, pp. 27~29)

모두가 군사작전 중 사상자에 대해 거의 병적인 수준까지 민감했었다. 사상자 감소와 작전목표의 달성은 미국이 중요하게 생각했던 사항이었다. 따라서 전장으로 가는 미국 병사들은 현재 전장에서 가장 값 비싼 저당품이 되었고 귀중하기가 사람들이 깨기를 두려워하는 도자기와 같게 되었다.

미군과 교전한 적이 있는 상대들은 대부분 요령 하나를 파악했다. 만약 당신이 미군을 패배시킬 수 없다면, 바로 미군의 병사들을 죽여라.[14] 이 점은 미국 의회가 강조한 '사상자 감소계획을 수립하는 것이 최고의 목표가 되어야 한다'라는 보고서에서 명백히 확인할 수 있다. 가엾게 여기는 색채로 충만한 '사상자 0'라는 구호는 마침내 미국식 호화 전쟁의 주요 동인으로 변하게 만들었다.

예를 들면, 무절제하게 스텔스 항공기 · 정밀 탄약 · 신형전차 · 헬기를 운용하고, 게다가 초지평선 공중작전 · 융탄폭격 등은 모두 무기가 좋고 수단 역시 좋으며, 동시에 패러독스에 가까운 두 가지 목표 즉, 승리와 '사상자 0'을 달성하고자 하는 것이다.

이렇게 전제가 한정된 전쟁은 단지 닭 잡는데 소 잡는 칼을 사용하는 것이며, 첨단기술 · 많은 투자 · 높은 소모 · 강한 보복이란 특징으로 군사전략과 작전술에 대한 요구가 무기성능에 대한 요구보다 높지 못했다. 규모로 보면, 한 차례의 전역과 비슷한 전쟁에서 특출한 전투가 없었다. 미국이 보유한 첨단기술과 비교해보면, 미군은 전술상 명확하게 정체되었으며, 새로운 기술이 새로운 전술을 위해 제공한 좋은 기회를 잡지도 못했다.

---

[14] 찰스 대령은 "사상자는 미국의 능력을 약화시키는 효과적인 수단이다 …… 이 때문에, 적은 전술적 승리를 통해 아군의 사망을 줄곧 조장한다"라고 지적했다.('적의 입장에서 《2010년 합동 구상》을 분석하다', 《합동군 계간지》, 1997~1998 가을 / 겨울호)

첨단기술 무기를 효과적으로 사용하는 것 외에도, 우리는 미국이 이 전쟁에서 보인 군사사상이 다른 국가와 얼마나 큰 차이가 있는지를 알아볼 수 없었고, 최소한 그들 사이에 존재하는 무기장비상 차이보다는 더 크지는 않았을 것이다. 아마도 이와 같기 때문에 걸프전은 군사술Military Art 측면에서 걸작이라고 평가할 수 없고, 오히려 미국을 대표로 하는 첨단기술 무기의 호화로운 박람회가 되었고, 여기서부터 미국식의 전쟁 사치증이 전세계로 전파되기 시작했다.

미국의 달러는 이라크를 무너뜨리는 동시에 전세계의 군인들을 어리석게 만들었다. 세계 최고의 무기 판매국인 미국은 이에 대해 매우 기뻐했다. 걸프전은 전형적으로 기술이 첨단이고 전법이 단조로우면서, 비용이 많이 드는 전쟁으로 줄거리가 간단하고, 액션이 복잡하며, 유형이 유사한 할리우드 영화와 비슷했다. 사람들은 전쟁이 끝나고, 매우 오랜 시간 실마리를 잡지 못해서, 현대전쟁은 곧 이러한 전법이라고 생각하였고, 자신이 이와 같이 값 비싼 전쟁을 수행하지 못하는 것을 스스로 부끄러워하게 되었다. 이것이 바로 걸프전 후 세계 각국의 군사 논단에서 첨단기술 무기를 동경하고 첨단기술 전쟁을 호소하게 되는 원인이 되었다.

제퍼스Jeffers 시인은 토마스 에디슨이란 천재를 낳은 미국인을 언급할 때, '우리는 …… 기계에 능통하고, 사치품을 연연한다'라고 썼다. 미국인은 천성적으로 이 2가지에 대해 강한 열정을 가지고 있고 기술 측면에서 최상과 완벽함을 추구하고 있으며, 심지어 기계를 포함한 무기도 사치품으로 변하게 되는 경향이 있다. 상아로 장식한 권총을 차기 좋아한 패튼 장군이 전형적인 예이다.

그들은 이런 경향에 집착하여 기술과 무기를 맹신하고, 언제나 기술과 무기 측면에서 전승의 길을 찾고자 했다. 이러한 경향은 그들로 하여금 수시로 무기분야에서 자신의 앞선 지위가 동요되는 것을 걱정하게 만들었으며, 끊임없이 더욱 많고 더욱 새로우며 더욱 복잡한 무기를 만들어 이러한 걱정을 없앴다. 이런 마음가짐 속에서, 나날이 복잡해지고 있는 무기체계와 실전에서 요구되는 간결한 원칙들 사이에서 충돌이 발생하면, 그들은 항상 무기의 편에 서 있었다. 그들은 전쟁을 군사기술 상 마라톤 경기로 여길지언정, 사기 · 용기 · 지혜 · 모략의 대결로 보질 않았다. 그들은 당대 천재들이 잠만 자지 않는다면, 승리의 문은 미국에 열릴 것이라고 믿었다. 이와 같이 그들은 하나의 간단한 사실을 잊어버렸다. 전쟁은 기술과 무기라는 고정된 경기장에서 벌리는 각축이라고 말하는 것보다, 전쟁을 끊임없이 방향을 바꾸고 많은 불특정적인 요인들을 가지는 구기경기라고 말하는 편이 낫다. 당신이 아디다스 유니폼을 믿고 나이키 신발을 신는다고, 항상 이길 것이라고 말할 수는 없을 것이다.

그러나 미국은 이 점을 알려고 하지 않았던 것 같고, 걸프전에서 첨단기술로 승리를 이끈 경험을 통해 기꺼이 많은 돈을 들여서라도, 첨단기술 측면에서 앞선 지위를 유지할 것이라고 결심했다. 그들은 예산 상 어려움 때문에 지속하기 어려운 곤궁함을 직면하게 되었다고 말하더라고, 새로운 기술과 새로운 무기에 대한 편집증에 가까운 열광을 바꿀 수는 없었다. 미군은 끊임없이 열거하고, 미국 의회가 지속적으로 허가하는 고가의 무기 명세서는 늘어날 것이다.[15] 그렇다고 해서, 미래전쟁에서 발생할 미군의 사상자 수는 반드시 일방적으로 '0'이라는 숫자로 고정되지는 못할 것이다.

[15] 미국 회계 연도 1997년 《국방보고서》에 따르면, 미 의회의 동의를 얻은 첨단 개념의 기술은 20종이다. ① 신속한 군사력 투입 시스템 ② 정밀타격 다련장 로켓발사 시스템 ③ 장거리 고공 무인항공기 ④ 장거리 중공(中空) 무인항공기 ⑤ 정밀신호 표적포착 시스템 ⑥ 순항미사일 방어 ⑦ 가상전장 ⑧ 합동 對지(기)뢰 ⑨ 운동 에너지 무기를 이용한 탄도미사일 요격 ⑩ 합동계획 수립에 사용하는 첨단기술 ⑪ 전장 상황 파악과 데이터 전송 ⑫ 대량살상무기 확산 반대 ⑬ 항공기지(항구)의 생물무기에 대한 방어 ⑭ 첨단유도 시스템 ⑮ 전투식별 ⑯ 합동 후방지원 ⑰ 전투차량 생존능력 ⑱ 수명 주기의 비용이 낮은 중형 수송 헬기 ⑲ 반(半)자동 영상처리 ⑳ 소형의 공중발사 허위표적.

군(群, Group), 원정군 및 일체화 부대

'21세기 미 육군은 어떠한 사단이 필요한가?'라는 질문은 20세기 마지막 10년 동안 미 육군을 당혹스럽게 했다.[16] 걸프전에서 육군이 그런대로 괜찮다라는 표현과 첨단무기의 작전리듬에 대한 영향은 선명한 대비를 보여주었다. 줄곧, 해 · 공군보다 더욱 보수적인 미 육군은 마침내 편제에 대한 개혁의 필요성을 인식하게 되었다. 재미있는 것은, 이러한 개혁에 반대를 한 것은 육군의 상층부가 아니고, 오히려 사단장에서 높은 지위로 진급한 장군들과 이들 후임자로 취임한 신임 사단장들이었다. 이들에게 선전포고를 한 사람들은, 육군 참모총장의 총애를 받은 대령과 중령이었다. 오랜 전통의 '사단파'와 '여단파' 사이의 분쟁이 재연되었으나, 양측은 자신들의 의견을 주장하며, 한 치도 양보하지 않았다. 소장 또는 중장의 '사단파'는 현 사단편제가 과거 검증을 거쳤으므로 약간의 개편은 가능하지만, 대대적인 개편은 필요하지 않다고 생각했다. 그러나 '여단파'들은 그들과 상반된 입장을 가지고 있었다. '여단파'들은 육군 사단이 전쟁이란 시험을 통과할 수 없어서, 반드시 대대적인 개혁이 필요하다고 주장했다.

따라서 '정예화 사단', '모듈module화 사단', '여단을 기반으로 한 사단' 등 3가지 방안을 동시에 설리번 장군에게 전달했다. 미 육군 참모총장은 비록 '미래작전의 새로운 사유'라는 두 번째 방안을 구현시키려는 마음이 있었으나, 대다수의 장군들을 설득할 수 없었다.

그 결과는 그의 사임 후 보수와 개혁 사이의 절충안이었다. 미 육군은 1996년 1월 제 4기계화 보병사단을 기반으로 하는 15,800명으로 구성된

---

16 '21세기 미 육군은 어떠한 사단이 필요한가?' 샤오언 네이러(역자주-중국어 발음)는 1995년 10월 16일, 《육군 타임스》에서 이를 구체적으로 평론했다.

새로운 시험사단을 창설했다.[17] '사단파'의 주장은 명백히 우세를 점했다. 하지만 '여단파'는 굽히지 않고, "사단이란 편제는 지나치게 방대하고 육중하여, 21세기 전장에 적응하기 힘들다는 입장을 견지했다. 단거리 라이플 소총의 시대부터 시작된 사단의 편제는 반드시 해체되어, 5,000~6,000명인 새로운 형태의 작전여단을 기반으로 새로운 육군을 육성해야 한다고 주장했다.

'여단파'는 장군들의 반감을 완화시키기 위하여 새로운 방안에서 구 육군의 많은 장군급 직위를 유지시켰다.[18] '사단파-여단파' 간의 논쟁이 끝나지 않고 있던 시점에, 미 육군 전투지휘실험실장인 마이거레이거역자 주-원본의 중국어 발음 육군 중령은 새로운 목소리를 냈는데, 자신의 저서인 《방진을 깨뜨려라역자 주-원본, '打破方陣'으로 영역본은 'Break the Fractional Position'으로 되어 있음》에서 사단과 여단 체제를 동시에 폐기하고, 이를 1개가 5,000여 명인 12개 전투군群으로 대체할 것을 주장했다.

그의 생각은 편제의 대소大小, 병력의 다소多少 등 기존의 틀을 깨고, 전시의 수요에 따라 '레고식 블록조립'과 같은 방식을 채택하여 '임무형 편조'를 실시하는 데 있었다. 그의 견해는 예상외로 육군에게 큰 충격을 안겨주었으며, 레이머 육군 참모총장은 모든 장군들에게 반드시 《방진을 깨뜨려라》를 읽도록 요구했다.[19] 레이머 육군 참모총장은 탁월한 식견을 가지고 있어서, 마이거레이거 중령의 주장이 비록 육군편제의 문제점을

[17] 미국《육군타임스》에 따르면, 5년 간의 분석·연구 및 내부 토론을 통해 육군 당국은 최종적으로 기갑사단과 기계화보병사단을 새로운 편제로 수립하였다. 새로운 중형사단 편제는 '21세기 사단편제'로 명명되었다. …… 사단직할대 1개, 기갑여단 2개, 기계화보병여단 사단, 포병부대(여단급) 1개, 항공여단 1개, 후방지원 사령부로 편성되어 있다. 사단의 총 병력은 15,719명(예비역 417명 포함)으로 구성된다'라고 밝혔다. 편제수립 관계자는 '이번에 수립된 새로운 편제는 혁명적인 편제라고 할 수 없다 …… 실질적으로, 이번 편제는 비교적 보수적인 편제로 볼 수 있다'라고 설명했다.(《육군타임스》, 1998년 6월 22일)

[18] 존 R. 브링커호프(John R. Brinkerhoff), '여단 기반 새로운 육군', 《매개변수》, 1997년 겨울호.

[19] 《방진을 깨뜨려라》의 상세한 관점은 1997년 6월 9일 미국의 《육군타임스》의 글에서 볼 수 있다.

해결하는 특효약이 아닐지라도, 장군들 군복 속에 있는 노병들의 진부한 생각을 깨뜨릴 수 있는 묘약이 될 수 있을 것으로 생각했다.

본래, '집단'의 개념은 미 육군에게는 새로운 것이 아니다. 지난 50~60년대, '5개의 집단으로 구성된 전술핵무기 사단이하 5군제群制 사단'[20]이란 개혁이 있었는데, 이는 보편적으로 성공하지 못한 시험으로 인식되었고, 심지어 미군이 베트남전에서 패배한 간접적인 원인으로 지적되었었다. 그러나, 마이거레이거가 보기에는 한 조산아가 반드시 성인이 될 수 없는 것은 아니라고 생각했다. 만약, '집단'이란 개념이 지난 30년 전에 탄생한 것이 시기를 잘못 탄 것이라면, 오늘날은 적기를 만났다고 할 수 있다. 현대화된 무기장비를 가진 소규모 부대도 화력 · 기동 측면에서 이보다 규모가 큰 과거의 부대보다도 뒤지지 않는다.

특히 C4I의 출현은 군종 간 상호 보완적인 합동작전이 새로운 전투력의 출발점이 되는 계기가 되게 만들었다. 만약, 이러한 시기에 여러 가지 무기를 구비한 사단 편제 또는 여단 편제를 고집한다면, 이는 진정으로 시대착오적이라고 할 수 있다. 그러나, 군사기술의 발전이 설사 첨단기술의 출현이라고 할 수 있을지라도, 그것은 단지 하나의 동기일 뿐, 자동적으로 선진적인 군사사상과 편제를 가져오는 것은 아니다.

'하나의 장점이 많은 단점들을 가릴 수 있다'는 속담과 같이, 군사기술과 무기장비 측면에서의 선도적 지위는 '미군의 편제 및 체제가 군사사상과 마찬가지로 자신들이 보유하고 있는 첨단 군사기술보다 분명히 낙후되었다'라는 사실을 은폐시켰다. 이런 의미에서 보면, '집단'이란 개념으로

---

[20] 미 육군은 핵전쟁의 수요에 부응하기 위하여, 핵전장에서 전투를 수행할 수 있고, 생존할 수 있는 방법을 구상하여 1957년에 원자사단 또는 5군제(群制) 사단의 개편을 진행했다. 사단은 병력 11,000~14,600명이며, 기동성이 비교적 강하고 전술핵무기를 보유한 5개의 전투군(群)으로 편성되었다. 그러나, 비핵전장에서 이 사단의 공격능력은 상대적으로 낮다.

사단·여단으로 구성된 방진을 깨뜨린 것은, 걸프전 이후 미 육군 체제 및 편제측면에서 가장 창의적인 구상이었으며, 이는 미군 체제 및 편제의 개혁에 있어서 새로운 생각을 대표하였다.

공군과 해군은 육군과는 다르게, 뿌리 깊은 '방진'이란 전통이 없었기 때문에, 그들의 조정 폭은 상대적으로 민첩했다. 특히, 공군은 '사막의 폭풍' 작전의 기세를 이용해 사단급 편제를 모두 폐지했다. 이러한 추세를 이용하여 모든 작전비행연대를 혼성 연대로 개편하여, 첫 번째 체제 및 편제의 개혁을 완성시켰다. 공군은 '전세계를 작전 범위로 한다'는 새로운 전략목표를 확정한 후, 계속해서 개혁의 바람이 불게 했고, 존 지앙퍼John Jiangpo: 역자 주-중국어 발음을 번역 공군 중장이 제기한 공군 원정부대 창설 방안을 실험하기 시작했다. 존 지앙퍼 중장의 구상에 따라, 모든 공군 원정부대는 1,175명의 병력과 34대의 항공기로 구성되어 공중우세 확보, 공중공격 실시, 적 방공부대 제압 및 공중급유 등을 수행하고 명령하달 후, 48시간 안에 전구지역에 도착할 수 있으며, 분쟁의 전 과정에서 공중작전을 지속할 수 있는 정예부대이다.

이러한 측면에서 미 공군의 행동은 '초음속'과 같이 빠르게 진행되었는데, 이미 3개의 공군 원정부대를 창설하여 실전배치를 완료했다. 4번째와 5번째 공군 원정부대가 창설되기 시작할 때, 이미 창설된 3개 공군 원정부대들은 'Southern Watch'와 'Desert Thunder' 등 군사작전에 투입되어 두각을 나타내고 있었다.[21]

해군에 대해 살펴보면, 이미 '최전방 …… 바다에서 육지로'라는 새로운 전략이 있어서, 해군 함대와 해병대로 혼합 편성된 원정부대를 조직하는

[21] 미 공군 원정부대 구상은, 윌리엄 루니(William Looney) 공군 준장이《공군력 저널》1996년 겨울호에 게재한 글 참조.

것은 이치에 맞는 일이었다. 이에 반해 곤경에 처한 육군과 질풍같이 돌진하는 공군과는 다르게, 해군은 훈련과 실전을 통해 '해군 원정부대'라는 구상을 다듬어 왔다. 지난 1992년 5월부터 대서양 사령부의 '해양 모험', 유럽사령부의 '이중 타격', 태평양사령부의 '소리없는 킬러', 해병대의 '바다의 용', 이라크 남부 비행금지 구역을 설정한 '남쪽 경계', 이라크를 위협하는 '경계하는 전사', 소말리아의 '희망회복', 보스니아의 '정예위병', 아이티의 '민주주의 유지'까지 모든 작전에서 해군은 부지런히 자신들의 새로운 편제를 시험했다.[22] 해군이 항공모함 전단 · 수륙양용 대대 및 해병대로 구성된 '해군 원정군'에게 부여한 임무는 신속하게 해양을 통제하고 연해지역에서 작전을 하는 것이다. 해군을 예상외로 놀라게 했던 것은 '해군 원정군'이 필요로 한 수륙양용 상륙장비에 대한 예산안을 미 의회가 비준했다는 것이다.[23]

미 정치인들의 해군에 대한 콤플렉스에 가까운 편애는 해군 특히, 해병대가 걸프전에 파견될 당시 푸대접을 받았으나, 해군이 새로운 구조 및 편제를 만든 후에는 미군 제 1군종이라는 지위를 얻는데 자신감이 충만하게 되었다. 걸프전 후, 진행된 구조 및 편제 개혁은 미군의 내부 구조뿐만 아니라, 무기의 연구개발과 전법의 변화를 추진시켰으며, 심지어 미국의 국가전략에도 큰 영향을 끼쳤다. '소형 · 민첩 · 신속'이란

---

[22] 해군작전사령관 카이얼수오(역자 주-중국어 발음)와 해병대사령관 망디(역자 주-중국어 발음)가 말한 것과 같이, 군비가 지속적으로 삭감되고 해외기기가 감소되는 상황에서, 미국은 비교적 소규모이지만, 신속하게 배치될 수 있으며 합리적인 편제와 훈련이 잘 되어 있는 통합작전 부대가 필요하다.(《해군 학회 간행물》, 1993년 5월) '해군 원정부대'에 관해서는 《해병대》 잡지, 1995년 3월호 참조.

[23] '지평선 너머에서 해안 너머까지', 《해상 세력》, 1995년 11월호 참조. 예상치 못한 예산-미 의회는 최근 회계 연도 1996년 예산을 편성하여 일곱 번째 다용도 수륙양용 공격함을 제조하는데 동의했는데, 이는 해군으로 하여금 기쁨을 참지 못하게 만들었다. 미 해군은 제한된 예산으로 본래 2001년에야 함정제조를 위한 예산을 신청할 계획이었다 …… 미 해군은 원래 첫 번째 LPD-17 양용 도크 수송함의 제작비용을 1996년이 아닌 1998년 회계연도까지 연기할 계획이었다. 하지만 의회는 예상외로 수송함 제작을 위한 9.74억 달러를 통과시켰다.

개념은 군사적 타격에 사용될 수 있고, 비전쟁군사 임무를 수행할 수 있는 '원정군'은 각 군종이 경쟁적으로 채택한 새로운 편제 방식이 되었을 뿐만 아니라, 미 정부의 수중에 있는 편리하고 효과적인 수단이 되었다. 우리는 미국이 뛰어난 '살인도구'를 보유하게 됨으로써, 사람들이 걱정하게 되는 위험한 경향이 조성되었다는 것을 발견했다.

즉, 미 정부는 국제적 사안을 처리할 때, 갈수록 무력사용을 좋아하고, 행동 역시 나날이 신속해졌을 뿐만 아니라, 조그만 원한이라도 반드시 복수한다. 이러한 군대와 정부, 군사와 정치의 관계는 미군이 구조 및 편제에서 전략사상까지 모두 심각한 것을 경험했지만, 재난과 같은 큰 변화를 야기시켰다.

현재, 미 국방부는 지상 · 공중 · 해상 '원정군'을 일체화 한 '합동 특별 파견부대'로 편성하려고 시도하고 있으며, 이것이 바로 가장 새로운 계획이다.[24] 단지 충분히 일체화된 부대가 미 정부가 부여한 전세계적 범위의 임무를 신속하게 완수할 때, 이와 동일한 장점이 미군을 더 나아가, 미국을 골치 아픈 늪으로 빠뜨릴지 여부는 현재까지 그 누구도 예측하기 어렵다.

합동전역에서 전 영역작전까지-완전한 이해를 위한 첫 단계

우리가 미군의 군사이론이 정체되었다고 말하는 것은, 단지 군사이론보다 상대적으로 앞선 군사기술과 비교한 것이다. 다른 국가의 군인들과 비교한다면, 미국은 기술적 색채가 강한 군사사상을 가지고 있어, 미래전은 첨단기술 전쟁이라고 가정한다면, 누구도 미국을 앞서지 못할

[24] 1993년 미국의 《전면적인 국방조사 보고서》는 "다음 부대는 패키지로 대규모 지역 충돌에 대응할 수 있다: 4~5개 육군 사단·4~5개 해병대 원정여단·10개의 공군 전투기 연대·100대의 공군 중형 폭격기·4~5개의 해군 항공모함 작전대대·특수작전부대 …… 이외에도 우리는 해외 주둔 부대의 새로운 개념을 제시하였는데, 즉 스스로 적응하는 특수한 편제의 통합부대이다. 부대는 전구(戰區)사령관의 요구에 따라, 특정한 공군부대·지상부대·특수작전부대·해군부대로 편성된다"라고 지적했다.

것이다. 그리고 가장 먼저 '신新군사혁명'을 제시한 소련의 아자코프 Arjakov 학파는 유일한 예외이다.

걸프전을 통하여 '군사혁명'이 곧 출현할 것만도 같았다. 군사혁명 이란 4글자는 미군뿐만 아니라, 심지어 전세계의 군인들에게 잘 모르면서 덩달아 흉내를 내는 유행어가 되어 버렸다. 이는 다른 사람의 기술을 동경하고, 유행어를 따라 하기 때문에, 특별히 고심할 필요가 없게 만들었다. 고심은 단지 미국만 할 뿐이다. 이미 시작되었거나 향후 곧 전면적으로 도래할 군사혁명에서 미군 자신들이 우세한 지위를 확보하기 위해서는, 우선적으로 미군에 존재하고 있는 군사사상과 군사기술 간의 격차 해소를 해결해야 한다. 사실, 미군이 페르시아만에서 철군을 완료하지 못한 상황에서 이미 상의하달上意下達이라는 '사상의 변화'를 개시했는데, 이는 군사기술 혁명이 시작되었는데도 함께 보조를 맞추지 못한 군사사상 혁명이 보충수업을 하는 것이다. 설사 미국인들이 기술에 대한 편식에서 완전히 벗어나지 못하더라도, 그들은 이러한 예사롭지 않은 포위를 돌파하는 가운데, 미군뿐만 아니라 전세계 군인들도 유익한 성과를 얻게 되었다. 즉, '합동전역'이란 개념이 먼저 형성되었고, 이어서 '전 영역 작전'이란 사상이 나타났다.

'합동전역'이라는 개념은 1991년 11월 미 합동참모본부의 첫 번째 출판물인 《미군의 합동작전United States Armed Forces Joint Operations》이란 교범에서 가장 먼저 제시되었다. 이러한 걸프전의 향기가 물씬 풍기는 참신한 개념은 오랫동안 유행되어 온 '협동작전'의 한계를 깨뜨렸으며, 심지어 미국이 중요하게 여겼던 공지작전을 초월했다.

이 교범은 '합동전역'의 4가지 요소인 '지휘통일', '군종의 평등', '완벽한 통일', '전종심 동시작전'을 부각시켰으며, 처음으로 전구합동사령관의 지휘 통제권을 명확히 규정했다. 그리고 교범에서는 다음 사항을 규정하고 있다.

즉, "① 상황에 따라 작전의 주역이 될 수 있다, ② 공지작전을 육·해·공·우주 일체전으로 확장시킨다, ③ 모든 작전공간에서 '전종심 동시 공격작전'을 강조한다"이다. 미 합동참모본부의 강력한 추진으로, 각 군종은 '합동교범'과 부합하는 '군종교범'을 작성하여, '합동교리'가 미래전이 지향하는 새로운 전법을 대표하는 것임을 공개적으로 인정했다. 비록 각 군종들이 사적으로는 자기가 중요한 역할을 맡기를 잊지 않지만, 한계가 분명한 합동을 희망했다. 이 합동은 각자의 영역과 권리를 명확하게 하고, 교리·법률·군종 간 명예를 포함하는 통합을 말한다. 샬리카쉬빌리 미 합참의장은 각군 참모총장들과 논의하지 않고, "미군의 공동행동을 인도했다고 판단되는 견본서적"인 《2010년 합동부대 구상》[25]을 발표했다.

이 구상은 현대판 모세의 역할을 하여, 사람들이 책자의 효용성을 의심하는 상황에서, 그는 미 군종 간의 벽을 허무는 계기로 책자를 사용할 것을 결심했다. 이는 일체화 합동작전을 달성하기 위하여 험난한 여정의 발을 내딛는 것이었다.

비록 미국이 새로운 사물을 쉽게 전파하고 받아들이더라도, 샬리카쉬빌리가 생각하는 것과 같이 그렇게 간단히 추진되지는 않았다. 샬리카쉬빌리의 퇴역과 함께, 미군 내부에서는 '합동구상'에 대한 비판이 점차 많아지기 시작하여, 회의론이 다시 대두했다. 미 해병대는 합동의 일치

[25] 1996년 미 합동참모본부는 '2010년 합동부대 구상'을 제출하여, 미군의 미래 작전이론으로 삼았다. 구체적인 사항은 《합동군 계간지》, 1996년 여름호 참조. 미 해군작전사령관 존슨과 미 공군 참모총장 포글만(Fogleman)은 '2010년 합동부대 구상'을 지지했다. 육군 참모총장 레이머는 즉각적으로 '2010년 합동부대 구상'에 호응하면서, '2010년 육군구상'을 제시하였다.

성이 군종의 독창성을 상실시켜, '경쟁', '다원화'를 강조하는 미국의 정신에 위배되므로, '합동'을 숭배해서는 안 된다고 생각했다.

미 공군은 '2010년 합동구상은 반드시 실천과 함께 발전시켜야 하며, 군종 간 상호학습을 고무시킨다', '변혁의 시대, 실험의 시대에 사는 우리들은 기민해야지 경직되어서는 안 된다'[26]라는 의견을 완곡하게 표명했으며, 미 해군과 육군의 견해 역시 이와 비슷하여, 샬리카쉬빌리가 심혈을 기울인 노력은 하루아침에 물거품이 되었다. 우리는 방관자이지만, 편협한 집단의 이익을 위해 귀중한 사상을 희생하는 것은 안타까운 일이다.

그 이유는 '합동전역', '합동구상'이 군종 이익의 긍정과 박탈에 있는 것이 아니라, 각 군종들이 동일한 전장공간에서 합동작전을 수행하게 하고, 최대한 각 군종의 독단적인 부정적 효과를 감소시키기 위한 것이다. 이것은 아직 일체화 군대의 방법을 찾기 전에, 사람들이 상상해낼 수 있는 가장 뛰어난 전법이다. 단지 이 중요한 사상의 제한성은 출발점과 종결점이 모두 무력전 범위 내에 있는 것이고, 향후 '합동'의 시각을 인류가 대항對抗행위를 발생시킬 수 있는 모든 영역으로 확대시키지 못한 것이다.

이 사상의 결함은 20세기가 끝나고, 광의의 전쟁에 대한 실마리가 나타날 때, 서서히 드러날 것이다. 만약, 미 육군이 1993년 판《작전요무령》에서 제시한 '전 영역작전'이란 개념이 없었다면, 우리들은 미 군사사상계의 '빈혈'에 대해 경악을 금치 못했을 것이다.

《작전요무령》은 13차례의 수정을 거친 강령 성격의 문서로, 장기적인 안목에서 향후 몇 년 사이에 미군이 직면하게 될 도전들을 통찰했으며, 처음으로 '비전쟁군사행동非戰爭軍事行動: 역자 주-영역본, non-combat military

---

[26] 호프만 중령, '개혁은 순조롭지 않다', 《미군 해군학회 저널》, 1998년 1월호 참조.

operations'이라는 참신한 개념을 제시했다. 바로 이 개념 때문에, 사람들은 전 방위의 전쟁을 수행할 가능성을 알게 되면서, 미 육군은 자신의 작전 이론으로 '전 영역작전'이라는 새로운 단어를 찾게 되었다. 흥미로운 사실은, 미 육군의 1993년판《작전요무령》을 수정하고, 혁신을 강력히 표현한 사람이 바로 걸프전에서 제 7군단을 지휘할 때, 사람들로부터 작전이 보수적이다는 비난을 받았던 프랭크스 장군이었다. 만약, 나중에 발생한 사건이 미국의 사고를 변화시키지 않았더라면, 걸프전 후 육군 교육사령관에 임명된 프랭크스 장군은 미 군사사상사에서 획기적인 변화를 이루었을지도 모른다.

비록 1993년 판《작전요무령》에서 프랭크스 장군과 그의 교범작성 관련 장교들은 '전구에서 우주작전의 지원 아래, 통일된 공중 · 지상 · 해상 및 특수작전을 수행한다'와 '전쟁과 비전쟁 행동의 각종 가능성 있는 행동 중에서 운용된 수단이, 최소의 희생으로 부여 받은 임무를 과감하게 완수한다'라는 두 문장 사이의 커다란 차이점을 이해하지 못했다. 더욱이 군사행동의 전쟁 이외에도, 광범위한 비군사전쟁행동의 가능성이 존재하고 있다는 것을 발견하지 못했지만,《작전요무령》은 최소한 '전 영역작전'이 '전 종심 · 전 고도 · 전 정면 · 전 시간 · 전 파장 · 전 수단'이라는 특징을 가지고 있으며, 이는 전쟁사에서 일찍이 없었던 작전 방식으로 가장 혁명적인 특징을 가지고 있다는 것을 지적했다.[27]

안타깝게도 미국인, 정확하게 말하면 미 육군은 이러한 혁명을 너무 일찍 중단시켰다. 반대의 목소리 가운데, 일찍이 프랭크스 장군 휘하에서 연대장을 역임했고, 후에 육군교육사령부의 제병협동사령관이 된 호울더Holder 장군은 자신의 상관이었던 프랭크스의 혁신을 심하게 비판했다.

[27] 《1997년 세계군사 연감》, pp. 291~294. '전 영역작전'에 대해 상세히 소개하고 있다.

이때 호울더 중장은 이미 과거 전장에서 패기가 넘쳤던 호울더 대령이 아닌, 육군의 전통적인 보수의 대변인이었다. 그의 견해는 비전쟁군사 행동이 자신의 원칙을 가진다는 생각이 작전부대에서도 환영을 받지 못하고, 수많은 지휘관들도 비전쟁 행동과 본질적인 군사행동을 구분하는 것을 반대한다는 것이었다. 호울더 중장이 사망한 뒤, 미 육군은 이러한 공통된 인식 즉, 비전쟁 행동을 구분해 단독으로 취급하는 것은 착오라는 인식을 형성하였다.

그들은 만약 '비전쟁군사행동'을 기본 교리에 포함시킨다면, 향후 군대의 '상무尙武'라는 특징을 약화시킬 것이며, 군대 행동의 혼란을 야기시킬 수 있을 것으로 인식했다. 사정이 이 단계까지 발전되어서, 프랭크스 장군의 혁명이 좌절되는 것은 피할 수 없는 일이 되어 버렸다.

그 후임인 육군교육사령관 하트조그Hartzog 장군의 뜻에 따라, 호울더 장군과 98년 판 《작전요무령》 작성그룹은 '단일한 원칙으로 육군의 모든 군사행동을 포함시킨다'라는 기조 하에, 새로운 《작전요무령》에 대해 중대한 수정을 했다. 그들의 생각은 더 이상 비전쟁 행동과 일반적인 군사행동을 구분하지 않았고, 단지 작전행동을 공격 · 방어 · 안정 · 지원 등 4가지 유형으로 구분하였다. 그리고 원래 비전쟁행동으로 구분되었던 구호 · 평화유지 등 임무가 다시 작전행동에 귀속되고, 통일된 작전원칙에 포함되어서, '전 영역작전'이라는 개념은 깨끗하게 포기하게 되었다.[28]

이것은 표면적으로 보면, 철저하게 개혁하거나, 번잡한 것을 간단하게 하는 조치로 보이나, 실질적으로 보면 일을 그르친 조치이다. 수정된 《작전요무령》 때문에, 아직 완성되지 않은 '비전쟁군사행동'의 개념이 삭제되어 이론상의 혼란이 나타났을 뿐만 아니라, 그들이 주의하지 않은

[28] 샤언 네일러(역자 주–중국어 발음), '신판(新版) 작전요무령 초안의 변화', 《육군타임스》, 1997년 8월 18일.

사이에 상당히 가치 있는 사상의 결실도 포기하게 되었다. 이는 한 걸음 나아가고 두 걸음 물러서는 춤과 같이 모든 민족이 가르치지 않아도 터득하는 것과 같다.

그러나, 미 육군의 근시안적인 견해를 지적한다고, '전 영역작전' 이론에 지적할 만한 것이 없다는 것은 아니다. 공교롭게도 '전 영역작전' 이론은 개념의 외연과 내포란 측면에서 명백한 결함을 안고 있다. 물론, '전 영역작전'은 과거의 군사이론보다 작전영역과 방식에 대한 인식측면에서 매우 광범위하기는 하지만, 본질적으로는 구식의 '군사'라는 범주에서 여전히 벗어나지 못하고 있다.

예를 들면, 우리가 앞에서 제시한 '비군사전쟁행동'은 군사적 성격의 전쟁행동이 내포하고 있는 의미보다도 더욱 광범위하며, 최소한 어깨를 나란히 할 수 있는 작전영역과 방식은 미군들로부터 외면을 받고 있다. 바로 이 광활한 영역이 미래의 군인들과 정치인들이 상상력과 창조력을 발휘해야 하는 공간이다. 이 때문에라도 '전 영역'은 진정한 의미의 전 영역이 아니다. 또한, 미 육군은 '전 영역'이란 단어가 도대체 기하학의 공간개념을 표현하는 것인지, 아니면 전쟁과 관련된 요소인지, 또는 둘 모두를 포함하고 있는 것인지를 이해하지 못하고 있다.

다시 말하자면, '전 영역'은 구체적이지 않고, 혼란스러운 상황에 처해 있다. 만약 '전 영역작전'이 가지고 있는 개념을 충분히 전개시킬 수 없다면, 실질적으로 어느 누구도 360도라는 입체 공간에 시간을 더하고, 다시 비물리적 요소를 더한 '전 영역'이라는 개념에서 전쟁을 전개시킬 수는 없을 것이다. 어떠한 전쟁도 구체적으로 보면, 편중된 면이 있을 것이고, 항상 제한된 차원에서 전개되고 또한 제한된 차원에서 종결될 것이다.

유일하게 다른 점은, 예견이 가능한 미래에는 군사행동이 더 이상 전쟁의 모든 것이 아니라 '전 영역' 가운데 한 차원일 뿐이며, 심지어 프랭크스 장군이 제시한 '비전쟁군사행동'도 '전 영역'을 의미하는 것은 아니다. 단지 군사행동 이외의 모든 '비군사전쟁행동'을 포함하여야만, 비로소 완전한 의미의 '전 영역'을 실현시킬 수 있다.

지적할 만한 것은, 이러한 사상이 걸프전이 끝난 후, 실시된 모든 미 군사이론의 연구에서 나타난 적이 없었다는 것이다.[29] 비록, '비전쟁군사행동', '전 영역작전'과 같이 독창성이 충만한 개념들이 이미 군사기술 혁명에서 시작한 군사사상 혁명에 근접했지만, 그 개념들은 험한 산길의 마지막인 낭떠러지에 도달해서, 깨달음을 얻기까지는 아직도 한 걸음 가량이 더 남아 있다. 하지만, 미국은 이 단계에서 멈추었고, 군사기술과 군사사상 등 두 가지 측면에서 가장 앞섰던 미국은 가쁜 숨을 쉬기 시작했다.

걸프전 후, 설리번 또는 프랭크스 등이 여러 편의 군사 논문을 통해 '가쁜 숨을 쉬는 토끼'에게 뛰자고 했지만, 모든 거북이들을 자신의 뒤로 떨쳐내지는 못하였다.

현재는 어쩌면 헨리 중령[30]과 같이 다른 나라의 군사혁명 능력에 대해 의구심을 느끼는 미국인들이 스스로 반성해야 할 시점인지도 모르겠다.

왜 혁명이 일어나지 않는가?

---

[29] 안토니오 아이치에웨리아(역자 주–중국어 발음)의 '군사이론의 혁명: 상호작용하는 전쟁의 영역'이란 논문에서는 전쟁의 '각 차원'이 기하학 및 공간이론에서 언급하는 길이·넓이·높이 등이 아니라, 전쟁과 밀접한 관계가 있는 정치·사회·기술·작전·후방지원 등의 요인이라고 지적했다. 그러나, 안타깝게도 그는 군사를 중심으로 전쟁을 관찰함으로써, 전쟁의 외연에 대해 획기적인 이론을 제시하지 못했다.

[30] 1996년 4월, 미 육군대학에서 개최된 전략 세미나에서 루니 헨리(Lonnie Henley) 육군 중령은 '21세기의 중국: 전략 파트너 …… 또는 경쟁자'라는 보고서를 제출했다. 결론은 '중국은 최소한 21세기 첫 25년 동안 군사혁명을 실시할 수 없을 것이다"였다.(군사과학원 외국군사연구부, 《외국군자료》, 1997년 제 6기)

제2부

새로운 전법

故兵無常勢，水無常形，能因敵變化而取勝者，謂之神
전쟁에는 일정한 세가 없으며, 물 또한 일정한 형태가 없다.
적의 변화에 따라 승리할 수 있는 자를 신이라 부른다.

– 손자(孫子)

전쟁지도는 의사가 환자를 진료하는 것과 같이 하나의 예술이다.

– 퓰러

'군사혁명'이라는 단어는 오늘날 각국 군사전문가들에게 마치 조던을 따르는 NBA팬과 같은 유행어라고 할 수 있다. 매번 새로운 사물이 출현하는 것은 모두 그 필연적인 요소를 가지고 있는 것 외에도, 어쩌면 더욱 중요한 점은 미국인이 능숙하게 유행과 관련된 것을 만들어 내는 것과 관련이 있다는 것이다. 줄곧 각종 문제에서 주도권 잡기를 좋아하는 미국은 모든 전도유망한 사물을 미국식으로 포장하고, 다시 그것을 전세계에 덤핑 판매하는데 매우 정통하다. 비록 적지 않은 국가들이 미국 문화의 침입을 매우 우려하며 심지어 배척하기까지 하지만 '군사혁명'과 관련한 미국의 견해는 대부분 그대로 모방한다.

그 결과는 예측하기 어렵지 않다. 미국이 감기에 걸리면, 전세계는 자연히 기침을 하는 결과를 불러온다. 스텔스 기술을 매우 중요시해서 '스텔스의 아버지'로 불린 페리 전前 미 국방장관은 미국을 방문한 중국 학자들의 "미국 군사혁명의 주요성과와 이론의 새로운 진전은 무엇인가?"라는 질문에, 단숨에 "당연히 스텔스와 관련한 기술과 정보이다"라고 대답했다.

페리의 대답은 미국 군사전문가들의 주된 견해를 표현하는 것으로, 군사혁명은 바로 군사기술의 혁명임을 의미한다. 페리의 입장에서 보면, 병사들로 하여금 산 앞에서 "산 뒷부분에는 무엇이 있는가"를 알 수 있게 하는 문제는 오직 기술적으로 해결하는 것이며, 이는 한 차례의 군사혁명을 완성하는 것과 같다.[1] 즉, 미국은 기술적 측면에서 문제를 관찰하고

[1] 군사과학원 연구원 천보지앙(陳伯江) 대령는 방문학자로 미국에 갔을 때, 미국 국방관계자들과 인터뷰를 가졌다. 그는 페리 전 국방장관에게 "미 군사혁명이 가져온 가장 중요한 성과와 이론적인 발전은 무엇인가?"라는 질문을 했다. 그는 "제일 중요한 발전은 당연히 스텔스 기술이다. 이것은 거대한 발전이었다. 하지만, 나는 다른 영역에서 똑같이 중요한 것은 바로 정보기술의 발명이었다고 말하고 싶다. 정보기술은 수 세기 동안 병사들이 해결을 요구한 문제를 해결한 것이며, 이 문제는 바로 '저 산의 뒤에는 무엇이 있는가?'이다. 수 세기 동안, 이 문제를 해결하는 과정은 매우 느렸다. 최근 10년 동안 기술이 매우 빨리 발

사고하며 해결하는데 이는 바로 전형적인 미국식 사고방식이다. 이것의 장점과 단점은 미국인의 성격처럼 일목요연하다. 이렇게 기술혁명을 군사혁명과 동일시하는 개념은 걸프전을 통해 설명되었고, 세계 각국의 군대에게 강렬한 충격과 영향을 주었다.

이러한 상황에서 냉정함과 침착함을 유지할 수 있는 사람은 거의 없을 뿐만 아니라, 미국이 시작한 '군사혁명'과 관련된 오해가 전세계에 널리 확산되어, 군사혁명에 관한 범세계적인 오해를 야기시키고 있다는 것을 발견하는 사람은 당연히 없다. '첨단 과학기술군 건설'이라는 구호는 태평양의 폭풍과 같이 갈수록 더 많은 국가에 등장[2]하고 있으며 중국에서도 거의 동시에 메아리치기 시작했다.

군사기술 혁명이 군사혁명의 초석이라는 것을 부정할 수는 없지만, 그것이 군사혁명의 전부라고 간주할 수는 없다. 기껏해야 단지 빨리 진행되는 과정 중에서 내딛는 첫 발일 뿐이다. 군사혁명의 최종적인 완성은 군사사상의 혁명으로 귀결되어야지, 단지 '군사기술 · 구조와 편제의 변혁'이라는 형이하학적 수준에 머물러서는 안 된다.

군사사상의 혁명은 결국 작전양식과 방법의 혁명이다. 군사기술 혁명도 좋고, 구조 및 편제의 개혁도 좋지만, 최후의 결과는 모두 작전 양식과

전하여, 이 문제를 해결하는데 혁명적인 방법이 생기게 되었다"라고 대답했다.(《국방대학 저널》, 1998년 제 11기, p. 44) 스탠포드 대학 공과대학 교수가 된 페리는 군사혁명을 기술적인 관점에서 관찰하고 이해하기를 바랐다. 그는 의심할 바 없이 군사혁명의 기술론자이다.

[2] 《1997년 세계 군사연감》은 '군사상황 요약'에서 "1995~1996년 군사정세에서 두드러진 특징은, 일부 주요 국가들이 질적인 군대건설 차원에서 '첨단기술의 군대건설'을 시작한 것이다"라고 기술하고 있다. 미국은 전쟁의 디지털화를 목표로, 첨단기술의 군대 건설이란 방침을 수립했다. 일본은 신자위대 정비 대강을 수립하여, '정예의 첨단 기술화된 군사력' 구축을 요구하고 있다. 독일은 '드열페이(역자 주-중국어 발음) 보고서'에서 8개의 첨단기술을 확보하는 것을 모색했다. 프랑스는 군대의 "기술 소질"을 향상하기 위해, 새로운 개혁방안을 제시했다. 영국과 러시아도 일부 추진하고 있다. 일부 약소국들도 첨단무기를 구입하여 군대의 첨단기술 수준을 '한 단계 올리려고' 한다.(《1997년 세계 군사연감》, 해방군 출판사, 1997년, p. 2)

방법의 변화에 달려 있다. 단지 이 변화를 완성하는 것만이 비로소 군사혁명이 성숙했다고 평가할 수 있다.[3]

만약 군사기술 혁명을 군사혁명의 제 1단계로 가정한다면, 우리는 현재 이 혁명에서 매우 중요한 제 2단계에 위치해 있다. 군사기술 혁명은 새로운 단계의 시작을 위해 충분한 기초를 제공해 주었고, 또한 이 단계에서 사상과 관련된 업무를 하는 사람들에게는 어려운 과제를 던져 주었다. 군사기술 혁명은 당신이 더욱 큰 범위에서 수단을 선택하게 하는 동시에, 동일한 범위 내에서 이러한 수단들의 위협을 받게 하였다.그 이유는 기술을 독점하는 것이 오늘날 기술을 발명하는 것보다 더욱 어렵기 때문이다

이러한 위협에는 오늘날처럼 수단의 다양화와 끊임없는 변화가 지금까지 없었기 때문에, 사람들이 매우 놀라 의심하게 되었다. 어떠한 방향, 어떠한 수단, 어떠한 사람도 국가안보의 잠재적인 위협이 될 수 있으며, 여러분들은 위협의 존재를 명확하게 감지하는 것 외에, 위협이 어느 쪽으로부터 오는 가를 명확히 하기는 매우 어렵다.

오랜 기간 군인과 정치인 모두는 정형화된 사고를 하는 것이 습관처럼 되었다. 즉, 국가안보에 대한 위협은 주로 적국 혹은 잠재된 적국의 군사력이란 것이다. 하지만 20세기의 후반 10년 간 발생한 전쟁과 중대한 사건들은 우리들에게 담담하게 반증의 사실들을 보여 주었다. 즉, 군사적 위협은 더 이상 국가안보에 영향을 주는 주된 요소가 아니다.

---

[3] 군사기술 혁명을 군사혁명과 같다는 견해 외에, 많은 사람들은 군사혁명을 신기술·군대의 신편제와 신군사사상이 결합된 산물로 간주하기를 바란다. 예를 들어, 미 육군대학 전략연구소의 스티븐 마이쯔(역자 주-중국어 발음)와, 토마스 카이웨이터(역자 주-중국어 발음)는 그들의 연구보고인 《전략과 군사혁명: 이론에서 정책까지》에서 "소위 군사혁명은 바로 군사기술·무기 시스템·작전방법과 군대 조직편제에 이르는 모든 측면에서 동시에 서로 촉진하는 변화로서, 군대의 작전효율이 큰 발전을 하게 되는 것이다"라고 언급했다.(미 육군대학 전략연구소 연구보고서 《전략과 군사혁명: 이론에서 정책까지》) 미국 전략과 국제문제 연구센터의 군사혁명에 관한 연구 보고서는 군사혁명이 여러 종류의 요소들이 함께 작용한 결과로 생각한다. 앨빈 토플러는 군사혁명과 문명의 교체를 동일시하는데 다소 속 빈 강정 같다.

비록 인류의 역사에서처럼 영토분쟁 · 민족 분쟁 · 종교 충돌 · 세력 범위의 분할은 여전히 사람들이 서로 싸우게 되는 큰 동기들이지만, 이러한 전통적 요소는 이미 점점 더 자원 약탈 · 시장 쟁탈 · 자본 통제 · 무역 제재 등의 경제적 요소와 같이 맞물려지고 있으며, 심지어 이런 요소들에게 그 자리를 내어주어 국가의 정치 · 경제 · 군사안보에 대한 새로운 형태의 위협을 구성하고 있다.

이러한 종류의 형태는 외관상 군사적인 색채가 조금도 없어서, 어떤 관찰자들은 '전쟁에 버금간다' 혹은 '전쟁과 유사하다'[4]라고 명명하였다. 하지만 그 공격받는 영역의 손실은 군사를 이용한 한 차례의 전쟁에 결코 뒤지지 않는다. 우리는 이러한 사실과 관련해서 조지 소로스 · 빈 라덴 · 에스코바 · 마츠모토 · 케빈 미트닉[5] 등의 이름을 예로 들면 충분하다고 생각한다. 아마도 사람들은 정확히 언제부터 전쟁을 개시하는 주체가 더 이상 주권국가들만이 아니라, 일본의 옴 진리교 · 이탈리아의 마피아 · 이슬람 극단주의 테러조직 · 콜롬비아 혹은 '황금 초승달'의 마약 집단 · 해커와 헤지펀드 등으로 전이되었는지 정확하게 지적할 수는 없을 것이다.

그리고 이 주체들 외에도, 성격이 완고하고 편집광적인 사람들도 군사 또는 비군사전쟁의 주체가 될 수 있게 되었다. 그들이 사용하는 무기는 항공기 · 대포 · 독가스 · 폭탄 · 생화학 무기 · 컴퓨터 바이러스 · 웹 브라우저 · 금융파생 상품 등이다. 한 마디로 광적인 정신 상태를 가진 사람들이 새로운 기술이 제공하는 전쟁의 새로운 방식과 침략의 새로운 수단을 이용하여 금융공격 · 네트워크 공격 · 언론공격 · 테러 습격 등을 할 수 있다.

---

[4] 자오용(趙英), 《新 국가안보관》

[5] 조지 소로스, 금융 투자가; 빈 라덴, 이슬람 테러주의자; 에스코바, 악명을 떨치는 마약 밀수자; 아사하라 쇼크, 일본의 사이비교인 '옴 진리교' 교주; 케빈 미트닉, 유명한 컴퓨터 해커.

이러한 공격은 대부분 군사행동이 아니지만, 다른 국가를 강압하여 자신의 이익을 만족시키는 전쟁행위로 볼 수 있다. 이러한 군사전쟁과 동일한, 심지어 파괴력이 더욱 강력한 세력은 분명히 우리가 이해한 이전의 국가안보와는 다르고 다양한 방향에서 오는 심각한 위협을 조성하고 있다.

이러한 상황에서 시야를 조금 넓힌다면, 우리는 지정학적 개념에 기초한 국가 안보관이 이미 명확하게 시대에 뒤떨어진 것이란 것을 알 수 있다. 국가안보를 중대하게 위협하는 것은 적대적인 세력의 자국의 자연적 공간에 대한 군사적 침범에 그치지 않는다. 수개 월 내, 화폐 가치가 몇십 퍼센트 하락하여 경제가 파산한 태국과 인도네시아를 군사적 공격과 경제봉쇄라는 이중적인 억제를 당한 이라크와 비교한다면, 국가안보 지수의 하락 측면에서는 큰 차이가 없었다.

냉전 이후 유일한 초강대국이 된 미국은, 강대국이 늘 적이 가장 많고 위협을 당하는 경우가 제일 많은 국가라는 것을 인식하고서, 다년간 미국의 '국방보고서'를 통해 '미국의 이익을 위협하는 지역강국'을 10가지 주요위협으로 선정했다. 이외에도 미국은 '테러주의 · 동맹국 정부의 안정을 위협하는 쿠데타 및 무정부 상태 · 미국의 번영과 경제성장에 대한 위협 · 불법 마약거래 · 국제 범죄' 등도 미국에 위협을 주는 것으로 간주했기 때문에, 자신의 안보에 위협을 줄 수 있는 다중 공간에 대한 수색 범위를 확대시켰다.[6]

[6] 미 국방장관은 1996·1997·1998년 회계년도 《국방보고서》에서 미국이 직면한 위협들을 제시했다. 하지만, 이러한 넓은 시각은 미국이 자각하면서 유지할 수 있는 관찰의 수준이 아니다. 1997년 5월, 미 국방부는 《4년 국방조사 보고서》를 발표하였으며, 첫 부분인 '전세계의 안보환경'에서 미국의 안보가 다음의 도전들에 직면해 있다고 발표했다. 첫째, 이라크·이란·중동·한반도 지역에서 오는 위협이다. 둘째, 민감한 기술의 확산. 예를 들어, 화생방 무기·투발 기술·정보전 기술·스텔스 기술 등이다. 셋째, 테러 활동·불법 마약 거래·국제 조직적인 범죄와 이민통제 불능이다. 넷째, 대량살상무기의 미국 본토에 대한 위협이다. "2015년

사실 미국뿐 아니라 현대적 주권관을 신봉하는 국가들도 이미 안보의 경계가 정치 · 경제 · 자원 · 민족 · 종교 · 문화 · 네트워크 · 지정학 · 환경 · 우주 등 다중 영역까지 확대되었다는 것을 자각하고 있다.[7] 이러한 '영역의 확대'는 현대 주권국가의 생존, 발전과 세계에서 영향력을 쟁취하려는 전제 사항이다. 서로 비교하면, 국방을 국가의 주요 안보목표로 하는 관념은 명확하게 시대에 뒤떨어진 것이고 적어도 내용상 충분하지 않다.

'영역의 확대'와 상대적인 개념은 국가이익을 포함한 전방위적인 새로운 안보개념이어야 한다. '영역의 확대'가 주목하는 것은 국방 안보문제에 결코 그치지 않고, 국가의 정치 안보 · 경제 안보 · 문화 안보 · 정보 안보 등 여러 분야의 안보를 모두 자신의 목표로 포함시킬 필요가 있다. 이것은 전통적인 영토개념을 국가의 이익을 위하여 영역개념으로 확대시킨 '대大 안보관'이다.

대 안보관은 부담이 증가되기 때문에, 목표의 복잡화와 목표를 실현시킬 수단과 방법의 복잡화를 초래했다. 이 때문에, 국가안보의 목표를 달성하기 위하여 국가전략 즉, 대전략은 군사전략 심지어, 정치 전략을

이전에는 미국과 대등한 국가가 출현할 수는 없으나, 2015년 이후에는 지역적 강국 혹은 힘이 비슷한 세계적인 상대가 출현할 가능성이 있다. 어떤 사람들은 비록 러시아와 중국의 전망이 불투명하지만 이러한 적수가 될 수 있다"고 생각한다. 국방장관실과 합참이 함께 만든 보고서는, 절반은 사실이면서 절반은 비현실적인 군사위협에 빠져있다. 이 보고서가 만들어진 1997년 미국 《국가 군사전략》의 위협분석에 따르면, '알 수 없는 요소'를 제시하여 미국의 미래위협에 대한 두려운 마음을 나타냈다.

[7] 오스트레일리아의 말리크는 21세기 국가안보에 영향을 주는 7가지 추세를 제시했다. 이 7가지는 세계화된 경제·세계화된 기술확산·세계화된 민주화 물결·다극화된 국제정치·국제체계 성격의 변화·안보 개념의 변화·분쟁초점의 변화이다. 이 추세들의 통합된 효과는 아-태평양 지역 안보를 위협하는 두 개의 분쟁기원을 만들었다. 첫 번째는 전통적인 분쟁의 근원이다. 강대국의 패권경쟁·성공한 국가의 민족주의 팽창·영토와 해양권익의 분쟁·경제전쟁·대량살상무기의 확산이다. 두 번째는 미래분쟁의 새로운 기원이다. 쇠퇴한 국가의 민족(종족)주의·문화와 종교의 충돌·치명적 경(輕)무기 확산·석유와 어업 및 수자원의 분쟁·난민문제와 인구이동·생태계 재난·테러주의이다. 이 모든 것들은 21세기 국가안보에 대해 다양한 위협을 형성한다. 이 오스트레일리아인의 국가안보에 대한 견해가 미 정부의 요약보다 한 수 위다.(미국, 《전략 비교》, 1997년 제 16기 참조)

초월하는 차원의 조정이 필요하며, 국가이익 안보지수를 전반적으로 고려하고, 정치국가의의지·가치관·응집력 · 군사 · 경제 · 문화 · 외교 · 기술 · 환경 · 자원 · 민족 등의 매개변수를 중첩시켜야만, 비로소 국가이익과 국가안보를 종합한 '영역의 확대'라는 대전략의 태세도態勢圖를 그릴 수 있다.

이 태세도 앞에 선 사람들은 모두 능력이 없다는 것을 개탄하며 격분의 감정을 느낄 것이다. 이렇게 많고 폭이 큰 영역, 이렇게 복잡하며 서로 충돌하는 이익, 이렇게 뒤섞이고 심지어 서로 통일되며 단일한 수단과 방법으로 달성될 수 있겠는가? 예를 들어 클라우제비츠가 '유혈의 정치'라고 언급한 군사적 수단을 이용하여, 어떻게 동남아시아의 금융위기를 해결하는가? 혹은 같은 방식을 이용하여 인터넷상에서 신출귀몰한 해커를 어떻게 대응할 수 있겠는가?

결론은 자명해서, 대大 안보관 차원에서 국가안보의 보장에 대해 단지 무력으로 시비를 가리는 것은 충분치 않다. 혼자서는 큰 일을 감당하기 어렵다. 현대국가라는 빌딩의 안보인 지붕은 군대라는 기둥 혼자서는 지탱할 수가 없게 되었고, 지붕이 쓰러지지 않고 굳건히 서 있는 것은, 국가이익과 관련된 모든 영역이 종합적인 힘을 크게 만드는 것이 중요하다. 즉, 종합적인 힘이 있어야 하고, 종합적인 힘을 실제 사용할 수 있는 방식으로 바꾸는 것이 필요하다.

이는 일종의 군사와 비군사 두 영역 간 모든 차원과 수단을 조합하여 전쟁을 수행하는 '대大 전법'인 것이다.

과거전쟁이 만든 전법과는 상반되게, 이 '대 전법'은 나오자마자 국가안보에 영향을 미치는 모든 영역을 포용하면서 초월하는 완전히 새로운 전쟁형태를 만들어 냈다. 이 전법의 원리는 결코 복잡하지 않으며 단지 간단한 두 글자인 '조합'이다.

"도道는 하나를 낳고, 하나는 둘을 낳으며, 둘은 셋을 낳고, 셋은 만물을 낳는다"라는 도덕경의 문구는 둘 또는 셋이 만물일지라도 조합의 결과이다. 조합만이 비로소 풍부하게 되고, 많은 변화를 가져오며, 다양성을 갖게 한다.

조합은 현대전쟁의 수단을 거의 무한대로 증가시키며, '현대무기와 작전방식으로 수행하는 전쟁'이란 옛 사람들의 전쟁의 정의를 변화시켰다.

즉, 수단의 증가 때문에 무기의 역할이 축소됨과 동시에, 현대전쟁의 개념이 확대되게 되었다. 수단의 선택에서 전장의 범위까지, 모두 확장된 전쟁 앞에서, 단지 군사수단에만 의지하여 승리를 하려는 염원은 아마도 허사가 될 것이다.

승리의 야심을 품은 군인 혹은 정치인들이 마땅히 해야 할 일은 시야를 넓히고, 시기와 형세를 판단하며 '대전법'을 통해 전통적인 전쟁관념이란 짙은 안개를 걷어버려 일출을 맞이하는 것이다.

/ 05 /

워게임(War Games)이란 새로운 방법론

21세기 전쟁술의 거장은 혁신적인 방식으로
각종 능력을 다시 조합시켜 전술·전역과 전략목표를 달성하는 사람이다.
– 이얼 티어푸더(역자 주–중국어 발음) –

모든 것은 변하고 있다. 기술의 발전, 무기의 변화, 안보개념의 확장, 전략목표의 조정, 전장영역의 모호성, 비군사수단非軍事手段과 비군사인원非軍事人員을 구분하지 않는 전쟁범위와 규모의 확대 …… 이러한 모든 변화가 모두 한 점에 초점을 맞추게 된다면, 우리는 전법의 혁명이란 시대가 이미 도래하고 있다는 것을 믿을 수 있을 것이다. 이 혁명은 매번 변화를 위하여 그것과 어울리는 전법이 아니라, 모든 변화를 위하여 공동의 전법을 찾는 것이다. 바꾸어 말하면, 무수하게 변할 미래전쟁을 위하여, 하나로 모든 것에 대처하는 새로운 방법을 찾아내야 한다는 것이다.[1]

전운(戰雲)이란 불길한 그림자의 제거

누가 내일의 전쟁을 본 적이 있는가? 아무도 없을 것이다. 하지만 종종

[1] 전쟁은 가장 전형적인 게임이지만, 늘 게임이론의 제약을 받지 않는다. 전쟁은 본질적으로 사람들의 비이성적인 행동이기 때문에, "이성인(理性人)"에 기초한 추측들은 허사가 되기 쉽다. 핵무기의 탄생은 인류가 가장 비이성적인 행위에서 점차 잃어 버린지 오래된 이성을 되찾는 계기가 되었다. 그리고 세계화는 인류가 국가안보를 모색할 때, 이성인의 사유방식에 따라, '죄수의 딜레마'에서 빠져나오는 것을 배우고, 미·소의 패권경쟁같은 '치킨 게임'에 다시는 빠져들지 않게 하였다. 협력도 있고 경쟁도 있는 경제학의 게임이 군사적 영역에 침투하고 새로운 시대의 전쟁에 영향을 주기 시작했다.(장웨이잉(張維迎), 《게임이론과 정보경제학 개론》, 상해삼련서점·상하이인민출판사, 1996년)

전쟁의 양상은 일찍이 주술과 같이 예언자들의 입을 통해서, 저속한 만화영화와 같이 우리들 머릿속에 자리 잡고 있다. 우주 궤도상 위성의 교살전絞殺戰, 역자 주-적의 후방 보급선을 차단하는 전략부터 심해의 핵 잠수함까지, 스텔스 폭격기가 투하한 정밀폭탄부터 이지스함이 발사한 순항미사일까지, 모두 하늘과 땅을 덮을 수도 있고 적지도 않다. 이 가운데 가장 대표적인 것으로 미군 디지털부대가 국가 훈련센터에서 실시한 훈련보다 더한 것은 없는데, 그 내용은 다음과 같다.

> 청군인 디지털 부대의 지휘소에서 컴퓨터는 끊임없이 위성과 조인트 스타스(Joint STARS) 항공기에서 전해오는 정보를 입력 및 처리하고 있다. 조기경보기는 모든 공역을 감시하고 있다. 전투폭격기는 위성과 조기경보기의 지시아래, 정밀유도 미사일로 표적을 공격하고 있다. 전차연대와 공격헬기는 적에게 입체적인 공격을 하고 있다. 보병들은 노트북 컴퓨터로 명령을 접수하고 헬멧 조준경과 연동된 자동무기로 사격을 한다. 가장 멋진 장면은 병사가 마우스로 포병과 항공의 강력한 화력을 산등성이 맞은편에 위치한 적군의 전차부대로 유도하는 것이다. 30초 후, 그의 컴퓨터 모니터에서는 적군의 전차가 격파되었다고 나타났다.

비록 '21세기 육군'이라 불리며 디지털 장비로 무장된 청군이 모하비 사막에서 실시한 훈련에서 1승 1무 6패라는 결과로 재래식 장비로 무장된 홍군에게 패했지만, 이번 군사훈련은 "우리는 이곳에서 현재 한 차례의 군사혁명을 목격하고 있다"[2]라는 코언Cohen 전 국방장관의 언급에 아무런 지장을 주지 않았다. 분명히 코언이 지적한 군사혁명은 우리가

[2] 미 육군은 1997년 3월 15일부터, 캘리포니아 포트 어윈(Fort Irwin) 국가훈련센터에서 14일간의 디지털 여단의 훈련을 실시했다. 육군 참모총장 라이머 대장의 말에 따르면, 이번 실험의 목적은 실전에서 21세기 부대의 기술이 순간적으로 다음 3가지의 결정적인 문제에 답할 수 있는가? 였다. 문제는 ① 나는 어디에 있는가? ② 동반자는 어디에 있는가? ③ 적은 어디에 있는가?이다. 실험 결과를 보면, 개편 및 새로운 디지털 기술로 무장한 부대는 현재의 육군보다 작전속도가 빠르며, 살상력도 크고, 생존능력도 더욱 우수했다. 훈련에 관해서는 1997년 3월 17~23일까지의 미국 '국방신문' 보도 참조.

앞에서 말한 그런 예언가들이 이해한 전쟁과 거의 같았다.

승리한 사람은 언제나 승리한 궤도를 따라 관성적으로 움직이는 것을 좋아한다. 베르덩 참호전에 의지해서 제 1차 대전을 이긴 프랑스군이, 다음 전쟁을 마지노선에서 수행하여 승리를 원한 것과 같이 걸프전에서 승리한 미군도 21세기에 지속적으로 '사막의 폭풍걸프전'식의 승리를 원하고 있다. 비록 슈워츠코프와 같이 영예를 얻고자 한 미국 장군도 다음 세기의 전쟁은 결코 걸프전을 재연하는 것처럼 간단하지는 않을 것을 명백히 이해하고 있을 것이다. 이 때문에 그들은 전쟁의 연기가 아직 없어지지 않았지만, 미군의 무기장비에 대해 신무기로 교체하면서 원래 가지고 있던 작전이론과 구조편성에 대한 조정을 시작했다. 전세계의 군인들은 모두 '2010년 합동부대 구상', '내일의 육군'을 통해, 미래 미군의 구조와 미국식 전쟁의 구상을 보았다. 다시 말해 전당이 우뚝 솟고, 기상이 범상치 않다고 생각할 수 있을 것이다. 뜻밖에 미국의 맹점은 바로 여기에서 나타난다.

현재까지 우리가 본 미군의 무기장비 발전의 방향, 국방정책의 변화, 작전이론의 발전, 교범의 작성, 장군들의 발언 등 모두가 한 방향을 따라 질주하고 있다. 즉, 군사적 수단은 미래의 충돌을 해결하는 최후의 수단이라는 것을 인정하고, 모든 국가 간의 분쟁은 결국 양측의 군대가 전장에서 교전하는 것으로 귀결될 것이라는 것이다. 이러한 전제 아래, 미군은 동시에 두 개의 전구에서 발발한 전쟁을 승리한다는 요구를 자신에게 제시했고, 이를 위해 충분한 준비를 했다.[3] 문제는 미 국방부에 파월 전

[3] 미국은 1997년 《국가 군사전략》에서 미군의 임무와 군사적 능력의 수준은 두 장소에서 동시에 발발한 대규모의 전쟁을 이기는 것이라고 재차 강조했다. 이것은 여전히 냉전시대의 군사전략과 군사력 건설 방침을 지속하는 것이다. 제임스 R. 블랙커(James R. Blacker)는 '군사혁명적인 미군 건설-《4년 국방심사 보고서》와 다른 군대개혁 방안'이란 글에서 이 방침은 "10년 전 끝난 시대에 20년 전 계획한 군사적 방안을 선택한 것이다"라고 지적했다.(미국, 《전략평론지》, 1997년 여름호)

합참의장과 같이 "미국은 현재 대부분의 노력을 '다시는 오지 않을 냉전식 전쟁'에 집중하고 있는데, 이는 자신의 힘을 잘못된 방향에 사용할 수 있다"[4]라고 명확히 인식할 수 있는 사람이 있는가?이다.

20세기 말의 국제적 추세가 명백히 나타나 현실이 되었지만, 전쟁에서 무기만 사용하는 시대가 아직 변하지 않았기 때문에, 그것을 관념화 시키는 것은 확실히 뒤처지기 시작했다. 군비경쟁과 무기확산을 억제하는 국제적 협정이 증가함에 따라, UN 및 지역적 성격을 갖는 국제조직의 국부 전쟁과 지역충돌에 대한 간섭이 확대되었고, 이에 따라 국가안보에 대한 군사적 위협도 이미 상대적으로 감소했다. 이와 달리, 첨단기술이 대량으로 개발되어 비군사수단을 사용하여 타국의 안보를 위협하는 가능성이 크게 증가되었고, 국제사회는 파괴력 측면에서 전쟁에 뒤지지 않는 비군사적 위협 앞에 속수무책이며, 적어도 효과적인 제한도 부족하다. 이렇게 비군사전쟁 형태가 객관적으로 가속화됨에 따라 과거 국가안보관과 체계가 붕괴될 위기에 처하게 되었다.

점차 강해지는 테러전, 향후 우세를 점할 해커전 · 금융전 · 컴퓨터 바이러스전 외에도, 현재는 명명하기 어려운 '신개념 전쟁'은 이미 "국경 밖에서 적을 방어한다"라는 안보관을 하루아침에 과거형이 되게 만들었다.

미군이 군사위협의 감소와 비군사위협의 강화에 주의하지 않은 것은 아니지만, 이 점에 대해 우리는 앞부분에 제시한 미국 국방부의 《국방보고서》에서 이미 내세운 바 있다 그들은 후자를 해결하는 과제를 정치인과 중앙정보국에 떠맡겼고, 자신들은 기존의 전 영역작전 · 비전쟁군사행동 등 새로운 관점에서 되돌아와, 점차 각종 첨단무기란 과실로 가득찬 나무를 줄이고 오직 어리석은 토끼가 와서 부딪치기를 기다리고 있다. 사담 후세인이 이 나무에

---

[4] 미 육군대학 전략연구소, 《전략과 군사혁명: 이론에서 정책까지》, 제 8절 참고.

부딪친 후, 누가 두 번째의 어리석은 토끼가 되겠는가?

소련의 와해로 상대를 잃어버린 미군은 '칼을 뽑아 사방을 돌아보니 마음이 막막하다'라는 기분으로 온 힘을 다해 자신이 '실업'을 당해서는 안 되는 이유를 찾고 있다. 그 이유는 장군에서 병사까지, 공격의 창에서 방어의 방패까지, 대大전략에서 소小전법까지 미군의 모든 것은 한차례의 전쟁을 이기기 위하여 준비했기 때문이다. 일단 다시는 양측 군대가 대치하지 않아서 미국 군대는 말할 필요도 없이 미 의회도 목표를 상실한 허탈감을 자아낼 것이다. 결과는 적이 없어도 하나의 적을 만들어내는 것이다. 그래서 비록 코소보와 같이 협소한 지역에서도 그들은 번쩍이는 칼날을 사용하는 기회를 놓치지 않았다.

무력을 사용하거나 또는 사소한 문제에 대해 개입이 심해지는 미군은 자신의 촉수를 전쟁의 영역에서 비전쟁군사행동 영역으로 방향을 탐색한 후에는, 넓게 형성되고 있는 비非군사전쟁 영역까지는 그것을 확장시키지 않고 있다. 이는 새로운 사물에 대한 민감도가 부족하기 때문일 수도 있고, 또는 직업적인 습관이거나 사유의 한계 때문일 수 있다. 어떠한 이유이든지 간에 미군은 자신의 시야를 전운이 자욱한 곳에 줄곧 고정시키고 있다는 것은 논쟁할 여지가 없는 사실이다.

비록 미국이 이러한 비군사전쟁의 위협 앞에서 우선적으로 공격의 대상이 되고, 자주 피해자가 될 수 있겠지만, 사람들이 이상하게 느끼는 것은 이러한 강대국이 의외로 새로운 위협에 대응할 수 있는 통일된 전략과 지휘조직이 없다는 것이고, 더욱 사람들로 하여금 울지도 웃지도 못하게 하는 것은 49개의 부서가 모두 반테러 활동의 책임을 지고 있어서, 서로 협조가 부족하다는 것이다. 다른 국가도 이 분야에서는 미국보다 좋지 않을 것이다.

각국은 안보를 위한 지출에 대해, 기본적으로 군대와 치안 부서로 제한시키고 있어서, 다른 분야에 대한 투자는 적은 수준이다. 그래도 미국을 예로 들면, 미국은 매년 반테러에 사용되는 자금이 70억 달러가 되며, 이는 2500억 달러에 달하는 군사비의 1/35 수준이다.

각국이 눈앞에 닥친 비군사전쟁의 위협을 들은 체 만 체 하여도, 이러한 객관적 사실은 모두 자신의 규율과 속도에 따라, 팽창 및 확산하고 있으며 점점 인간의 생존을 핍박할 것이다. 사람들은 인류가 많은 노력을 평화호소와 전쟁억제에 집중할 때, 원래는 우리의 평화로운 삶의 일부분이었던 사물도 계속해서 평화를 파괴하는 흉기로 변하기 시작했다. 심지어 우리들이 줄곧 금과옥조로 여기는 원칙도 이율배반적인 경향을 보이고 있으며, 어떤 국가가 다른 국가에 대해 또는 어떤 조직 및 개인이 사회에 대해 공격을 개시하는 수단이 되고 있다.

마치 컴퓨터가 있으면 컴퓨터 바이러스가 있고, 자본이 있으면 금융투기가 있듯이 신앙의 자유와 종교 극단주의사이비 종교, 인권과 국가주권, 자유경제와 보호무역, 민족자치와 세계시민, 민족기업과 다국적 기업, 정보개방과 정보한계, 지식 공유와 기술의 독단 등 모든 영역이 미래에는 다른 집단 간의 전쟁을 발발시킬 수 있을 것이다. 전장은 바로 여러분 주변에 있으며, 적은 인터넷상에도 있을 수 있다. 단지 전쟁의 연기가 없고 피비린내가 없을 뿐이다. 하지만 이것도 여전히 전쟁인데, 그 이유는 '적군을 압박하여 자기의 이익을 만족시킨다'는 현대전쟁의 정의에 부합되기 때문이다. 매우 명백한 것은 어느 국가의 군인도 군사적 영역을 완전히 뛰어넘는 새로운 전쟁에 대해서, 정신적 준비를 하지 않고 있다. 그러나 이것은 모든 군인이 반드시 정면으로 상대해야 하는 엄정한 현실이다.

새로운 위협은 새로운 국가 안보관을 요구하며, 새로운 안보규칙은 군인들이 승리하기 전에, 먼저 시야를 확장시킬 것을 요구하고 있다. 그것은 바로 여러분의 눈앞에 놓여진 좁고 긴 전운戰雲의 불길한 그림자를 제거하는 것이다.

규칙의 파괴와 무력화된 영토

전쟁은 생존과 이익의 충돌을 해결하는 극단적인 방법으로, 줄곧 인류에게 길들여지지 않는 맹수였다. 그것은 사회생태 사슬의 청소부이면서, 인류의 생존에 직접적으로 위협을 준다. '어떻게 하면 그것을 마음대로 다루고 상처를 받지 않을 수 있을까?'라는 문제는 수천 년 동안, 특히 20세기 이후 인류는 전쟁과 전쟁 사이에 "맹수를 어떻게 우리에 가두느냐? 라는 일을 늘 해오고 있다. 이것을 위하여 사람들은 많은 조약과 규칙을 제정했다.

제네바 조약에서 UN, 그리고 끊임없이 제출되는 전쟁 관련 결의에 이르기까지, 피비린내 나는 '전쟁의 도로'에 하나씩 울타리를 세웠으며, 국제법을 이용해 인류에 대한 전쟁의 피해를 최소로 통제하기를 바라고 있다. 구체적으로 생화학무기 · 시민 학살 · 포로학대 · 지뢰사용 금지 등은 국가 간의 문제를 처리하는데 있어서 무력을 사용하거나 무력으로 위협하는 것을 광범위하게 반대했다. 이러한 모든 조약들은 이미 각국에서 받아들여졌다. 그 가운데 가장 좋은 평가를 받는 것은 핵 비확산 · 핵 실험 금지 · 양자 또는 다자간 핵무기 감축 등 일련의 조약이 있으며, 인류는 이 조약들 때문에 지금까지 핵겨울을 피하게 되었다.

냉전이 끝나자, 전세계가 축하했지만 이때부터 '공포의 평화'로 갈 거라고는 생각하지 못했다. 슈워츠코프가 '폭풍'같은 타격을 이용해 사담 후세인을 쓰러뜨린 후, 부시 대통령은 득의양양하면서 "세계의 새로운 질서는 이미 제 1차 시련을 겪었다"라고 전했다. 그는 뮌헨에서 돌아온 체임벌린처럼, 인류는 장차 "평화와 희망을 구비한 세계에 모일 것이다." 라고 선포했다. 그 결과는 어떠한가? 그도 체임벌린처럼, 너무 일찍 큰소리를 쳤다.[5]

냉전 또는 걸프전의 종전은, 정치인들의 약속과 인류가 예상한 새로운 국제적인 질서를 가져다주지 못했다. 양극체제의 붕괴는 국부전쟁이라는 맹수들이 한 마리 한 마리 우리에서 포효하면서 나오게 되어, 르완다 · 소말리아 · 보스니아 헤르체고비나 · 체첸 · 콩고 · 코소보와 같은 국가와 지역들은 하나하나 피로 물들게 되었다.

이때, 사람들은 또 한 차례 수천 년, 몇 백 년의 평화를 위한 노력이 물거품이 되었다는 것을 발견했다.

이러한 국면은 모든 국가가 국제적 규칙을 수립하는 것에 대해 실용적인 태도를 견지하는 것과 관련이 있다. 각국의 규칙에 대한 승인과 부인은, 자주 규칙이 자기에게 유리한 지에 달려있다. 약소국은 규칙을 통해 자기의 이익을 보호하려 하고, 강대국은 규칙으로 다른 국가를 통제하려고 한다. 규칙과 자국의 이익이 일치하지 않으면, 어떠한 강대국 또는 약소국이라도 모두 규칙을 어겨가며 자신의 목표를 달성하고, 일반적으로 약소국의 규칙 위반을 집행자인 강대국의 명의로 시정하며, 강대국도 규칙을 위반하는데 예를 들면 미국은 파나마에서 국가를 초월한 법 집행을 하여, 타국 지도자를 미국으로 잡아와 재판을 받게 한 것이다. 게다가, 인도의 핵 실험 금지 조약에 대한 무시와 심지어 히말라야 국가 시킴의 병합은 이라크가 쿠웨이트를 병합한 것과 같은 행동이다.

---

[5] 이라크 문제는 부시도 해결할 수 없었다. 사담 후세인은 점차 미국이 제거하기 힘든 마음의 병이 되었다.

하지만 국제사회는 매번 어쩔 수 없이 소리만 칠 뿐, 아무런 대책이 없었다.[6] 그렇지만, 어떠한 사물도 '하나의 문제는 상응한 하나의 방법으로 해결된다'라는 중국의 속담과 같이 그의 천적이 있다. 국제사회는 그러한 규칙을 제정하여 이용하며, 규칙이 자기에게 불리할 때는 규칙을 무시하거나, 심지어 파괴하는 강대국 앞에서 아무런 힘을 쓰지 못하는 것은, 어떠한 규칙도 인정하지 않고 현존하는 국가질서의 파괴를 목표로 하는 비국가역량의 굴기와 선명한 대조를 보였다.

국제사회 특히, 어떠한 강대국의 천적으로써, 그들은 인류 생존을 위협하는 동시에 사회 생태계에 대해 미묘한 영향을 준다. 바꾸어 말하면, 이러한 비국가역량은 일종의 사회 파괴력으로서 정상적인 국제질서를 파괴하고, 강대국의 국제사회에 대한 파괴를 견제한다.

예를 들어, 무명의 해커는[7] 인도가 핵 실험을 한 후, 인도 국방부 인터넷에 경고성 침입을 했고, 이슬람교도인 빈 라덴은 미국에 대한 불만족으로 몇 차례의 테러를 실시했다. 비록 우리들은 현재 이러한 행동이 적극적으로 억압하거나 또는 소극적으로 되갚아 주는 것인지는 분간하기 어렵지만, 이러한 행동들도 모두 규칙을 무시하고 책임을 지지 않는 파괴적인 특징을 갖는다는 것이다.

규칙이 파괴된 결과는 국제사회가 승인한 유형 또는 무형의 경계로 설정된 영토가 그 효력을 잃은 것이다. 그 이유는 비군사전쟁 행동을 이용해 국제사회에게 선전포고한 비국가역량이란 주체는 국가와 영역을 초월

---

[6] 미국과 영국이 채택한 '사막의 여우'는 UN 헌장을 명확히 위반하였다. 즉, 강대국의 심각한 범죄 행위이다.

[7] 해커는 영어로 'hacker'의 음역이고, 뜻은 중성이며 비방하는 뜻을 지니고 있지 않는다. 일찍이 해커는 기술에 대한 탐닉과 사회에 대한 선의로 독특한 해커의 윤리규범을 만들었고, 몇 대(代)의 해커들 가운데 많은 사람들은 준수했었다. 하지만, 현재의 인터넷 공간은 기풍이 날로 나빠져서 '군자의 나라'가 다시는 되지 못한다.

하고, 수단과 방식을 초월하여 나타나기 때문이다. 유형의 국가 간 영토, 무형의 인터넷 공간, 국제법 · 국내법 · 행위준칙 · 윤리 도덕 등 모두는 그들에게 구속력을 행사하지 못했다.

그들은 어떠한 사람에게도 책임을 지지 않고, 어떠한 규칙으로도 제한받지 않는다. 그리고 목표를 선택함에 있어서도 제한사항이 없고 수단을 사용함에 있어서도 한계를 고려하지 않는다. 그들은 행동이 은밀하기 때문에 엄폐를 잘하고 행위가 극단적이기 때문에 광범위한 피해를 입히며, 시민을 구분하지 않고 공격하기 때문에 매우 잔혹하게 보인다. 이러한 모든 것은 현대적인 미디어를 통해 실시간 · 지속적 · 광범위한 선전을 하여 테러효과를 극대로 강화시켰다.

이러한 사람과의 작전은 향후 선전포고도 없고, 고정된 전장도 없을 것이며, 서로 맞서는 전투도 없을 것이다. 대부분의 상황은 포탄의 연기와 유혈이 없을 것이지만, 국제사회가 부딪칠 파괴와 고통은 군사적 성격의 전쟁에 조금도 뒤지지 않을 것이다.

납치 · 암살과 공중 납치 같은 테러들이 점차 사라짐에 따라 새로운 테러가 신속히 등장했고, 더욱 빠르게 선배들의 빈자리를 차지하기 시작했다. 단지 십수 년 동안, 명성은 있으나 무명인 무리에서 세계의 공해가 된 무리로는 컴퓨터 해커가 으뜸이다. 개인용 컴퓨터의 보급, 특히 인터넷 때문에 해커들은 사악한 행위를 이용하여 점차 현 사회질서를 위협하고 있다. 우리가 언급하는 해커는 인터넷에서 정보절취 · 문서파일 삭제 · 바이러스 확산 · 자금 이동 · 프로그램 파괴 등을 하는 인터넷상 킬러이다. 악의가 없는 해커들과 구별하기 위하여 아마도 전자를 '사이버 무리', '사이버 폭력자'라고 일컫는 것이 더욱 정확할 것이다. 그들의 현 세상에 대한 파괴력은 사람들을 놀라게 한다.

일찍이 1988년 해커들의 활동 초기, 사람들이 해커의 위해성을 알지 못하고 있을 때, 로버트 모리스가 설계한 '웜 바이러스'는 새벽 동안에만 미 국방부의 '장기계획 부서', 랜드 연구소와 하버드 대학의 군용과 민수용 컴퓨터 시스템을 포함해 6,000대의 컴퓨터를 모두 마비시켰다. 그 후, 이 사건은 인터넷이 보급된 국가와 지역에서 끊임없이 나타나기 시작했다. 1990년부터 미 정부가 인터넷 범죄를 엄격히 다룬 이후, 해커의 활동은 감소되지 않고 오히려 전세계에 확산되었으며 억제하기 어렵게 되었다.

관심을 가질 만한 것은, 미군의《정보작전》교범이 적국 군대 또는 정적과 인증 받지 않은 가입자 · 내부 인원 · 테러주의자 · 비국가조직 · 외국 정보기관을 인터넷을 위협하는 6가지 요소로 선정한 이후, 국가 또는 군대를 배경으로 하는 해커들이 파악되기 시작했다.[8] 이는 해커들의 진용을 강화시켰을 뿐만 아니라, 독자적으로 행동하는 해커들의사이버 무리 행동은 신속히 국가사이버 폭력자 수준으로 향상되었다. 또한 모든 국가국가 또는 군대 해커를 보유하고 있는 국가들이 맞이한 인터넷 위협은 점차 커졌으며 예견 및 방지하기가 어려워졌다.

유일하게 예측할 수 있는 것은, 이러한 위협이 인터넷 대국인 미국에게 주는 피해가 다른 국가들보다 더욱 심할 것이라는 것이다. 이러한 전망에 대해 FBI에서 검퓨터 범죄를 담당하는 J. 사이터얼역자 주-중국어 발음도 한편

[8] 미국은 1996년 군사정보 시스템의 방호를 강화하기 위해 미국 국방부 정보시스템국을 만들었다. 같은 해에 미국은 대통령 직속의 중요 인프라 보호 위원회의 설립도 공고했다. 이 위원회는 전신·금융·전력·물·파이프라인과 수송시스템의 보호를 책임진다. 모두는 현실에서 오는 위협에 대응하기 위한 것이며, 미군의 FM 100-6 《정보작전》은 "정보 기초시설이 직면한 위협은 현실적이며, 그 위협은 세계적인 범위에서 기원하여 기술적인 면에서는 다면성을 나타내고 있고, 이 위협들은 점차 증가하고 있다. 이러한 위협들은 개인과 단체에서 오는 것이며, 그들을 몰아세우는 것은 군사·정치·사회·문화·종족·종교 또는 개인·업계의 이익이다. 이 위협들은 정보 광인(狂人)들로부터 온다"라고 말하고 있다.

으로는 자신감을 갖고 한편으로는 우려의 뜻을 표하며 “나에게 10명의 해커를 주면, 이 나라가 90일 내에 투항하게 할 수 있다”라고 전했다.

인터넷 테러주의자인 ‘사이버 무리’와 비교해 보면, 빈 라덴의 폭탄 테러는 계보 측면에서 전통적인 테러주의에 더욱 가까우나, 우리는 그를 신테러주의로 분류할 수 있을 것이다. 그 이유는 빈 라덴에게서 종교 또는 사이비 종교, 반反강대국 경향 외에 허장성세, 맹목적인 경향, 경輕무기를 사용하고 수법이 단순한 과거 투사들의 그림자를 찾아 볼 수 있으나 다른 분야에서는 확실히 논할 수 없기 때문이다.

세계인을 놀라게 한 나이로비와 다르에스살람 주재 미 대사관 폭발 사건 전에, 빈 라덴이란 이름은 국제적인 반反테러 기구가 공포한 30개 테러단체 명단에 오르지 않았다. 비록 그가 이전에 여러 건의 살인사건에서 신분을 드러냈지만, 줄곧 조심스럽게 행동하여 단지 이슬람 세계의 ‘무명의 영웅’이었다. 설사 미국이 그들에게 순항미사일을 발사하고 체포 영장을 발부했더라도, 그는 여전히 자신과 폭발사건은 아무런 관련이 없다고 부인하고 있다. ‘은신하고 도망치는 것’은 더욱 효과적이고 헛된 명성을 추구하지 않는 것으로 아마도 빈 라덴식의 새로운 테러조직의 첫 번째 특징이 되었다.

이밖에도 경제적 수단을 이용하고 서방이 만든 자유경제의 약점을 노리는 방법을 알기 때문에, 그들은 회사, 심지어 은행 설립, 대규모의 마약과 밀수 · 무기판매 · 거액의 위조지폐 인쇄 및 종교인들의 기부를 통해 안정적인 자금줄을 획득했다.[9] 이것들을 기초로, 새로운 테러조직들은 더욱 광범위한 영역으로 뻗어 나갔으며, 수단도 더욱 다양해졌다. 예를 들어, 그들은 종교 또는 사이비 종교 조직을 이용하여 자신의 선전매체를

[9] 가장 풍자적인 것은, 빈 라덴 가족의 건축회사가 일찍이 사우디아라비아 주둔 미군 병영의 시공자였다는 것이다.

발전시키고, 반反정부 민병조직 등을 만들었다. 그들은 비용측면에서 여유가 있어서, 대량의 첨단기술 수단을 획득하여 쉬운 방법으로 더욱 많은 사람들을 죽일 수 있게 되었다.

지금까지 그들이 개시한 공격은 대부분 부유한 국가와 서방국가들이었으며 특히, 다른 나라를 통제할 수 있는 강대국이었다. 그러나, 그들이 현존질서와 공인된 규칙을 파괴하는 것은 국제사회를 위협하는 행위이다. 주지하다시피, 현재 새롭게 나타난 테러조직은 세계적 차원의 테러활동이 불러일으킨 검은 물결들이다. 확실한 것은, 우리가 알지 못하는 더욱 많은 탁한 물결들이 아직 수면 아래에서 샘솟고 있다는 것이다.

최근 이러한 역류에 유입되는 것이 국제적인 금융 투자자들이다. 비록 옷차림이 깔끔하고 품행이 바른 사람들을 테러주의자에 포함시키는 사람이 없을지라도, 그들이 영국 · 멕시코와 동남아시아에서 한 행위와 그것이 초래한 재난과 같은 결과는 '사이버 무리'와 빈 라덴의 무리들도 따라잡기 어려울 정도였다. 조지 소로스와 같이 금융을 대표하는 거물들은 1일 교역액 1억 2천만 달러의 국제자금을 기반으로 금융파생 수단을 운용하고, 자유경제 규칙을 이용하여 세계 금융시장에서 농간을 부려서 연이어 위기를 일으켰다.

이 때문에 피해국은 점차 확대되고, 동남아시아에서 러시아 그리고 일본, 강 건너 불 보듯이 한 유럽과 미국조차도 모면하지 못하고 있고, 현 세계 금융체제와 경제서열은 근본적으로 동요하게 되었으며, 인류사회와 국가안보를 위협하는 또 다른 화근이 되었다.[10] 이것은 다국적 · 은폐 · 무규칙 · 파괴적 특성인 테러주의의 전형적인 특징을 가지고 있어서,

[10] 금융테러주의는 사람들을 불안하게 만들어, '핫 머니'가 며칠 내에 한 나라의 경제에 대해 파괴적인 타격을 주고, 대상은 국가 중앙은행에서 소시민까지이다.

우리는 이것을 금융 테러주의라고 부르게 되었다.

거대한 국가 앞에서 테러분자 및 그 조직은 인원수와 수단측면에서 아마도 미약할 수 있지만, 어떠한 국가도 감히 그들을 과소평가하지 않는다는 것은 사실이다. 그 이유는 이들이 어떠한 규칙을 따르지 않는 무뢰한이기 때문이다. 핵무기를 보유하고 있는 테러조직은 핵무기를 보유하고 있는 국가보다 더 위험할 것이다.

빈 라덴의 신조는 '나는 죽어도 다른 사람이 살지 못하게 한다'이기 때문에, 그는 십수 명의 미국인을 죽이고 수천 명의 무고한 사람들을 피로 물들여도 꺼릴 것이 없다. 소로스의 논리는 '우리가 방에 들어가 강탈하는 것은 당신들이 문을 잠그지 않았기 때문이다'이기 때문에, 그는 다른 나라의 경제를 파괴하고 정치질서를 교란시키는 것에 대해 책임을 질 필요가 없는 것이다.

이슬람 근본주의 무리 속에 은신하고 있는 빈 라덴과 자유경제란 숲에 숨은 소로스 및 인터넷에 숨어 있는 컴퓨터 해커들에게는 어떠한 국경도 존재하지 않고, 어떠한 영토도 효력을 미치지 못하므로, 그들은 규칙이 있는 영역에서 마음대로 파괴하고 규칙이 없는 영역에서도 제멋대로 행동하는 것이다.

이러한 새로운 형태의 테러주의 세력은 현존하고 있는 세계질서에 대해 이전에는 존재하지 않았던 험준한 도전을 하고 있다. 바꾸어 말하면, 우리의 기존질서가 어느 정도 의심을 받게 되었다. 어쩌면, 규칙파괴는 우리가 신중히 대응해야 한다는 새로운 과제를 가져왔기 때문에, 규칙을 파괴하려는 자와 수정하려는 자 모두 필요할 것이다. 구질서가 머지않아 없어질 시대에서는 먼저 기회를 잡은 자는 가장 먼저 규칙을 타파하거나 가장 빨리 이러한 추세에 적응하는 사람일 것이다. 분명한 것은, 새로운 테러주의자들은 이러한 측면에서 이미 국제사회를 선도하고 있다는 것이다.

규칙을 무시하는 적을 대응하는 가장 좋은 전법은 규칙을 뛰어넘는 것일 것이다. 최근 비군사전쟁이란 영역에서 출몰한 적들과 싸우기 위해 미국은 순항미사일을 사용했으며, 홍콩 정부는 외화보유와 행정적 수단들을 동원했고, 영국정부는 관행에서 탈피하여 비밀 정보기관이 테러주의자라고 인정된 외국의 국가지도자를 암살하는 것을 합법적으로 허가하여, 관련규칙과 전법을 적시에 수정하는 현상들이 나타났다.

하지만, 사유의 방식이 단조롭고 수단이 단순하다는 약점이 노출되었다. 들은 바에 의하면, 미국은 이미 해커를 동원하여 각국 은행에 숨어있는 빈 라덴의 계좌를 조사 및 봉쇄하여 그의 자금줄을 차단하기로 결정했다. 이는 의심할 바 없이 군사분야를 뛰어넘은 전법의 출현이라고 할 수 있다. 하지만 우리는 이러한 분야에서 '사악한 목적을 위해 모든 수단을 다 사용한다'라는 원칙을 신봉하는 테러분자들이 여전히 각국 정부의 가장 좋은 선생님이라는 것을 인정해야 할 것이다.

전쟁 대가(大家)와 수단의 조합

3천 년 전의 주나라 무왕과 2천 년 전의 알렉산더 대왕은 '칵테일'이 무엇인지를 몰랐지만, 그들은 전장에서 '칵테일'을 만드는 고수들이었다. 왜냐하면 그들은 '칵테일'을 제조하는 것과 같이 교묘하게 두 개 이상의 전장요소를 하나로 잘 조합하고, 전투에 사용하여 승리를 거두었기 때문이다. 1+1, 이는 가장 낮은 수준이면서 오래된 조합 방식이다.

장창과 방패는 병사가 공격과 방어를 겸비하고 진퇴를 할 수 있게 한다. 두 사람이 하나의 대오를 구성하여 "멀리 있는 적을 공격할 수 있는 병사가 호위하고, 가까이 있는 적을 공격하는 병사는 수비한다."라는 것에 따라, 한 쌍의 병사들은 서로 협조하여 가장 작은 전술단위가[11] 되었다. 돈키호테와 산초라는 시종의 조합은 기병과 치중대라는 분업이 형성되어서, 환상 속에 있는 공주를 위해서 사악한 무리를 제거하러 원정을 떠났다. 이렇게 간단한 조합은 전쟁에 감추어진 무수한 변화라는 이치를 보여 주고 있다. 철제무기부터 화약무기, 핵무기, 현재의 첨단기술 무기의 조합까지 승리라는 수단은 늘 전쟁의 역사와 함께 하고 있으며, 암암리에 전쟁의 승패를 좌우하고 있다.

무왕이 주왕을 정벌하기 위해 전거戰車 300대, 무사 3,000명, 병사 45,000명은 상나라 주왕의 수십 만의 보병보다 매우 적었다. 하지만, 전거와 보병이 혼합 편성된 군대는 서로 조합되어 전투력이 강화되었으며, 무왕은 목야牧野라는 지역에서의 전투로 주 왕조의 초석을 세웠다. 이 사례는 3120년 후, 우리가 찾은 최초의 조합전組合戰의 증거가 되었다. 동양과 비슷하게 서양도 예외가 아니다. 알렉산더 대왕이 아벨라 Abela 회전에서 한 차례의 전투로 다리우스를 패배시킬 수 있었던 이유는 그가 전투에 임해 횡대의 방진方陣을 상대가 미처 손을 쓸 수가 없는 대형으로 변화를 주었기 때문이다. 그의 방법은 매우 간단하며, 기병을 방진 양익의 후방으로 이동시켜 '공심대방진空心大方陣'을 만들었다. 이는 기병의 융통성과 보병의 견고성이란 특성이 각각 잘 발휘된 최적의 조합이었다. 당연히 병력비교에서 열세였던 알렉산더 대왕이 최종적으로 승리를 하게 되었다.[12]

우리는 동서양의 전쟁사를 펼쳐보면, 전법에 관한 묘사에서 '조합'이라는

---

[11] 《중국 역대 전쟁사》, 제 1책, 군사역문출판사, p. 78.

[12] 풀러, 뉴센중 역, 《서양 세계군사사》, 제 1권.

두 글자를 찾아볼 수 없다. 하지만 전쟁의 대가들은 거의 본능적으로 이것을 알고 있었다. 스웨덴 왕 구스타프는 화약무기 시대 초기에 가장 추앙을 받는 군사 개혁가였고, 그가 작전대형과 무기배치에 대해 실시한 개혁은 모두 조합을 통한 것이었다. 그는 일찍이 장모병長矛兵이란 병종의 낙오를 인식하여, 그들을 화승총 병사들과 혼합 편성하여, 전자가 후자의 사격과 사격 사이의 간격에 엄호를 할 수 있게 했는데, 이는 양자의 장점을 최대한 발휘하게 한 것이다. 그는 항상 경기병 · 중기병과 화승총병을 혼합 편성하여 포병의 포격하에 차례로 적군의 산병선散兵線을 향해 돌격을 개시했다. 후대 사람들에게서 "제일 위대한 야전포병 전문가"라고 불리는 국왕은 회전會戰의 기초가 되는 포병의 기능과 역할에 대해 분명히 알고 있었다. 그는 경포輕炮를 '연대포병'으로 만들어 보병과 함께 편성했으며, 중포重炮를 단독으로 편성했다. 그의 편성으로 화포가 분리 배치된 것처럼 보이지만, 모든 전장에서 또다시 완벽한 조합을 완성하여, 그 당시 화포의 역할을 최고로 발휘할 수 있게 했다.[13]

하지만 이 모든 것은 포병 전문가 나폴레옹이 나타나기 전에 발생한 것이다. 2만여 문의 대포를 전장에 올려놓은 작은 키의 코르시카인과 비교해보면 구스타프 2백 문의 화포는 임자를 만났다고 할 수 있다. 1793년부터 1814년까지 20년 동안, 누구도 나폴레옹처럼 화포를 잘 알지 못했고, 어느 누구도 나폴레옹보다 부하들을 잘 이해하지 못했다. 당연히 어느 누구도 나폴레옹보다 현지에서 포병의 살상력과 기병의 기동성 및 다우 원수의 충성심과 뮈라 원수의 용감함을 충분히 조합할 수 없었을 것이다. 이들은 적들이 압도되는 공격력을 만들어 프랑스군을 유럽에서 어느 누구도 그들을 상대할 수 없는 전쟁기계로 변화시켰다.

[13] T. N. 두푸이, 《무기와 전쟁의 진화》, pp. 169~176.

나폴레옹은 이 기계에 덕분에 아우스터리츠에서 보로디노까지 거의 백전불패의 신화를 남겼다.[14]

슈워츠코프 장군은 '사막의 폭풍걸프전' 작전에서 사망자 백여 명이라는 기적을 만들었지만, 전쟁 대가에 속하진 못한다. 하지만 그의 운은 군사술軍事術의 대가와 같이 좋았다. 사실 중요한 것은, 그의 행운이 아니고 현대화 된 대군을 지휘한 사령관이 그의 선배들과 같이 전쟁 요소의 조합을 더욱 중시했다는 것이다. 20세기 90년대, 그가 가지고 있던 패가 그의 선배들보다 더욱 많았다. 그에 대해 말하자면, 이번 이라크 군대를 쿠웨이트에서 축출하고, 서방의 석유 생명선을 회복하며, 중동에서 미국 영향력을 다시 진작시키는 전쟁에서 승리의 관건은 바로 동맹활용 · 미디어 조종 · 경제봉쇄 등의 수단을 30여 국가의 군대로 구성된 육 · 해 · 공 · 우주 · 전자 등 제諸군종 연합군과 어떻게 잘 융합시켜 사담 후세인을 내리치는 강력한 타격력으로 만드느냐에 달려 있었다. 그는 이 문제를 성공적으로 처리했기 때문에, 이라크는 놀라 이러한 자각을 조금도 하지 못했다. 수십만 대군, 수천 대 전차, 수백 대의 항공기들은 아직 반죽되지 않은 시멘트 · 모래 · 철근과 같이 수백 km의 종심에 산재되어 있어서, 철근 콘크리트 구조물처럼 조합되어 단단해진 미국의 호된 공격을 감당하지 못했다. 더욱 말할 필요가 없는 것은, 서양인 인질과 관련하여 먼저 구류하고 나중에 석방했으며, 실수한 것을 또 다시 실수하여 정치적 고립과 경제적 봉쇄를 타파할 방법이 없었다는 것이다.

현재에 이르러, 3천 년 전 또는 20세기 말의 전쟁에 관계없이, 거의 모든 승리는 '잘 조합한 자가 승리한다'라는 공통적인 현상을 보이고 있다.

오늘날, 전쟁에 사용된 수단들이 나날이 많아지고 끊임없이 개선되어,

---

[14] 탈례, 《나폴레옹전》. 존 롤랜드 로스(John Roland Ross), 《나폴레옹 1세 전》.

전쟁의 외연도 신속히 확대됨과 동시에, 그 함의도 심화되기 시작했다. 아직 과거 전쟁에서 나타나지 않은 많은 요소들이 서로 다른 방식의 조합을 통해 전쟁의 경지에 진입했다. 새로운 요소의 가입은 전장형세와 전쟁양식의 변화를 일으켜 군사혁명에 이르게 되었다. 전쟁사를 회고해 보면, 말등자, 라이플 총, 후장포, 무연화약, 야전전화, 무선전보, 잠수함, 전차, 항공기, 미사일, 원자탄, 컴퓨터, 비 살상무기 또는 사단과 군단체제, 참모부, '늑대 떼 전술'[15], 전격전, 융단폭격, 전자전 및 공지작전 등 모든 요소들의 출현과 관계없이, 먼저 나타난 전장요소와의 조합에서 하이브리드hybrid적인 우세잡종교배 우세를 나타내 당시의 전쟁세계를 풍부하게 만들었다.

그리고 최근 20년 동안 정보기술 · 컴퓨터 바이러스 · 인터넷 네트워크 · 금융파생 등 본래 비군사수단의 기술이, 내일의 전쟁에 대해 결과를 예측할 수 없는 전망을 나타내고 있다. 하지만 현재까지 대다수의 군인 또는 장군들에 대해 말하자면, 요소의 조합을 통한 작전은 항상 비非자각적인 행동이기 때문에, 그들의 조합은 일반적으로 무기 · 전술대형 · 전장의 측면에 머물러 있고, 그들이 그리는 전쟁의 경치도 대부분 군사적 영역에만 한정되거나 그 영역에 도취되어 있다. 오직 군사적 천재만이 독보적으로 관행을 타파하고 한계를 벗어나, 당시 사용한 모든 수단을 하나로 조합하여 지난날 없어진 전쟁의 음률을 변화시켜 연주할 것이다.

만일 과거의 전쟁에서 조합이 소수의 천재들이 만든 승리의 비법이라고 말한다면, 현재는 조합을 의도적으로 일종의 전법으로 만드는 추세가 나날이 분명해지고 있고, 전쟁을 더욱 광범위하고 깊은 영역으로 이끌고

[15] 제 2차 세계대전 당시, 독일해군 잠수함부대 사령관이 잠수함의 상선에 대한 공격전술을 발명했다. 주요 방법은 잠수함이 상선들을 발견한 후, 다른 잠수함에게 통보하고 많은 잠수함들이 도착한 다음 늑대 무리들 같이 사냥감에 대해 공격을 개시한다.

있다. 그리고 기술종합시대가 제공한 모든 것은 조합에게 거의 무모한 가능성의 여지를 주었다. 분명한 사실은, 어느 누구나 미래전쟁이란 연회석에서 맛이 독특한 칵테일을 만들 수 있으며, 그가 곧 최종적으로 승리의 월계관을 자신의 머리에 쓰게 될 것이다.

조합의 법칙(덧셈)과 승리

현재 모든 패는 이미 모습을 보였다. 우리가 이미 알고 있듯이, 전쟁은 향후 원래의 모습이 아닐 것이다. 향후 전쟁은 더 이상 전쟁이 아니라, 인터넷상의 싸움 · 대중매체의 교전 · 선물환 거래의 공방 등 우리가 결코 전쟁으로 보지 않고 있는 것이 전쟁이 될 것이다. 현재 이러한 모든 것은 우리들을 놀라게 할 것이다. 다시 말해, 적은 원래 의미상의 적이 아니며 무기도 원래의 무기가 아닐 뿐만 아니라, 전쟁도 원래의 전쟁이 아닐 것이다. 어떠한 것도 확정된 것은 없을 것이다. 단지, 확정할 수 있는 것은 바로 확정할 수 없다는 것뿐이다. 이미 전쟁은 변하기 시작했으며, 이에 따라 우리가 필요로 하는 것은 불확정 속에서 일종의 새로운 전법을 확정해야 한다는 것이다. 그것은 머리가 아프면 머리를 치료하고, 다리가 아프면 다리를 치료하는 것과 같이 단일적인 처방이 아니라 여러 가지 장점을 받아들이고 우세한 것을 모으는 하이브리드적인 품종으로, 배나무에서 복숭아가 열리고 사과가 열리는 것과 같은 것이다. 이것이 바로 조합이다. 사실 이 한 장의 패는 우리가 이미 앞부분에서 여러분에게 알려주었다.

우리가 아직 말하지 않은 것은 덧셈법이다. 덧셈법은 조합의 법칙이다. 권투 경기에서 시종 단조로운 주먹만을 이용해 적과 공방전을 벌이는 사람은 스트레이트, 어퍼컷, 잽, 훅을 조합하여 폭풍과 같이 상대를 타격할 수 있는 사람의 적수는 아니다. 여기에 숨어 있는 이치는 '1+1 > 1'

이라는 것보다 더욱 간단할 수 없을 것이다. 문제는 이렇게 간단해서 미취학 어린이들도 이해하는 이치가 국가안보와 전쟁의 승패에 책임을 지고 있는 사람들에게는 놀랍게도 모호하고 분명하지 않다는 것이다. 이 사람들은 될 수 있는 한 자신을 변호할 것이며, 그들은 조합된 타격방식으로 상대방을 공격하고 있다고 말할 것이다. 그들은 전쟁에서 기술과 기술 · 전술과 전술 · 무기와 무기 · 수단과 수단을 더한다는 것을 결코 잊지 않았고, 또한 '조합은 신선한 것이 아니다'라는 경멸적인 결론을 낼 수도 있을 것이다. 알렉산더부터 나폴레옹 심지어, 슈워츠코프까지 모두는 문제를 이렇게 처리했다. 그들은 조합의 이해 여부가 문제의 핵심이 아니라는 것을 알지는 못했지만, 진정 중요하게 여긴 것은 무엇을 무엇과 조합하고, 어떻게 조합하는 지의 여부였다. 가장 중요한 것은 전장과 비전장 · 전쟁과 비전쟁 · 군사와 비군사, 구체적으로 스텔스기와 순항미사일을 인터넷 해커와 조합하거나, 핵 위협과 금융전을 테러와 조합하거나 또는 간단하게 슈워츠코프 + 소로스 + 모리스 + 빈 라덴을 조합시키는 것을 생각해 본 적이 있느냐?는 것이다.

이것이 바로 우리들이 말하는 비장의 카드이다. 조합도 좋고 덧셈법도 좋지만 빈 바구니에 불과하다. 오직 바구니에 피비린내 또는 참혹함을 집어넣었을 때, 상황은 험준하게 변하여 온 세상을 깜짝 놀라게 하는 느낌을 주기 시작할 것이다. 이렇게 완전히 새로워진 전쟁관 앞에서, 과거에 익숙했던 사람들의 전쟁관은 틀림없이 동요될 것이다. 기존의 전통적인 전쟁방식과 그 위에 덧붙여진 윤리와 법칙도 모두 도전을 받을 것이다. 결국은 전통적인 건물의 붕괴가 아니고, 새로운 공사장의 아수라장일 것이다. 규칙의 측면에서 보면, 우리들 대다수는 붕괴를 보게 될 것이다.

따라서 우리들은 이미 첨단기술의 등장에서 시작한 군사혁명이 꾸물

거리며 완성되지 못한 원인을 찾은 것과 다름없다. 인류의 역사와 전쟁의 역사에서 봤을 때, 전대미문의 군사혁명은 기술혁명 또는 편제혁명에 뒤이어 완성을 알렸다. 오직 이 과정의 최고 성과인 군사사상의 혁명이 나타난 후에만, 군사혁명의 과정이 비로소 마침표를 찍을 것이다. 이번에도 예외 없이 첨단기술이 촉발시킨 새로운 군사혁명이 마침표를 찍을 수 있는지는 그것이 군사사상 혁명의 길에서 얼마나 멀리 갈 수 있는가에 달려 있다. 오직 이번 기회에 수천 년 동안 전쟁의 신이 만들어 놓은 바퀴자국에서 빠져 나와야 한다는 것이다.

군사사상 혁명은 이 점을 달성하고자 하면, 덧셈법에 도움을 구해야 한다. 그리고 덧셈법을 사용하기 전, 그것은 정치적 · 역사적 · 문화적 · 도덕적 굴레를 뛰어넘어 확고한 사상으로 진행되어야 한다. 확고한 사상이 없다면, 철저한 혁명도 없을 것이다. 확고한 군사사상이 없다면 철저한 군사혁명도 없을 것이다. 이전에 손자와 클라우제비츠도 모두 자신을 군사영역이란 울타리 속에 가두어 놓았고, 오직 마키아벨리만이 이러한 사상에 가깝게 접근했다.

매우 오랜 시간 동안 《군주론》과 시대를 앞선 그의 사상 때문에, 기사 또는 왕들에게 멸시를 당했다. 그들은 당연히 한도와 경계를 뛰어넘는 것이 바로 군사사상혁명을 포함한 사상혁명의 전제라는 것을 이해하지 못했다. 현재까지 전장에서 진용이 훌륭한 적을 공격하는데 있어서, 전쟁은 사람을 죽이고 전법은 사람을 죽이는 방법이라고 잘못 알고 있다. 또한 일부 사람들은 이것들 외 어떤 것도 관심을 가질 가치가 없다고 생각하는데, 마찬가지로 이 점을 이해하지 못한다.

미국은 이 문제에서 조금도 반응이 없을 정도로 굼뜨지는 않았다. "신군사혁명의 주파수 대역폭"이란 문제를 제기하는 미 육군대학 전략연구소의 스티븐 마이쯔역자 주-중국어 발음, 토마스 카이웨이터역자 주-중국의 발음 등은 이러한 점에 관심을 가졌었다. 그들은 미군이 군사사상과 국가안보에 실제로 직면했던 위협과 차이가 있다는 것을 발견했다. 사상이 현실보다 뒤처지는 것은초월했다고는 더 말할 필요가 없다 미국 군인의 결점은 아니지만, 미국 군인들 속에서는 매우 전형적인 현상이다. '한 부대가 힘을 지나치게 집중하여 특정한 유형의 적과 싸울' 때, 그들 시야 밖의 또 다른 적에게 공격을 받아 패할 수 있다. 스티븐 마이쯔, 토마스 카이웨이터는 이것에 대한 그들의 우려를 정확히 표명했다. 그들은 한 걸음 나아가 '비록 정부 측 문서가 육군우리는 육군을 모든 미군이라고 이해한다이 반드시 현재 서방의 사유방식을 깨뜨리고, 미래분쟁에 대한 인식을 넓힐 것을 강조한다 할지라도, 대다수는 21세기 디지털 부대가 향후 어떻게 작전할 것인가라는 설명에 대해, 듣기에는 첨단기술을 이용해 바르샤바 조약 기구와 치르는 기갑전 같다'라고 지적했다. 미군은 이러한 군사적 사유 아래 전쟁준비를 했기 때문에, 그들은 당연히 전쟁이 예상했던 것과 같이 자신의 총구에서 만나게 되기를 희망한다.

이와 같이 각주구검刻舟求劍식의 일방적인 생각은 오직 '현재 대다수의 미국 발전계획은, 예를 들어 '21세기 육군' 등 모두가 재래식인 적 기갑부대를 대응하는 것에 주안을 두고 있다. 만일 미국이 21세기 초에 낮은 기술의 적, 중간 수준의 적 또는 세력이 비슷한 적을 만난다면, 주파수 광역대가 충분하지 않는 문제가 나타날 수 있다'라는 전망을 가져다 줄 것이다.[16] 그리고 미군은 실제로 21세기가 도래하지 않았는데도 앞에서 언급한 3가지 종류의 적이 가져오는 주파수 광대역이 충분하지 않는 어려움 그 이상을 겪었다. 해커의 침입, 세계무역센터의 대폭발, 빈 라덴

[16] 미 육군대학 전략연구소, 《전략과 군사혁명: 이론에서 정책까지》

의 폭탄 공격 등 모두가 미국이 이해하는 주파수 광역대를 초월하는 것이다. 이러한 적군을 어떻게 대응할 것인가?

미군은 심리와 수단 특히, 군사사상 및 군사사상에서 파생된 전법측면에서 준비가 확실히 부족하다. 그들은 아직 고려하지 않고 심지어 전통을 위반한다는 이유로 거절하기 때문에, 군사수단 이외의 작전수단을 선택하고, 그 양자를 조합시켜 새로운 수단, 새로운 전법을 당연히 만들지 못할 것이다. 사실 안목을 조금 열고 사상을 자유스럽게 한다면, 기술종합시대에 분출된 대량의 새로운 기술과 새로운 요소를 빌릴 수 있을 것이며 사유의 정체로 정체된 군사혁명을 움직일 수 있을 것이다. 여기에서 우리는 타산지석이라는 고사성어의 깊은 뜻을 느낄 수 있을 것이다.

우리는 대담하게 손안에 있는 패를 섞어, 다시 조합하여 어떠한 효과가 나타나는 지를 보고자 한다. 정보화가 충분히 발전된 2개의 선진국 사이에 전쟁이 발발했다고 가정해 보면, 전통적인 전법에 따라, 공격하는 측은 일반적으로 큰 종심, 넓은 정면, 고강도, 입체화의 방식으로 적에게 전역차원의 공격을 실시할 것이다. 그 수단은 위성정찰, 전자 방해, 대규모 공습과 정밀 타격, 지상 우회, 상륙작전, 적 후방 공중강습 등에 불과할 것이다. 그 결과는 적국이 패전을 선포하지 않아서 스스로 실패하여 복귀할 것이다. 그러나 조합이란 전법을 이용한다면, 완전히 다른 풍경과 결말을 보일 수 있을 것이다.

예를 들어, 적이 완전히 식별하지 못한 상황에서 공격하는 측은 많은 자금을 은밀하게 이동시키고 금융시장을 기습해 금융위기를 만든 후, 사전에 상대방 컴퓨터 시스템에 매복시킨 컴퓨터 바이러스와 해커부대를 동시에 적에 대한 인터넷 공격을 실시한다. 이를 통해 민수용 전력망, 교통관리망, 금융거래망, 통신전화망, 대중매체를 전부 마비시켜서 공황, 가두시위,

정부 위기 등을 초래시킬 수 있다.

마지막으로 군대가 국경까지 접근하여 점차적으로 군사수단을 운용하여 적이 굴욕적인 강화조약을 조인하게 한다. 이는 물론 손자의 '不戰而屈人之兵싸우지 않고 적을 굴복시킨다'라는 수준에 이르지는 못했지만 '巧戰而屈人之兵교묘한 전투로 적을 굴복시킨다'라고 할 수는 있다. 이 두 가지 전법을 비교하면, 누가 우세하고 누가 열세한지는 자명할 것이다.

이는 단지 하나의 생각에 불과하지만, 가능성이 있는 생각이다. 우리는 이런 생각에 따라, 덧셈법의 변화무상함을 움직여 끊임없이 변하는 다양한 전법을 조합해 낼 수 있을 것이다.

이상, 어떠한 작전형태도 모든 종류의 작전형태와 서로 조합할 수 있으며, 이를 통해 새로운 전법을 만들 수 있다.[17] 비록 일부러 또는 무의식적으로, 영역을 초월하고 유형을 초월하여 서로 다른 작전형태를 묶음으로 조합시킨 전법은 이미 적지 않은 국가들이 실전에서 사용하고 있다.

예를 들어, 미국이 빈 라덴에 대해 적용한 대책은 '국가테러전 + 정보전 + 금융전 + 인터넷전 + 법규전'이며 나토가 코소보 위기 때 사용한 것은 '무력위협+외교전동맹 + 법규전'의 수단이었고, UN은 미국의 강력한 주장아래, 이라크에게 '재래전 + 외교전 + 제재전 + 법규전 + 언론전 + 심리전 + 정보전' 등 동시다발적인 전법을 사용했다.

---

[17] 우리들이 보기에, 여기의 3가지 유형의 전쟁은 모두 실재했던 전쟁이지, 비유와 형용이 아니다. 군사적인 전쟁은 어떠한 무기를 사용해도 전통적인 전쟁이다. 비군사적인 전쟁은 경쟁형식이고 특별한 것이 아니다. 그러나, 전쟁의 행위가 되면서 신선한 것이다. 초군사적인 전쟁은 둘 사이에 끼여서 어떤 것들에는 과거에 있었던 심리전, 정보전과 같은 양식이고, 어떤 것들은 네트워크전, 가상전 등이 있다. (《戰國策·宋衛策》, 《公輸班為楚設機械将以攻宋》 참조.

군 사	초(超)군사	비(非)군사
핵전쟁	외교전	금융전
재래전	인터넷전	무역전
생화학전	정보전	자원전
생태전	심리전	경제원조전
우주전	기술전	법규전
전자전	밀수전	제재전
유격전	마약전	언론전
테러전	사이버전(위협)	의식 형태전(이념전)

우리는 홍콩 정부가 1998년 8월 금융위기에서 금융투기꾼들을 대응하는 수단은 '금융전 + 법규전 + 심리전 + 언론전'이었다는 것을 알고 있다. 이 수단들은 비록 대가가 크더라도 전쟁의 결과는 좋았다. 이밖에도 대만과 같이 대량으로 인민폐를 위조하는 방법도 매우 쉽게 '금융전 + 밀수전'이란 전쟁수단이 될 수 있다.

우리는 이러한 사례들에서 덧셈법 즉, 전법에서 조합이라는 기묘한 역할을 알 수 있다. 만약, 과거의 전쟁은 기술수단과 조건의 제한 때문에, 전쟁을 수행하는 사람들이 승전의 모든 요소를 자기 뜻대로 조합할 수 없었다면, 현재 정보기술이 선도하는 기술의 발전은 이미 우리들에게 이러한 가능성을 제공했다. 우리가 단지 원하고 주관적 의도가 객관적 규율을 위배하지 않게 한다면, 우리는 필요에 따라 가지고 있는 패들을 각종 패들의 조합된 형태로 만들어, 최종적으로는 카드게임에서 모두 이길 수 있을 것이다.

하지만 어느 누구도 미래의 모든 전쟁에 대해 승리하거나 패하지 않는 처방을 내지 못할 것이다. 인류의 전쟁사에 나타난 전법들은 대부분

역사의 흐름에 따라 사라졌다. 그 원인은 이러한 전법들도 구체적인 목표를 따라 만들어졌고, 목표가 사라지면 전법도 존재의 가치를 잃었다. 하지만 진정 생명력을 가진 전법은 '빈 바구니'이어야 한다. 빈 바구니는 단지 생각과 원리에 따라 불변으로 모든 변화에 대응하게 한다.

우리가 언급한 조합은 바로 이러한 빈 바구니이다. 군사적 사유라는 빈 바구니는 어떠한 목표를 강하게 지향하는 전법과는 다르다. 단지 바구니에 구체적인 목표와 내용이 가득 찰 때, 바구니는 비로소 지향성과 목표성을 가지기 시작할 것이다. 전쟁에서 승리의 관건은 다른 것에 있지 않고, 단지 여러분이 어떤 물건을 바구니에 집어넣느냐에 달려 있을 것이다.

중국 송나라 군인인 악비岳飛는 전법을 어떻게 운용하는지를 이야기할 때, '運用之妙, 存乎一心운용의 묘는 기지와 융통성이 있는 마음 하나에 달려있다'라고 말했다. 이 말은 들었을 때, 비록 허무맹랑할지라도, 조합이란 수단에 대한 정확한 해석이다. 우리가 이 점을 잘 이해한다면 많은 전법에서 뛰어난 전법을 얻을 수 있을 것이다.

이것이 바로 '萬法歸一우주의 모든 법도는 하나로 돌아간다'인 것이다. 심지어 전법의 종결이다. 조합 자체가 구속이 없는 초월성이라는 특성을 갖는 것 외에도, 우리들은 어떠한 전법도 조합이란 그물을 충분히 초월할 수 있는지 상상할 수가 없다. 결론은 이렇게 간단하지만, 틀림없는 것은 단순한 머리에서는 나오지 못할 것이다.

/ 06 /

승리의 규율 탐색: 관례이나 관례를 따르지 않는 생각

기奇를 정正으로 삼는다는 것은, 적군이 기奇를 생각하면 아군은 정正으로
적군을 공격한다. 정正을 기奇로 삼는다는 것은,
적군이 정正을 생각하면 아군은 기奇로 적군을 공격한다.
– 이세민(李世民) –

비록 앞에서 조합에 대해 많은 이야기를 했지만, 우리가 계속 조합에만 초점을 맞추어도 여전히 설명이 부족하다고 보인다. 그래서 우리는 초점을 좁혀서 가장 핵심적인 비밀이 어디에 있는지 살펴봐야 한다. 만약 조합을 어떻게 해야 가장 좋은 방법인지를 통찰하지 못한다면, 요점을 모르면서 조합을 열심히 해 봐야 소용이 없을 것이다.

전쟁사에서 적극성이나 창조성이 결여되었는데, 승리를 한 적은 결코 없었다. 그래서 군사용어 사전에는 주공방향, 주요 타격목표, 양공, 양동, 우회포위 등과 같이 행동을 주主, 차次로 구분하는 용어들이 있는 것이다. 이러한 용어들의 배후에는 '병불염사兵不厭詐, 전쟁은 적을 기만하는 전술을 쓸 수 있다'라는 마인드뿐만 아니라, 병력을 합리적으로 운용하기 위한 다른 이유가 있을 수 있다. 수많은 전쟁에서 승리를 거둔 위대한 장군들이나, 혹은 무명의 장수들은 '승리의 규율勝律'이라 불리는 무언가가 존재하고 있다는 것을 직감으로 인식하고 있었으며, 수천만 번이나 이 법칙과 거리를 좁힌바 있었다.

하지만 오늘날에는 그 어떤 통치자나 철학가도 이 법칙을 발견했다고 말한 적이 없으며, 심지어 이 규율의 이름도 아직 붙이지 못한 상태이다. 사실 이 규율은 세계 각지에서 일어나고 있는 군사적 행동 속에 줄곧 감춰져 왔었다.

다시 말해서, 이 규율은 승리를 거둔 유명한 전쟁에서 입증된바 있다. 하지만 사람들은 전쟁마다 이 규율과 부딪치게 될 것이라고 인정하거나 확신하지 못하고 있으며, 이를 한낱 운명이 베푸는 호의로 풀이하고 있다. 전쟁사를 다룬 '수준미달'인 많은 서적들이 이 규율을 너무 심오하게 묘사하기 때문에, 사람들은 그 핵심을 파악하지 못하게 되었다. 하지만 승리의 규율은 확실히 존재하고 있다. 이 규율은 투명인간처럼 인류와 함께 모든 전쟁에 동행했으며, 이 규율이 지목한 쪽이 패배자를 밟고 개선문을 통과하게 된다. 그러나 전쟁이란 '반항아'조차도, 이 규율의 진면목을 본 적은 없었다.

황금률과의 우연한 일치

피타고라스[1]는 "모든 것은 숫자다"라고 했는데, 그는 이 생각을 좇아 신비의 숫자인 0.618과 우연히 만나게 되었다. 그 결과, 그는 '황금률'을 발견하게 된 것이다. 즉, '$(\sqrt{5}-1)/2 \approx 0.618$'이다.

그 이후부터 2500년 동안, 조형 예술가들은 이 공식을 미학의 금과옥조

---

[1] 피타고라스는 고대 그리스의 철학자이자 수학자로서, 그는 "모든 것은 숫자이다"라는 명언을 남겼다. 즉, 현존하는 모든 사물은 최종적으로 숫자의 관계로 귀결될 수 있다는 것이다. 비록, 피타고라스의 학설이 이성주의와 비이성주의 요소를 혼합한 것이지만, 여전히 그리스 고전 철학과 중세 유럽사상의 발전에 큰 영향을 끼쳤다. 코페르니쿠스도 피타고라스의 천문학적 개념이 자기 가설의 선구자라고 인정하였으며, 갈리레오도 피타고라스 학파라고 인식되었다. 그리고 황금분할을 이용하여 세계의 조화로운 관계를 증명하는 것은, 오직 피타고라스 사상을 구체적으로 적용한 것이다.(《간명한 브리테니카 백과전서》, 제 1권, p. 715)

金科玉條로 신봉하였다. 그래서 사람들은 예술의 역사가 자유자재로 걸어왔던지 아니면 각고의 노력 끝에 진행되었든지 간에, 모든 이들이 걸작이라 칭하는 예술품들은 모두 미학의 특징이란 측면에서 이 공식과 유사했거나 일치했다는 것을 확실히 증명했다. 사람들은 일찍이 고대 그리스 '파르테논 신전'의 아름다움에 놀라움을 금치 못했고, 신의 작품으로 추정했다. 이후 사람들은 계산을 통해, 이 신전의 수직선과 수평선의 관계는 1:0.618 비율과 완벽하게 일치한다는 것을 발견했다. 당대 건축학 대가인 르 코르뷔지에Le Corbusier도 그의 《새로운 건축의 방향》이란 책에서 황금률에 따라, '설계의 기본척도'란 가장 중요한 이론을 만들었으며, 이 이론은 전세계의 건축사와 건축물에 대해 큰 영향을 끼치게 되었다.[2] 하지만 아쉽게도, 이것이 조물주가 한 영역을 이용해 인류에게 모든 영역의 규율이라는 공식을 암시해 줬지만, 오랜 시간동안 예술의 창조적 영역을 벗어나지 못했었다. 그리고 천부적인 재능이 있는 뮤즈Muse, 여신들을 제외하고는 어느 누구도 황금률이 다른 분야에서도 마찬가지로 준수해야 하는 규율이 될 거라고 이해하지 못했다.

1953년에 이르러서야, 미국인 J. 키퍼J. Kieffer는 황금률을 이용해 테스트 포인트를 발견하여, 가장 빠르게 최적의 상태에 접근할 수 있었다. 그의 발견으로 인해 중국인 수학자 화뤄겅華羅庚은 '우선법優選法' 또는 0.618 법이라는 것으로 정리하였다. 또한 이는 한동안 중국에서 광범위하게 퍼졌다. 비록 우리가 주지하듯이, 인해전술식의 보급운동이 효과가 그리 크지 않지만, 이것은 황금률이 예술을 제외한 나머지 분야에서도 통용될 수 있다는 희망을 보여준 것이다.[3]

---

[2] 섬머스(Summerson), 《건축의 고전 언어》, p. 90.

[3] 길이가 L인 직선을 두 부분으로 나누고, 그 중 한 부분의 전체에 대한 비율은 그 나머지의 부분의 이 부분에 대한 비율은 동일하게 된다. 즉, X:L=(L−X):X이다. 이러한 분할을 '황금분할'이라 부르며, 그 비율은 약

사실 황금률을 이해하기 앞서, 사람들은 직감에 따라 황금률을 각자의 영역에서 반복적으로 운용해왔다. 이중 당연히 빠뜨려서는 안 되는 영역이 바로 군사 분야이다. 사람들이 전쟁의 역사에서 좋은 평가를 하는 전역과 전투에서, 우리는 신비로운 야수의 흔적들을 어렵지 않게 발견할 수 있을 것이다.

당신은 멀리 볼 필요도 없이 이 규율과 서로 부합하는 사례를 군사분야에서도 쉽게 찾아볼 수 있다. 기병 군도軍刀의 곡선에서 총탄 · 포탄 · 탄도미사일 등 탄도의 정점까지, 그리고 전투기가 급강하 폭격상태에 진입하는 최적의 투하고도와 거리[4]에서 보급선의 장단長短과 전쟁 전환점과의 관계에 이르기까지 0.618의 모습은 어디서나 찾아볼 수 있다.

여러분이 전쟁사를 읽어 보면, 고대와 현대중국, 외국의 전쟁에서 숨었다 나타났다 하는 0.618에 놀라움을 금치 못할 것이다. 춘추전국시대 진나라와 초나라와의 전쟁에서, 진나라의 려공厲公은 군대를 이끌고 정나라를 정벌할 당시, 정나라를 원조하는 초나라 군대와 언릉鄢陵에서 결전을 벌렸다. 려공은 초나라의 배신자였던 묘분황苗賁皇의 제안을 듣고, 중군中軍의 일부로 초나라 군대의 좌군을 공격하게 했으며, 일부 부대는 초나라 군대의 중군을 공격하고, 상군上軍, 하군, 신군新軍 및 공족公族의 부대를 초나라 군대의 우군을 향해 공격하도록 하였다. 이 과정에서 주목할 만한 사실은 주요 공격지점을 선택하는 데 있어서, 마침 황금분할점과

0.618이다. 고대 그리스부터 19세기까지 어떤 사람들은 이 비율이 조형예술에서 미학적 가치가 있다고 생각했고, '황금분할'이라고 불렀다. 실제 운용측면에서 가장 간단한 방법은 수열 2, 3, 5, 8, 13, 21 …… 에 따라 2:3, 3:5, 5:8, 8:13 등의 비율은 근사치가 된다.(《辭海》, 상해사해출판사, 1980년, pp. 2057~2058)

[4] 급강하 폭격은 전투기가 근거리 미사일·로켓포·유도폭탄과 비유도 폭탄 등을 이용한 공격 방식이다. 공격 시, 전투기는 저공으로 전투전개점(목표에서 40~50km 되는 지점)으로 진입한다. 그 다음 2000~4000m로 상승한 후, 전투방향을 전환하고 목표와 5~10km의 거리를 두고 급강하를 시작한다. 목표와의 거리가 각각 1300~1600m, 600~1000m 때, 30~50도의 각도로 폭탄을 투하한다. 급강하 공격 시, 무기의 파괴 정확도가 가장 높다.(러시아, 《외국 군사평론》, 1992년 10기)

거의 흡사했다는 것이다.[5] 우리는 앞에서 알렉산더 대왕과 다리우스 간 아벨라 전쟁을 언급했는데, 이 전쟁에서 마케도니아인들은 그들의 공격 지점을 페르시아 군대의 좌익과 중앙의 결합부에 선택했는데, 공교롭게 이 부분도 전선의 '황금점'이었다는 것이다.[6]

많은 사람들은 수백 년 동안, 징기스칸의 몽골 기병들이 유라시아 대륙을 석권할 수 있었던 이유를 이해하지 못했었다. 단지, 오랑캐의 사나움, 잔인함, 변화무상 및 기병의 기동성 등의 이유를 가지고 사람들의 의구심을 설명하기에는 부족하기 짝이 없다. 아마도 중요한 다른 원인이 있을 수도 있지 않은가? 황금률은 우리가 생각한 대로 자신의 신기함을 다시 보여준다. 우리는 몽골 기병의 전투대형과 서방의 전통적인 방진은 서로 큰 차이를 보여주고 있다는 사실을 발견할 수 있다.

전투대형의 5열 대형에서 중重기병과 경輕기병의 비율은 2:3이었는데, 투구와 마갑馬甲으로 무장한 중기병을 2로 주고, 행동이 민첩한 경기병을 3으로 정한 것이다. 이것 또한 황금률이 아니겠는가! 여러분은 이 기병 사상가들의 천재성에 탄복하지 않을 수 없고, 이런 지도자가 이끄는 군대는 전장에서 유럽의 군대보다 훨씬 강한 충격력을 지닌다는 것은 당연한 일이다.

기독교인들은 유럽이 황금률은 종교예술 분야를 제외한 다른 분야에서도 적용해야 한다는 사실을 뒤늦게 깨달았다. 화약의 시대에 이르러, 창의 위력은 점차 활강총으로 대체하게 되었다. 활강총으로 무장한 병사와 창을 지닌 병사가 절반씩 혼합 편성되어, 전통적인 방진을 개조시킨

---

5 《중국 역대 전쟁사》, 제1권, 군사역문출판사, pp. 253~277.

6 퓰러, 《서양세계 군사사》, 제1권, p. 117. 이 책은 아벨라 전쟁에 대한 정확한 분석 외에도, 전투상황을 묘사하는 그림들을 수록하고 있다.

네덜란드 마우리츠Maurits 장군조차도 이 점을 인식하지 못하고 있었다. 반면 스웨덴 국왕 구스다프가 '정면이 강하고 측면이 약한' 대형을 조정한 후에야, 스웨덴 군대는 비로소 당시 유럽에서 가장 강한 전투력을 지닌 군대가 되었다. 그는 마우리츠 장군이 개조시킨 중대216명의 창을 지닌 병사+198명의 활강총으로 무장한 병사외에, 활강총으로 무장한 96명을 증가시켰다. 이러한 개편은 일시에 화기의 역할을 두드러지게 했고, 이것이 냉열병기 시대의 분수령이 되었다. 우리는 198+96명의 활강총병과 216명 창병의 비율에서 나타나듯이, 또 다시 황금률의 흔적들을 찾아 볼 수 있게 되었다.

또한 이것뿐만이 아니다. 우리는 황금률을 예술 외 분야의 규율로 인정하기 전에, 황금률이 매번 자신의 모습을 드러내는 과정에서 어떻게 집요하게 우리들에게 자세히 제시했는지를 살펴보자. 1812년 6월, 나폴레옹은 러시아로 원정을 떠났다. 그는 9월 보로디노 전역에서 러시아 군대를 격멸하지 못했지만, 모스크바로 진입했다. 이때의 나폴레옹은 자신에게 있던 천부적인 재능과 행운이 점차 사라지고 있고, 자기 인생의 정상과 전환점이 동시에 오고 있다는 사실을 깨닫지 못하고 있었다. 1개월이 지난 후, 프랑스군은 모스크바에서 눈을 맞으면서 퇴각하기 시작했다. 3개월 간의 승리를 위한 진군과 2개월간의 쇠퇴를 시간적으로 봤을 때, 프랑스 황제가 기세등등하게 모스크바를 내려다보고 있을 때, 그는 바로 황금분할선을 밟고 있었다.

130년이 지난 어느 6월, 나치 독일은 소련을 목표로 한 '바바로사' 계획을 감행하였다. 독일군은 총 2년여 기간 동안, 줄곧 공격의 기세를 유지하고, 1943년 8월에 이르러 도시작전이 종결되면서, 독일군은 수세로 전환되었고, 다시는 소련군에 대해 전역 차원의 작전이라고 부를 수 있는 공격을 하지 못하였다. 아마도 우리는 이러한 사실도 우연한 일치라고 설명해야 할 것이다. 왜냐하면 전쟁사 학자들은 스탈린그라드 전역을 소련의 대조국 전쟁의 전환점으로 인정하는데, 이 전역은 시기가 이르지도 늦지도 않은, 정확하게 전쟁이 발발한 지 17개월이 흐른 1942년의 11월에 되어서야 발생하였다. 이 시기가 바로 독일군의 기세가 쇠퇴로 변하는 26개월이란 시간상의 '황금점'이었던 것이다.[7]

걸프전으로 다시 돌아가 보자. 전쟁에 앞서, 군사전문가들은 만일 이라크 공화국 수비대의 장비와 병력 수가 공중폭격으로 30%를 초과하는 손실을 당한다면, 전반적으로 전투력을 상실할 것이라고 예측했다. 미군은 이라크군의 손실이 이 임계점에 달하게 하기 위하여 폭격시간까지 다시 연장시켰다. '사막의 군도軍刀' 즉, 지상군이 투입될 때, 전구 내에 있던 이라크군의 전차 4,280대 가운데 38%, 2,280대 장갑차 가운데 32%, 3,100문 화포의 47%가 이미 파손되었으며, 이 무렵 이라크군의 군사력은 이미 60% 수준으로 떨어졌다. 이처럼 참혹한 수치를 통해, 0.618이란 신비로운 숫자가 1991년 1월 24일의 새벽에 그 모습을 다시 드러내기 시작하였다. 100시간이 지난 뒤, '사막의 폭풍'에서의 지상전이 완전히 종결되었다.

이처럼 역사 속으로 사라진 사건들은 정말 불가사의하다. 이러한 사건들을 하나씩 떼어놓고 관찰했을 때, 그 하나하나가 너무도 우연의 일치로 진행되어 왔다. 그러나 조물주는 결코 이유 없는 일을 만들지는 않을 것이다. 만일, 너무나 많은 우연들이 모두 동일한 현상을 띤다면, 여러분은 이 현상들을 계속 우연으로 간주할 수 있겠는가? 아닐 것이다. 이때쯤 되면, 여러분도 이러한 현상들은 바로 '규율'이라는 것을 가지고 있다고 인정해야 할 것이다.

---

[7] 마셔르 보듀오(Masaier Boduo),《제 2차 세계대전 역사 백과사전》, 해방군출판사, 1988년. 《소련의 대독일 전쟁》, pp. 684~694.

승리의 어법 — 편정률(偏正律)

중국어 문법에는 기본적인 문장의 구조가 있다. 이러한 구조는 한 개의 문장이나 구를 수식어와 중심어 두 부분으로 나뉜다. 이들은 수식과 피수식의 관계로써, 전자가 후자를 수식하여, 후자의 경향과 특징을 확정지어 준다. 더 정확하게 말하자면, 전자는 얼굴이고 후자는 몸매인 셈이다. 우리는 사람이나 어떤 사물이 타인이나 다른 사물과 다르다고 구분지을 때, 일반적으로 그 사람의 용모와 외관에 따라 구분하지, 그 사람의 몸매나 메카니즘에 따라 구분하지는 않는다.

이러한 관점에서 볼 때, 수식어는 중심어와 비교하면, 문장 혹은 구절의 핵심으로 보아야 한다. 예를 들어 '붉은 사과'가 있다. '붉은'이 뒤의 말을 수식하기에 앞서, 사과는 단지 과일의 종류를 가리키면서, 통상적인 의미를 지닌다. 하지만 '붉은'은 사과에게 바로 '이것'이라고 인정할 수 있는 특수성을 부여하는 것이다. 명백한 사실은 '붉은'이란 단어가 이 구절을 구성하는 데 중요한 위치를 차지하는 것이다. 바꿔서 '경제특구'라는 것을 예로 들어보자. 만일 '경제'라는 두 글자가 없다면 '특구'는 지역을 구분 짓는 하나의 개념일 뿐이다. '경제'라는 단어가 '특구'를 꾸며준 다음, 특구는 일종의 특수한 속성과 방향을 가지게 되며, 이는 등소평이 경제란 지렛대를 통해 중국을 개혁시킨 관건이 되었다. 이러한 구조는 바로 중국어 문법의 기본형태 가운데 하나이다.

편정식(偏正式) 구조

이처럼 '편偏'이 '정正'을 수식하는 구조는 중국어에서 통상적으로 나타나는 형식인데, 이러한 형식을 이용하지 않고서는 중국어를 표현할 수 없다. 왜냐하면 하나의 문장 속에서 만일 중심 어휘가 있는데, 주도적인 수식이 없다면, 이 문장은 정도 · 방위 · 형태 등 사람들이 구체적으로 파악해야 할 요소들이 명확해지지 않게 되기 때문이다.

예를 들어 '좋은 사람', '나쁜 일', '높은 건물', '붉은 깃발'과 같은 단어가 있다고 가정하자. 만일 앞에 있는 수식어를 제외하면, 뒤에 오는 모든 중심어는 구체성이 없는 중성中性적인 단어로 변할 것이다. 이러한 것에서 알 수 있듯이, 편정식 구조에서는 '정正'과 비교하여, '편偏'이 문장과 구절에서 성질을 정하는 역할을 하고 있다. 다른 시각에서 살펴보면, 우리는 편정식 구조에서 중심어가 '주체'이고, 수식어가 '주도'가 되며, '정'이 '편'의 몸체이고, '편'이 '정'의 영혼이라는 것을 알 수 있다.

몸체는 일종의 전제가 확립된 후에야, 영혼의 역할이 보다 결정적인 의미를 가지게 된다. 이처럼 주도적 관계에 종속된 주체는 편정식 구조를 존립시키는 기초인 동시에, 객관적인 세계와 대응하는 상징체계의 구조방식으로서, 우리에게 언어의 범주를 초월한 규율적인 사물을 암시하게 해주는 것이다.

이렇게 진행하다 보면, 우리는 '좋은 사람', '나쁜 일', '고층 건물', '붉은 깃발'과 같은 '구' 뿐만 아니라, 항공모함, 순항미사일, 스텔스기, 장갑병력수송차량, 자주포, 정밀타격 폭탄 및 신속대응부대, 공지작전, 합동작전과 같은 군사용어 중에도 편정관계가 존재하고 있다는 것을 쉽게 찾아 볼 수 있다. 언어의 범주를 제외한 세계에서도 이러한 편정식 관계가 속속들이 가득 차 있는 것을 알 수 있다. 이것은 우리가 언어에서 보여진 수사修辭를 모방하는 것이 아니어서, 전쟁을 수사학과 견강부회 하지 않고, 단지 '편—정'이란 단어를 빌려서 이론의 가장 핵심적인 부분을 설명하고 싶다. 왜냐하면, 우리들은 많은 사물들이 운동과 발전하는 과정 속에서 편과 정의 관계가 주도적인 역할을 하는 것은 '정'이 아니라,

'편'이라는 것을 인정하기 때문에, 이 역할을 '편으로 정을 수식한다以偏修正'라고 할 것이다주의 사항, 이는 수사학에서 말하는 편정식 구조의 뜻이 아니라, 우리가 파생 및 확대시킨 것이다.

예를 들어, 한 국가는 국민이 주체가 되고, 정부는 국가의 주도적인 성격을 갖는다. 군대에서는, 병사와 중 · 하위 장교가 주체가 되며, 지휘부는 군대의 주도적인 성격을 갖는다. 핵폭발에서는 우라늄과 플루토늄이 주체가 되며, 이들에 대한 폭격수단은 연쇄반응을 일으키는데 주도적인 역할을 한다. 동남아시아에 불어 닥친 금융위기에서는, 피해국가가 주체가 되고, 금융 투자자들은 위기를 초래시킨 주도적인 자들이다. 정부가 주도적인 역할을 하지 못한다면, 국민들은 흩어진 모래일 뿐이다. 지휘부가 주도적인 역할을 수행하지 못한다면, 병사들은 오합지졸일 뿐이다. 폭격 수단이 없다면, 우라늄과 플루토늄은 하나의 무기질일 뿐이다. 금융 투자자들이 풍파를 일으키지 않았다면, 피해국가의 대책기관은 금융 환란을 피해 갈 수 있었을 것이다. 이러한 관계 속에서 상호작용이란 요소를 언급하지 않는다 해도, 누가 '편'이고 누가 '정'이며, 또한 누가 누구를 수식하는지는 자명하다고 말할 수 있을 것이다.

지금까지의 설명은 편정식 구조가 비대칭적 성격을 가지는 구조이고, 이 때문에 '편'과 '정'간에는 비균형적인 관계가 존재한다는 것을 알려준다. 편정식 구조는 일종의 비균형적인 구조라고 말할 수 있다. 이러한 관점에서 볼 때, 황금률의 상황과 매우 흡사하다. 0.618과 1 사이에는 비대칭적 구조이자, 비균형적 관계이다. 우리는 이러한 이유를 들어 황금률을 기존과 전혀 다른 종류의 편정식으로 표현할 수 있다. 왜냐하면 편정식 구조에서는 '정'이 아니라 '편'을 중요하게 보기 때문이다. 황금률도 마찬가지로 0.618이 중요하지 1이 중요한 게 아니다. 이는 바로 이들 양자 간의 공통된 특징이라고 말할 수 있다. 이러한 규율은 우리에게 특징이 비슷한 두 개의 사물사이에는 서로 유사한 규율이 반드시 존재하고 있다는 것을 말해주고 있다. 만일 황금률과 편정식 구조 간에 공통된 규율이 존재하고 있다면, 그것은 바로 0.618='편偏'일 것이다.

이 부분을 설명하는 데는 중국의 전략가인 전기田忌 장군의 경주마 이야기가 가장 적당하다. 그리고 손빈孫臏 장군은 총체적인 능력이 열세할 때, 고대중국의 지혜를 대표할만한 작품을 저술했다. 그는 전기 장군의 하등下等 말로 제나라 왕의 상등上等 말을 초전에 대응하여 반드시 잃어야 하는 한 판을 진 후에, 다음에는 전기 장군의 중등中等 말과 상등 말을 상대방의 하등 말과 중등 말을 꺾게 하여, 승리하는 데 필요한 두 판의 우세를 점했다.[8] 이처럼 하나를 잃고 두 개를 확보하는 전략주도적 성격으로 모든 게임주체를 이기는 방식은 전형적인 편정식 구조라고 볼 수 있다. 그리고 3판 2승의 결과는 2:3이라는 황금비율과 일치된다. 우리는 여기에서 완벽한 이율회류二律匯流 · 이율합일二律合一의 구조를 볼 수 있다.

황금률=편정률

규율을 모색하는 것은 문제를 연구하는 결과이자 시작이다. 만약 우리가 사물에 보편적으로 관통하는 편정률이라는 것을 믿기만 하면, 이 규율이 황금률과 함께 군사 분야만 공백으로 남아서는 안 된다는 것을 믿어야 한다.

진실은 확실히 다음과 같다.

---

[8] 《史記·孫子 吳起列傳》 참조.

제나라와 노나라의 장작의 전쟁長勺之戰을 보자. 양측의 군대가 대진하였는데 제나라 군대의 기세가 대단하여 노나라 군대는 행동을 중지하고 기회를 기다리고 있었다. 제나라 군대가 북을 세 번 두드리고 세 번 공격을 했으나, 노나라 군대의 전열을 흔들지 못했고, 기세도 현저히 저하되었다. 노나라 군대는 이 기회를 이용하여 반격하였고, 크게 승리하였다. 전쟁이 끝난 후, 모사 조귀曹劌가 노나라 장공庄公에게 제나라가 패배하고 노나라가 이긴 이유를 "첫 번째 북을 쳤을 때에는 제나라 군사의 사기는 하늘을 찌를 만하였습니다. 이때 맞부딪치면 이길 도리가 없습니다. 두 번째 북을 쳤을 때는 이미 기력이 약간 감퇴하였으나, 아직도 맞설 정도는 안 되었습니다. 그러나 세 번째 북을 쳤을 때는 기력이 많이 떨어져 있었다. 그래서 제나라 군대는 힘을 다하고 우리 노나라 군대는 여유가 있어서 이겼다"라고 설명하였다.[9]

이 전쟁은, 전역의 전개 과정에서 보면 크게 5개 단계 즉, 제나라 군대의 첫 번째 공격-제나라 군대의 두 번째 공격-제나라 군대의 세 번째 공격-노나라 군대의 반격-노나라 군대의 추격 등으로 나눌 수 있다. 제1단계에서 3단계까지 조귀는 적의 예봉을 피하는 책략을 채택하여, 제나라 군대가 어떠한 전과를 얻지 못한 상황에서, 자기 공격력의 황금점을 너무 빨리 넘어서는데 반해, 노나라 군대는 이 황금점을 반격의 시기로 정확히 선택하였다.

이는 2700년 전의 전장에서 조차도 이러한 황금률3:5≈0.618이란 규율이 충분히 증명된 것이다. 틀림없는 사실은, 당시 조귀는 자기보다 200년 후에 나타난 피타고라스와 그의 황금률 이론을 결코 알 수가 없었을 것

[9] 《좌전·조귀(曹劌) 전》참조. 조귀는 제(斉)-노(魯) 간의 동맹 당시, 비수를 이용해 제환공(斉桓公)을 급습했으며, 제나라를 압박하여 노나라에서 후퇴하게 했다. 지모도 있고, 용기도 있는 보기 드문 훌륭한 장군이었다. (《사기·자객열전》참조)

이다. 설사 그가 이 이론을 알고 있다 하더라도, 현재 진행되고 있는 전쟁에서 어디가 정확하게 0.618이라는 것을 헤아리는 것은 불가능한 일이다. 하지만 그는 직감에 따라 이러한 황금률을 정확히 예측할 수 있었으며, 이는 모든 천재적인 군사전문가들의 공통된 특성이다.

한니발 장군은 '칸네' 전쟁에서 조귀와 아주 비슷한 생각을 하였다. 그도 조귀처럼 적의 공격력을 점차 약화시키는 비법에 통달한 사람이었다. 이러한 이유로 그는 평상시와 전혀 다르게, 가장 약한 갈리아 군대와 스페인 보병을 당연히 정예부대를 배치해야 되는 전선의 중앙에 배치하여, 이들로 하여금 처음 로마군대의 공격을 정면에서 대응하게 하였지만, 그들은 지탱하지 못하게 되었다.

이후, 전선의 모양은 점차 초승달처럼 움푹 들어가게 되었다. 이 모양은 한니발이 고의로 만들었든지 아니면 뜻밖에 형성된 것인지 간에, 로마군의 공격력을 사라지게 한 거대한 완충기가 되었다. 로마군의 강력한 부대는 전선이 길게 늘어짐에 따라 공격력이 점차 감소되기 시작하였으며, 카르타고 군대 후방에 접근했을 때는 전투력이 쇠퇴해졌었다. 이때 전체적으로 열세했지만, 기병에서는 우세했던 카르타고 군대는 기회를 잃지 않고, 철제로 무장한 기병을 양익에서 이동시켜 신속하게 로마군을 포위하였다. 이로 인해 칸네 지역은 7만여 명의 생명을 빼앗은 도살장으로 변하게 되었다.[10]

이 두 전역은 비록 상황은 달라도 사용한 전법이 비슷하며, 모두 적의 예봉을 피하고 좌절시키는 주도적인 책략으로 삼아 정면에서의 결전을

[10] 칸네 전쟁은 서양 역사에서 가장 유명한 전례이고, 아마 거의 모든 전쟁사 책들은 언급했을 것이다. 베빈 알렉산더(Bevin Alexander)의 《위대한 장군들은 어떻게 승리하였는가》는 칸네 전쟁에 대한 그림과 글 모두가 훌륭하고, 우리들이 말하는 '편정률'을 이해하는 데 도움이 될 것이다. 《위대한 장군들은 어떻게 승리하였는가》, 신화출판사, 1996년, pp. 11~13.

피하는 작전방식을 채택하여, 적의 공격력이 약해진 시점을 반격하기 가장 좋은 시기로 삼았다. 이는 전법에서도 황금률과 편정률이 모두 부합하는 것을 명확히 보여주고 있다.

만일 이 두 가지 전쟁 사례를 우연의 일치나 독립된 현상으로 여긴다면, 우리는 전쟁사에서 더 많은 황금률-편정률의 사례들을 찾아 볼 것이다. 사실 현대전에서도 이러한 법칙은 더욱 더 명확하게 보여지고 있다. 제 2차 세계대전 당시, 독일군이 프랑스를 공격한 전역은 처음부터 끝까지 우리가 말한 황금률-편정률의 핵심을 적용시켰다. 보병의 배속에서 전차를 주력무기로 변화시켰든지, 1차 대전 당시의 전법을 버리고 전격전을 작전이론으로 삼았든지, 심지어 독일군 내 낡은 사고방식을 가진 장군들의 생각이든지 간에, 독일군의 주공방향을 아르덴느로 선택한 것은 당시 사람들의 관념으로 보았을 때, 정통과 맞지 않고 확실히 '편偏'이라는 특성을 가지고 있는 것이었다. 이러한 '편偏'적인 특성이 당시 독일군의 군사사상에 근본적인 변화를 야기시켰고, 이 때문에 '영국해협으로 스쳐 지나가라'는 쉴리펜 장군의 생각은 영국이 덩케르크에서 악몽을 꾸게 만들었다. 그리고 이전에 누가 이 기적의 청사진을 만쉬타인과 구데리안이라는 낮은 계급의 장교들이 그릴 것이라는 것을 생각할 수 있었겠는가?[11]

---

[11] 만쉬타인은 1937~38년에, 독일육군 참모본부의 수석 참모차장이었다. 그는 독일육군의 내부 모순 때문에, 육군사령부에서 축출되어 제 18사단 사단장으로 임명되었다. 1939년, 독일 육군사령부는 서부전선 작전 계획인 '황색 작전계획'을 발표했다. 이 계획은 강한 우익으로 벨기에에서 영국과 프랑스 연합군을 정면에서 격파하고, 일부병력으로 그 측방을 엄호하는 것이었다. 이 계획은 1914년 쉴리펜(Schlieffen) 계획의 재판이었다. 당시 A집단군 참모장이었던 만쉬타인은 A집단군 명의로 작전계획을 세워, 비망록 또는 작전초안의 방식으로 육군사령부에 제시하였지만, 줄곧 사령부의 고위 간부들에게 거절당했다. 만쉬타인에 화가 난 육군사령부는 만쉬타인을 제 38군단 군단장으로 보직을 조정하였다. 만쉬타인은 히틀러를 직접 만나는 기회를 이용하여 자신의 구상을 보고했으며, 군사에 대해 완전히 비전문가이지만 이해가 빠른 히틀러를 설득시켰다. 이 계획은 전쟁 후, 리델 하트에 의해 '만쉬타인 계획'이라고 불렸는데, 그 요점은 좌익을 공격의 중점으로 삼아, 기갑부대를 집중 운용하여 아르덴느 산맥에서 돌파 및 기습하는 것이었다.(만쉬타인, 《잃어버린 승리》, 중국인민해방군 군사과학원, 1980년) 구데리안이 지휘한 제 19기갑군단은

제 2차 세계대전 사례로써, 독일군의 대프랑스 전역과 같이 편정식의 경향이 있는 작전은 바로 일본의 진주만 공습이다. 일본 연합함대 사령관인 야마모토가 항공모함을 사용하는 것은 구데리안이 전차를 사용하는 것과 비슷하다. 비록 그가 주력함이 미래 해상전의 승패를 좌우할 것이라고 여기고 있었으나, 신기하게도 항공모함과 탑재기를 미 해군작전에 대한 주도적인 병기로 선택했다. 우리를 더욱 놀라게 한 것은, 야마모토가 미국을 공격할 당시, 미 본토인 태평양 연안에 대한 정면공격을 피하는 동시에, 연합함대의 공격반경과 그의 무기가 타격할 수 있는 가장 좋은 위치를 충분히 고려하였다. 이 때문에 그는 태평양을 제압하는데 중요한 영향을 미치고 미국이 먼저 정보를 얻어도 믿을 수 없는 하와이를 공격대상으로 선택하였다. 그리고 해상결전을 추종하는 야마모토가 자신의 첫 번째 미래전에서 해전을 선택하지 않고, 다름 아닌 진주만을 습격한 것이었다. 그 결과 그는 관례를 따르지 않는 결정으로 승리를 거두게 되었다.[12]

여기까지 분석한 것에 따르면, 우리들은 황금률이든지 편정률이든지 간에, 사전적인 좁은 의미로 이해해서는 안 되며, 본질적으로 그 핵심을 파악해야 한다. 전장은 순식간에 많은 변화를 일으키기 때문에, 어떠한 지휘관도 충분한 시간 또는 정보를 받을 수가 없어서, 그들로 하여금 어느 부분이 황금점인지를 세밀하게 살피도록 하고, 편정도偏正度를 파악하는 방법을 낱낱이 따져보게 해야 한다. 또한 0.618과 '편偏'을 포함하여

'만쉬타인 계획'을 가장 뛰어나게 실천한 부대였다.(구데리안, 《전격전의 영웅》, 전사출판사, 1981년)

[12] 야마모토는 일본의 연합함대 사령관으로 취임한 후, 필리핀을 먼저 공격하자는 해군본부의 의견을 거절하고, 우선 미국 태평양 함대를 기습 공격하여 마비시켜야 한다는 것을 주장했다. 1941년 12월 7일, 나구모 장군의 지휘 하에 6척의 항공모함과 423대의 항공기는, 야마모토의 계획에 따라 진주만을 공습했으며, 미 해군의 '애리조나'호 등 4척의 전투함을 격침시켰으며, 188대의 항공기를 파괴하여 미 태평양함대에게 큰 손실을 입혔다. (리델 하트, 《제 2차 세계대전사》, pp. 276~335)

두 개의 규율 중 가장 핵심적인 요소는, 수학적 의미의 상수가 아니라, 승리의 신이 예측 불허의 전쟁, 전장戰場, 전역에서 끊임없이 출몰하는 다양한 화신化身이라고 말할 수 있다.

이는 때때로 수단을 선택하는 데 나타나기도 한다. 예를 들어 걸프전에서 슈워츠코프는 공중폭격을 주도적인 수단으로 채택해, 줄곧 작전의 주체였던 육군과 해군을 조연으로 삼았다.

때로는 계략을 선택하는 데 나타나기도 한다. 예를 들어 칼 되드츠Karl Dönitz는 군함 대 군함의 해상전을 잠수함의 상선商船 습격으로 바꾸었다. 그 결과, '늑대무리 전술'은 영국에 대한 해상 결전보다 그 위협이 매우 컸었다.

때로는 병기를 선택하는데 나타나기도 한다. 예를 들어, 나폴레옹의 화포, 구데리안의 전차, 야마모토의 항공모함, '황금해안' 작전의 정밀폭탄 등은 모두가 전쟁으로 기울게 한 주도적인 병기이다.

때로는 공격지점을 선택하는데 나타나기도 한다. 예를 들어, 영국의 넬슨은 트라팔가르 해전[13]에서 프랑스 함대의 전위가 아닌 후위를 주요 공격지점으로 선정하여, 한 차례의 해상승리로 해상제국을 탄생시켰다.

때로는 전기戰機를 선택하는 데 나타나기도 한다. 예를 들어, 제 4차 중동전에서 이집트 대통령 사다트는 이집트군이 수에즈 운하를 통과하는 D-day를 이슬람 라마단 기간인 10월 6일로 선택했으며, 공격개시 시간을

[13] 넬슨은 트라팔가르 해전(海戰)에 앞서, 그의 부하 함장에게 '비결(秘訣)'을 전달했다. 즉, 해전의 전통적인 선형전술을 바꾸어, 자신의 함대를 두 개로 나누었다. 한 편대는 90도의 각도로 적 함대의 중앙을 공격하여 그 후위와 중앙을 분리시킨 후, 적의 후위 함정에 대해 집중 공격을 하였다. 또 다른 편대는 중앙과 전위를 절단하여 중앙을 집중 공격하여, 적의 전위 함정이 되돌아가 자기 부대를 지원하기에는 시기적으로 늦게 만들었다. 트라팔가르 해전의 과정은 넬슨이 예측했던 것과 거의 같았다. 비록 그는 전투에서 부상을 당해 사망하지만, 영국해군은 크게 승리를 하게 된다. (딩차오비(丁朝弼) 편, 《세계 근대해전사》, 해양출판사, 1994년, pp. 143~155)

태양이 서쪽에서 동쪽으로 향하여 이스라엘인의 눈을 자극하는 오후로 정하여, 이스라엘군을 이기지 못한다는 신화를 깨뜨리게 되었다.[14]

때로는 병력의 비균형적 배치에서 나타나기도 한다. 예를 들어, 1차 세계대전 당시, 독일군 지휘부는 프랑스를 침공하는 '쉴리펜Schlieffen계획'을 세워, 72개의 사단 가운데 53개 사단을 과감하게 우익에 집중시켜 주공으로 편성했으며, 나머지 19개 사단을 전선에서 가장 긴 좌익과 중앙에 배치하였다. 이와 같이 배치한 후, 단 한 번도 감행한 적이 없던 사판훈련이 역사상 가장 유명한 전쟁계획이 되었다.

때로는 전략을 운용하는 데 나타나기도 한다. 예를 들어, 기원전 260년 진나라와 조나라가 서로 전쟁을 하였다. 진나라의 왕 소양昭襄은 적군과의 결전을 서두르지 않고, 범수范睢의 건의를 폭넓게 수렴한 다음, 제후국가인 한나라의 상당上黨을 공격하여 조나라에게서 의지하려는 마음을 제거했다. 거짓으로 강화하여 제후국들이 다시는 조나라를 지원하지 않게 했다. 또한 서로를 이간하는 반간계를 사용하여, 조나라 왕이 염파廉頗장군을 해임시키고, 탁상공론하는 조괄趙括을 임명하게 되었다. 그리하여 조나라 군은 장평長平에서 대패하게 되었다. 이 전쟁에서 진나라가 승리하고 조나라가 패배하게 된 원인은, 진나라 군대가 강하다는 '정正'이 범수의 책략인 '편偏'만 못하다고 말할 수 있을 것이다.[15]

우리가 연구할 만한 가치가 있는 것은, 또 다른 현상으로써 점차 많은 국가들이 정치와 경제 및 국방 등 중대한 문제와 관해서 시선을 군사적 수단을 보완, 심지어 대체하여 단지 무력만으로는 달성할 수 없는 목적을

[14] (독)거할드 캉처얼만(역자 주-중국어 발음), 《제 4차 중동전쟁》, 상무출판사, 1975년. (미)존 킨지 등, 《중동 전쟁》, 상해역문출판사, 1979년.

[15] 《중국 역대 전쟁사》, 제 2책, 군사역문출판사, p. 197.

달성하려고 한다. 이는 전쟁관 측면에서 전쟁수행에 대한 가장 큰 '편'으로 '정'을 수식하는 편정률인 것이다. 그리고 미래전쟁은 갈수록 군사적 수단과 다른 수단이 편정식으로 조합을 하는 추세가 자주 나타날 것이다.

이상의 예들을 보았듯이, 어떠한 것을 선택하든지 간에, 모두 '편偏'의 특성을 가지고 있다. 황금률과 편정률은 서로 비슷하여 형식이 대등하고, 평균 및 대칭적이며, 모든 측면을 빈틈없이 고려하고, 지나치게 조심하여 창조성이 결여되는 것을 반대하고, 관습을 따르지 않는 생각이나 행동을 주장한다. 다만, 모루처럼 강한 것과의 충돌만을 피한다면, 당신의 칼은 능숙한 솜씨를 뽐낼 것이다. 이것이 바로 전쟁이라는 천고千古의 문장 속에 있는 가장 기본적인 승리의 문법이다.

만일 우리가 예술의 황금률을 미율美律이라고 일컫는다면, 우리는 왜 이 미율을 군사영역에서 재현 즉, 편정률을 승률勝律, 승리의 법칙로 부르지 못하는 것일까?

주(主)와 전(全) : 편정식 조합의 요지(要旨)

하나의 사물을 구성하는 수많은 내부 요소 중에는, 반드시 모든 요소에서 주도적인 역할을 차지하는 어떤 요소가 있을 것이다. 만일 이러한 요소들과 다른 요소들과의 관계가 조화롭고 완벽하게 조합되었다면, 그것은 어느 점에서 0.618:1의 공식과 일치할 것이다. 당연히 편정률과도 일치할 것이다. 그 이유는 '전全 요소'가 주체 및 정正이며, '어떤 요소'는 주도적 역할 및 편偏이기 때문이다. 하나의 사물이 특정한 목적을 가지고 있으면, 편偏과 정正은 주종관계를 이룬다. 만일 '이우상투二牛相鬪'란 말에서 정은 소牛이고, 편은 소의 뿔이 된다. '쌍도상향雙刀相向'이란 말에서 정은 칼이고, 편은 칼의 날이 된다. 누가 '주'가 되고 누가 '종'이 되는가는 한 눈에 알 수 있다. 만약 목적이 변화하면, 새로운 주도적인 요소가 나타나, 과거의 주도적인 요소를 대체하여, 현재의 '전全 요소'와 새로운 편정관계를 구성한다. 그러므로 사물의 주主와 전全의 관계를 알게 되면, 황금률과 편정률의 요지를 파악한 것과 같게 된다.

이러한 근거에서 보면, 우리는 전쟁이란 복잡한 혈맥 중에서 5개의 중요한 결과를 찾아낼 수 있을 것이다. 바로 주主 병기와 전全 병기, 주主 수단과 전全 수단, 주主 병력과 전全 병력, 주主 차원과 전全 차원, 주主 영역과 전全 영역이다. 이 5가지 '주'와 '전'은 보편적으로 전쟁 속에 존재하는 편정관계를 간단하게 요약하는 것이다.

계속해서 걸프전의 예를 들어보자. 다국적군이 전개한 '사막의 폭풍' 작전에서의 주 병기는 스텔스기 · 순항미사일과 정밀폭탄이고, 다른 병기가 종속된다. 주 수단은 38일간 이어진 공중폭격이고, 다른 수단은 보조적 역할을 담당한다. 주 병력은 공군이고, 다른 모든 병력들은 협동하는 것이다. 주 차원은 이라크공화국 수비대를 중점타격 대상으로 선정하는 것이고, 다른 모든 전장목표가 이에 복종하는 것이다. 주 영역은 군사분야이고, 다른 영역은 경제적 제재, 외교적 고립, 언론매체의 혹평 등과의 전면적인 협력이다.

하지만 이렇게 주와 전, 양자관계만을 정확하게 이해하는 것만이, 우리들의 목적이 아니다. 전쟁을 수행하는 사람들에게 가장 중요한 것은, 이러한 관계를 이해하는 것이 아니라, 어떻게 파악하고 운용하는 것이다. 우리가 알고 있듯이, 모든 국가를 막론하고 전쟁의 자원에는 한계가 있다. 게다가, 미국과 같은 강대국일지라도 한계에 부딪치기 마련이다. 우리는 전쟁 중에도 부단하게 가성비최소의 소모원칙를 고려해야 한다. 이 밖에도 어떻게 하면 전쟁을 효과적으로, 전과를 더욱 좋게 하는 방법을 고심해야 한다. 그래서 모든 국가는 전쟁의 자원을 합리적이고 전략적으로 사용 및 배분하는 것을 매우 중요하게 생각한다. 이렇게 하려면 전쟁에서 편정률을 사용하는 정확한 방법을 찾아내야 하는데, 사실 적지 않은 국가에서는 이전부터 자기도 모르게 이 규율을 운용한 적이 있었다.

구소련이 해체된 이후, 러시아의 군사력은 점차 약화되기 시작하였다. 과거 미군과 대치했던 초강대국이란 지위가 없어졌을 뿐만 아니라, 심지어 자국의 안보를 보장하는 것조차도 힘이 모자랐다. 이러한 상황에서 러시아군 지휘부는 비록 피동적이지만 자신의 미래 전략을 적시에 수정하였고, 러시아를 겨냥한 전쟁이 발발하면 전술핵무기와 전략핵무기를 주도적 병기로 삼는 등, 재래식 무기와 핵무기의 배치 및 구조에 대한 조정을 전반적으로 단행하게 되었다. 러시아군과 달리 유일한 맹주가 된 미군은 '전면 우세'육군[16], '바다에서 육지로'해군, '전 지구적 범위에서의 개입'공군[17]이란 3군의 전략목표를 수립하여, 이 전략 목표에 따라 디지털 장비, 수륙양용 공격함과 스텔스 장거리 비행기 등을 차세대 병기로 내세워, M-1시리즈 전차, 항공모함, F-16과 같은 당시 최고의 무기들을 대체하여 미군의 주도적인 병기로 자리 잡게 되었다.

미 · 러가 각각 주도적 병기에 대한 전략적 조정을 단행한 것에서 알 수 있듯이, 살상력의 크기가 주도적 무기를 선택하는 조건이 되는 것은 이미 구시대적 발상이란 것을 발견할 수 있을 것이다. 주 병기를 선택할 때, 무기의 살상력은 무기가 지니고 있는 많은 기술적 성능 가운데 하나에

---

[16] '전면적 우세'는 미 육군이 '2010년 육군 구상'에 제기한 전략적 목표이다.

[17] '전세계의 개입(Global engagement)'은 미 공군이 1997년 말에 제시한 21세기 공군의 발전전략으로, 냉전 후의 국제 정세에 대응하기 위한 '전세계 도달을 위한 전세계적인 힘(global force for global reach)'이란 전략적 구상을 대체하였다. 이 중에는 공군의 6대 핵심 능력을 강조했다. 즉, 우주와 항공의 우세, 전세계적 범위의 공격, 전세계적 범위의 신속한 기동성, 정밀타격, 정보우세, 융통성 있는 작전지원이다.《전세계의 개입과 21세기 미 공군의 구상》 참조.

불과하다. 기술적 성능보다 더욱 중요하게 다뤄야 하는 것은 전쟁의 목적, 작전의 목표와 안보 환경에 대한 기본적인 고려이다. 이 때문에 주 병기는 앞서 언급한 목표를 달성하는 데 가장 효과적인 병기가 되어야 하고, 반드시 다른 병기와 유기적인 조합을 거쳐 완벽한 무기시스템의 주도적 요소를 가져야 한다. 현대적 기술 조건 아래, 주 병기는 대부분 단일 무기가 아니라, '시스템의 집합체'인 동시에, 커다란 시스템 중의 일부분이다.[18] 많은 첨단기술의 출현은, 전쟁의 목적이 수정되게 하였고, 주 병기의 선택과 다른 병기와의 조합 및 사용 측면에서 비교적 넓은 공간을 제공하였다. 동시에, 주 병기와 다른 전 병기와의 주종관계가 더욱 복잡하여 구별할 수 없는 관계로 변하였다.[19]

이처럼 동일한 요소도 전쟁수단의 운용에 영향을 주고 있다. 전쟁에서 군사행동을 불변의 진리인 것처럼, 주 수단으로 삼고 다른 모든 수단을 보조수단으로 삼는 관념은 이미 시대에 뒤떨어진 발상이다. 아마도 얼마 지나지 않아, 미국도 빈 라덴 같은 테러조직에 맞서는 전쟁에서, 군사적 수단이 단지 동원할 수 있는 모든 수단 가운데 하나라는 사실을 발견할 것이며, 빈 라덴의 파괴적인 타격에 대응하기 위한 효과적인 수단은 순항미사일이 아니라, 군사적 수단 또는 많은 수단들을 배합하여 인터넷에서 전개되는 금융 봉쇄전이 될 것이다.

---

[18] 'System of systems'라는 개념은 합참차장을 역임한 해군대장 오웬스(Owens) 장군과 그의 선임 보좌관인 블랙(Black)이 함께 연구한 결과이다. 오웬스는 현대의 군사기술 혁명은 단지 군함·항공기·탱크 등 무기 플랫폼만의 혁명이 아니라, 센서 시스템·통신시스템 및 정밀유도 무기시스템 등의 요소가 도입되어야 하며, 이런 시스템의 도입은 군대의 편제와 작전방식에 근본적인 혁명을 가져올 것으로 생각했다. 아마도 향후 육·해·공군으로 나누어서는 안 되고, '센서군', '기동타격군', '스마트 지원군' 등이 될 것이다.(《국방대학 저널》, 《현대군사》, 《세계군사》, 천보장(陳伯江)의 오웬스 인터뷰)

[19] 우리들은 군사혁명에 관한 기술파들의 낙관적 견해를 지지하지 않는다. 우리들은 기술이 전쟁의 '우발성'이란 안개를 관통할 수 있을 것으로 생각하지 않는다. 왜냐하면 전쟁의 우발성은 물리(物理)나 혹은 지리(地理)에서 오는 장벽이 아니라, 사람들의 마음에서 오기 때문이다.

수단의 복잡성은 모든 군인들의 예측이 빗나가는 결과를 초래했다. 다시 말해서, 전쟁의 시민화이다. 그러므로 우리가 언급한 주主 병력과 전全 병력의 문제는 군대 내부와 작전행동 중인 병력의 관리, 배치와 운용 등 외에도 모든 시민들이 어느 수준으로 전쟁에 참여할 것인지를 포함한다. 비직업군인이 전쟁 또는 전쟁에 준하는 행동에 참여하는 문제는 점차 국가안보에 영향을 미치는 요소가 될 것이다. 그리고 어느 누구도 미래 전쟁의 주 병력이 될 수 있는 것은 전 지구적 범위에서 과거에는 조금도 문제가 안 되었던 문제를 야기시킬 것이다. 예를 들어, 앞에서 여러 차례 언급했던 '인터넷 무리'들이 미국과 인도 국방부의 네트워크 센터를 습격한 사건은 바로 이러한 사실을 확실하게 증명하는 것이다.

순수한 전쟁의 행동이든지 아니면 비非전쟁군사행동 혹은 비군사전쟁 행동이든지 간에, 작전의 성격을 띤 모든 행동에는 주요작전과 공격지점을 정확히 선택하는 문제가 존재하고 있다. 또한 이것은 정밀무기, 다양한 수단, 충분한 병력을 보유한 지휘관도 가장 머리 아픈 문제이다. 하지만, 알렉산더, 한니발, 넬슨, 니미츠와 중국의 손무孫武 및 손빈孫臏 등은 모두 적군이 전혀 예상하지 못한 주공방향을 잘 선택한 고수들이었다. 리델 하트도 이 점에 주목하여, 적의 예상되는 행동 · 방향과 저항력이 가장 약한 노선을 선택하는 것을 '간접전략'이라고 불렀다. 전쟁의 공간이 육 · 해 · 공 · 우주 · 전자에서 사회 · 정치 · 경제 · 외교 · 문화 · 심리 등 전 영역으로 확대된 지금, 각종 요소가 서로 교차하기 때문에 군사적 영역이 모든 전쟁에서 주도적인 역할을 맡는 것이 당연하다고 말하는 것이 힘들게 되었다. 다가올 전쟁이 비전쟁 영역에서 전개될 거라는 관점을 받아들이기 힘들겠지만, 많은 현상들이 추세는 그와 같다는 것을 보여주고 있다. 사실 고대 전쟁은 시종 단일 영역으로 국한되지 않았다.

예를 들어, 조나라의 인상여藺相如가 화씨벽和氏璧을 온전하게 가져오는 수완을 보인 외교전이나, 묵자墨子와 공수반公輸班이 주장하는 가상 전쟁 Virtual Warfare은 모두 군사영역 밖에서 전쟁을 이기거나 배제시킨 전형적인 예이다. 이렇게 영역을 넘어 전쟁이란 난제를 해결한 방식은 지금 이 시대 사람들에게는 일종의 계시를 보여준 것과 같다. 왜냐하면 고도로 발전된 기술종합시대는 우리들에게 과거 고대인보다 광범위한 지혜와 수단의 영역을 펼쳐주어서, 사람들이 갈망하는 비군사적 영역에서의 군사적 승리, 비전쟁수단을 이용한 전쟁 승리라는 숙원이 가능해졌기 때문이다. 만일 우리가 미래전의 승리를 손에 쥐고 싶다면, 이러한 전망에 대해 충분한 사상적 준비를 다해야 한다.

즉, 군사적 행동이 주도적 영역이 되지 못하는 상황에서, 당사국의 모든 영역에 파급될 수 있는 전쟁을 준비하는 것이다. 이러한 전쟁이 향후 어떠한 무기 · 어떠한 수단 · 어떠한 인원 및 어떠한 방향 · 어떠한 영역에서 수행될지는 아직까지 미지수이다.

우리가 알고 있는 단 한 가지는 "어떠한 방식의 전쟁이든지 간에, 승리는 편정률을 정확히 사용하여 '주主와 전全'을 장악한 쪽이 가져갈 것이다"라는 것이다.

승리의 규율이지 고정된 방식이 아니다

전쟁은 정확히 설명하기가 어렵고 사람들을 궁싯거리게 만드는 현상이다. 전쟁은 기술을 필요로 하지만, 기술은 사기와 모략까지 대체할 수는 없다. 전쟁은 예술적 영감을 필요로 하지만, 낭만과 온정을 배척한다. 전쟁은 수학의 정확성을 필요로 하지만, 정확성은 때때로 전쟁을 기계적인 경직성에 빠지게 한다. 전쟁은 철학적 추상이 필요도 하지만, 순수한 사고와 판단력은 금방 사라져 버리는 전쟁의 기회를 장악하는 데 아무런 도움을 주지 않는다.

전쟁은 고정된 방식이 없다. 어떠한 사람도 전쟁이란 영역에서 '반부논어半部論語역자 주-자신의 지식을 겸손하게 이르거나 배움의 중요함'라는 말을 감히 하지 못하고, 또한 한 가지 전법으로 모든 전쟁을 이기지는 못 할 것이다. 많지 않은 사람들이 상승장군常勝將軍이라는 명부에 자신의 이름을 올렸는데, 이는 그들이 승리의 규율을 살펴보고 이해했기 때문이다.

이러한 이름들은 승리의 규율이 존재한다는 것을 증명하고 있지만, 어느 누구도 그 심오한 이치를 설파하지 못했다. 사람들은 오래전부터 그것을 천재같은 지도자의 뇌리에서 번쩍이는 것으로 보았고, 그것이 대포의 연기 속에 피비린내 나는 살상 속에 숨어 있다는 것을 거의 인식하지 못했다. 사실, 모든 규율은 '창호지'에 불과해서, 여러분이 창호지를 뚫을 수 있느냐여러분이 들추어 낼 수 있느냐에 달려 있다.

편정률은 바로 이러한 한 장의 종이와 같다. 그것은 간단하면서도 복잡하고, 회오리 바람 같으면서도 안정적이고, 종종 무심코 손가락으로 뚫어져서 승리의 문이 갑자기 요란한 굉음을 내며 그에게 개방되기도 한다. 편정률은 숫자나 이 어법으로 표현될 수 있을 정도로 간단하지만, 또한 수학과 어법에 정통해도 그 해답을 찾을 수 없을 정도로 복잡하다. 그리고 편정률은 바람에 날리는 연기처럼 사람들이 그 경계를 잡지 못하고, 그림자처럼 안정되어 매번의 승리에 동행하기도 한다.

바로 이와 같기 때문에, 우리는 황금률을 하나의 원리로 삼지, 불변의 진리로 보진 않는다. 우리는 이러한 원리의 상대성을 충분히 고려해야 한다. 상대적인 물건은 남의 것을 기계적으로 모방할 수 없으며, 정확히 측정할 수도 없다. 상대적인 것은 절대적으로 흰색이 아니기 때문에, 그것은 블랙 스완검은 백조을 두려워하지 않는다.[20]

하지만, 우리는 전쟁사의 연구를 통해 편정이 승리의 규율일 수 있다고 보지만, 어떻게 운용해야 정확한 지는 여전히 모든 운용자가 기회를 보고 파악해야 하는 문제이다. 왜냐하면 전쟁의 이율배반적인 현상이 줄곧 승리를 추구하는 사람들을 매번 곤혹스럽게 만들기 때문이다. 규율을 위반한 자는 반드시 패배한다. 낡은 규범에 매달리는 자도 절대 승리를 거두기 어렵다.

삼십육계의 총설에는 "六六三十六, 數中有術, 術中有數. 陰陽燮理, 機在其中. 機不可設, 設則不中병법의 계책은 6에 6을 곱하니 모두 36가지다. 36가지의 계책 모두 실제 전투에 사용된 전술에서 나온 것으로, 그 운용 역시 실전에 응용할 때 그 빛을 발한다. 모두 음양이 상호 변환하는 이치에 기초한 것으로, 상황에 따라 임기응변하는 기변機變이 모두 그 안에 있다. 기변은 객관적인 현실을 벗어나 임의로 행할 수 있는 것이 아니다. 그리하면 이내 실패한다."라는 언급이 있는데, 이는 한마디로 핵심을 찌르고 있다. 다시 말해서, 우리가 전쟁의 사례들에서 승리의 요인들이 0.618과 합치된다는 사실은 증명할 수 있을지라도, 이후 사람들이 황금률에 따라 엄격히 전쟁, 전역과 전투를 계획한다면, 반드시 실패라는 좋지 않은 결과를 받을 것이다. 황금률이든지 편정률이든지 간에, 중요한 점은 핵심적인 사안을 파악하고 원리를 잘 운용한다 하더라도, 맹목적으로 답습해서는 안 될 것이다. 유럽 역사상 유명한 로스바흐 전역에서 공격을 감행한 프로이센의 프리드리히 2세는 알렉산더 대왕의 '사선대형'을 사용했지만, 그 결과는 전혀 달랐다. 로스바흐 전역에서 프랑스 및 오스트리아의 연합군 사령관은 과거의 전쟁사를 그대로 모방하였다. 그들은 프리드리히 2세의 눈앞에다

[20] 편정률은 "모든 사람은 죽는다" 혹은 "모든 백조는 하얗다"와 같은 그런 정리(定理)가 아니라, 전쟁 승리를 이끄는 규율이다.

병력을 이동 배치하여, '사선대형'으로 프러시아군의 좌익을 공격하려고 계획하였다.

그 결과 프러시아군은 병력을 적시에 재배치하여 연합군을 패배시켰다. 1년 후, 프리드리히 2세는 뤼첸에서 자기보다 병력이 3배 더 많은 오스트리아군과 다시 마주치게 되었다. 이번에는 그가 적과 다른 방법을 구상하여 사선대형으로 오스트리아군을 일거에 섬멸시켰다. 이처럼 동일한 전법이 서로 다른 결과를 낳았는데, 이는 의미심장하다고 할 수 있을 것이다.[21] 이는 정확한 전법이란 존재하지 않으며, 오직 정확한 규율만이 있다는 것을 알려준다. 동시에 정확한 규율이 전부 승리를 보장하는 것이 아니라, 승리의 비결은 바로 규율에 대한 정확한 운용에 달려 있다는 것을 알려준다. 편정률과 관련해서도, 비록 '편'으로 '정'을 수식한다는 것을 강조할 지라도, '편'을 지향하면 항상 승리를 거둘 수 있다는 것을 의미하지도 않는다. '편'이란 주로 사상과 본질 측면에서의 '편'이지, 형식적인 측면에서의 '편'이 아니다. 예를 들어, 실전에서 매번 공격지점을 경직되게 0.618식의 '편'으로 선택하지 않아도 승리의 규율에 부합할 수가 있다. 어쩌면, 이번 승리의 규율은 마침 정면돌파가 필요할 수도 있다. 이번에는, '정'이 바로 '편'인 것이다. 이것이 바로 전쟁의 술적術的 요소로, 수학[22], 철학 또는 다른 과학기술로도 대체할 수 없는 부분인 것이다. 이러한 의미에서 볼 때, 우리는 감히 군사기술이란 혁명이 군사술의 혁명을 대체할 수는 없을 것으로 본다.

---

[21] 퓰러, 《서양 세계 군사사》, 제 2권, p. 201. 《간명한 전쟁사》, p. 860.

[22] 우리는 수리(數理)를 이용해 전쟁을 분석하는 것을 부인하거나 무시하지 않는다. 특히 컴퓨터가 널리 보급된 시대에 있고, 모호함을 숭배하고 정확한 전통을 좋아하지 않는 국가에 있다. 리홍즈 편의 《국제정치와 군사문제의 수량적 분석 방법》에서 니콜라·스웨트 등이 '뻬예트(역자 주-중국의 발음) 방법'으로 베트남전·중소 분쟁·이집트 이스라엘 전쟁을 분석하였다. 리홍즈 등은 이 방법을 이용해 1993년 보스니아-헤르체고비나 정세에 대해 정확한 예측을 했다.(《국제정치와 군사문제의 수량적 분석 방법》, 군사과학출판사)

이밖에도 주목해야 할 것은, 우리가 말하는 소위 '편정偏正'이 비록 어떤 측면에서는 중국의 고대 전략가들이 주장한 '奇正기정'과 불가피하게 일치할 수 있을 지라도 '기정'과 완전히 같다고는 할 수 없다. 왜냐하면, 고대 전략가들은 기奇와 정正을 교대로 사용하는 방법을 선택했기 때문이다. 즉, 손자孫子는 "凡戰者, 以正合, 以奇勝. …… 戰勢不過奇正, 奇正之變, 不可勝窮也전쟁은 正으로 적을 대하고, 奇로써 승리한다. …… 전쟁의 세는 기정에 불과하지만, 기정의 변화는 무궁무진하다."고 말했다.[23] 편정偏正은 이것이 아니면 저것인 2가지 수단이 아니라, 객관적인 규율을 띠는 것이다. 이들 간의 큰 차이는, 비록 전쟁사에서 '出奇制勝'기'로써 승리하다'의 전례가 훌륭하여 사람들이 동경할 지라도, 모든 승리가 '出奇制勝'한 것도 아니고, '정正'으로 승리한 사례가 적은 것도 아니다. '편정'은 서로 다르다. 우리가 모든 승리를 분석해 보면, '기奇'로 승리를 거두든지 아니면 '정正'으로 거두든지 간에, 여기에는 '승리의 규율'이란 자취를 반드시 찾아낼 수가 있다. 즉, '기奇'라는 편정이거나, 아니면 '정正'이라는 편정이다.

우리가 아무리 '편정-승리의 규율'을 자세히 설명하더라도, 이들은 모두 모호한 상태에서 사용될 수가 있다. 때로는 불명확한 것이 명확함으로 가는 최적의 방법일 수 있다. 왜냐하면 모호한 것이 전체를 파악하는데 적합하기 때문이다. 이것은 바로 동양적인 사고방식이지만, 특이하게도 서방의 지혜인 0.618이란 황금률과도 서로 만나게 된다. 그래서 서방의 논리, 추론, 정확성과 동양의 직감, 감각, 혼돈이 동서양의 군사적 지혜란 관점에서 서로 연결되어서, 우리가 이야기한 '승리의 규율'이란

---

[23] 《孫子兵法勢》 참조. '기정(奇正)'은 고대 군사 전략가들에게 중요한 전법의 개념이다. 변화무상하고, 적이 예측하지 못한 곳으로 나아가는 것을 '기(奇)'라 했다. 대진(對陣)으로 교전하고 위풍당당한 진영을 '정(正)'으로 부른다. 당 태종은 기정(奇正)의 원리에 대해 많이 깨우쳤는데, 위교(渭橋)의 대진이 한 예이다.(《唐太宗李衛公問對》에는 이세민과 이정 두 사람의 '기정(奇正)'에 대한 견해들을 기록하고 있다)

것이 나오게 되었다. '승리의 규율'은 황금과 같은 광택을 내고 있고, 동양의 신비함과 서양의 엄밀함이란 특성을 가지고 있다. 이런 특성은 중국 태화전太和殿의 높은 처마와 파르테논 신전을 받치는 기둥과 같이 장엄하고, 오랫동안 유지될 것이다.

/ 07 /

모든 규율은 하나로 통한다(萬法歸一): 초한조합(超限組合)

오늘날의 전쟁은 휘발유 가격·슈퍼마켓의 식품 가격·증권거래소의 주가에 영향을 준다. 전쟁은 또한 생태계 균형을 파괴하고 TV 화면을 통해 우리들 모든 가정에 들어온다.

– 앨빈 토플러 –

'승리의 규율'을 이해하고 있다고 결코 승리를 확정 짓는 것은 아니다. 이는 바로 장거리 달리기의 기교를 안다고 해서, 마라톤을 우승할 수 없는 것과 마찬가지이다. 사람들이 '승리의 규율'을 발견하면, 전쟁규율에 대한 인식을 심화시켜줄 뿐만 아니라 군사술의 수준을 향상시킬 수 있다. 그렇다고 해서, 전장에서 승리할 수 있는 사람이 '승리의 규율'에 대한 이해 때문에 승리가 증가하는 것은 아니다. 관건은 누가 본질적 측면에서 규율을 파악하고 있느냐에 달려있다.

아마도 다가올 다음 전쟁에서, '승리의 규율'은 승리자에게 가혹함을 요구할 것이다. 그것은 지난날과 다름없이 여러분이 전장에서 승리를 겨루기 위한 모든 기교들을 통달할 것을 요구할 뿐만 아니라, 대다수의 군인들에게 준비가 부족하거나 실의에 빠질 정도의 요구를 할 것이다. 즉, 전쟁 외의 전쟁에서 전쟁을 승리하고, 전장 밖의 전장에서 승리하는 것이다.

이러한 의미에서 볼 때, 파월과 슈워츠코프 심지어 설리번과 샬리카스빌리 현대의 군인조차도 '현대'라고 말할 수 없으며, 오히려 전통적인 군인이라고 하는 것이 더욱 어울릴 것이다.

왜냐하면 우리가 일컫는 현대 군인과 전통적인 군인 사이에는 큰 경계가 이미 나타났기 때문이다. 비록 이러한 경계를 넘을 수 없는 것은 아니지만, 철저하게 군사적 사유 방식을 뛰어 넘어야 할 것이다.

이에 대해 많은 직업 군인들이 거의 평생을 다 바쳐도 따라 잡을 수 없는 일이라고 말할 수 있다. 이것은 솔직하면서도 간단한 방법이 있다. 그것은 바로 철저히 군사상의 마키아벨리가 되는 것이다.

목표를 달성하기 위해 수단을 가리지 않는 것은 바로 르네상스 시기, 이탈리아 정치 사상가들이 가장 중요시했던 정신적 유산이었다.[1] 이 정신적 유산은 중세시대에 낭만적이면서 의협심이 강하지만 몰락했던 기사들의 전통이 새롭게 변화했고, 제한을 두지 않고 가능한 모든 수단으로 목적을 달성하는 것을 의미하는데, 전쟁에서도 동일하게 적용되었다. 이때가 아마 가장 빠르다고 말할 수는 없지만,그 전에 중국에는 한비자韓非子[2]가 있었기 때문이다 가장 명확한 '초한사상超限思想'의 기원이다.

사물을 구별하기 위한 전제조건은 그 한계가 존재하기 때문에 가능하며, 모든 사물이 상호 연관되어 있는 세계에서 한계는 단지 상대적인 의미를 가지고 있다. 소위 초한超限이란, 한계라고 불리거나 한계로 이해되는

[1] 러셀(B. Russell)은 마키아벨리에 대해 이야기할 때, 사람들은 늘 그에게 충격을 받았고, 어떤 때는 그가 정말로 충격을 주고 있었다. 그러나 사람들이 만약 마키아벨리처럼 위선을 떨쳐 버린다면, 많은 사람들은 마키아벨리처럼 생각할 것이다 …… (마키아벨리의 견해에서) 만약 목적이 좋다고 생각되면, 우리들은 충분히 감당할 수 있는 수단을 선택하여 목적을 달성해야 할 것이다. 수단(手段)의 문제는 과학적인 태도로 처리할 수 있지만, 목적이 선한지 악한지를 생각할 필요는 없다.(《군주론》, 호남인민출판사, 1987년, pp. 115~123.

[2] 전국 시대에 태어난 한비자(韓非子)는 법가를 집대성한 인물이다. 그는 언행에서 실질적인 효율을 중시하여, 이른바 "무릇 사람의 말과 행동은 아무리 고상하더라도, 반드시 실용성이 있어야 하므로, 실제의 유익함을 근본으로 삼아 그 선악을 가리지 않으면 안 된다"라는 주장에는 다른 목적이나 제한이 없었다.(허우와이루(侯外庐), 《중국사상통사》, 인민출판사, 1957년, p. 616)

것들을 초월하는 것을 가리킨다. 초한이라는 것이 물질적, 정신적 혹은 기술적인 것이든지 문제 삼지 않는다. 또한 초한이 한도, 한정, 제한, 경계, 규칙, 법칙, 극한, 심지어 금기라고 불리어도 문제 삼지 않는다. 초한은 전쟁 측면에서 보면, 전장과 비非전장의 경계선 · 무기와 비非무기의 경계선 · 군인과 비非군인의 경계선 · 국가와 비非국가 혹은 초국가超國家의 경계선일 수도 있으며, 혹은 기술 · 과학 · 이론 · 심리 · 논리 · 전통 · 습관 등의 경계선까지도 포함시킬 수 있는 것이다. 결론적으로 전쟁을 특정 범위 내로 한정시키는 모든 경계선인 것이다.

우리가 제시한 초한이란 개념은 첫째, '사상의 초월'을 가리킨다. 둘째, 행동할 때 초월을 할 수 있거나 초월이 필요한 한도와 경계선에서 가장 합당한 수단극단적인 수단을 포함을 선택하는 것이지만, 언제 어디서나 극단적인 수단을 꼭 사용해야만 하는 것을 가르키는 것은 아니다. 기술종합시대의 군인은 현실에 존재하는 모순이 증가하고 사용 가능한 자원모든 물적 및 비물적 자원이 풍부해짐에 따라, 그들이 당하고 있는 한계 또는 한계를 돌파할 수 있는 수단이 마키아벨리가 처한 환경보다 훨씬 많다. 따라서 그들은 초한사고超限思考란 측면에서 보다 철저할 것을 요구 받고 있다.

앞서 우리가 언급한바 있지만, 조합組合은 전쟁 대가들의 잔에 있는 칵테일이다. 하지만 과거의 전쟁에서 병기 · 수단 · 진법 · 모략 간의 조합은 모두 군사적 분야 내에서 실시한 '한계'의 조합으로, 이것은 좁은 의미의 조합組合이며 오늘날에는 매우 부족하다고 볼 수 있다. 여러분이 오늘날 혹은 미래의 전쟁에서 승리를 마음대로 조종하고 싶다면, 당신이 가지고 있는 모든 전쟁자원 즉, 전쟁을 수행하는 수단들을 반드시 '조합'해야만 한다. 하지만 이것으로도 부족하여 '승리의 규율'이 요구한 대로 반드시 조합을 해야 한다. 이것으로도 여전히 부족하여, '승리의 규율'이란 것이 조건이 성숙되면 일이 쉽게 이루어지듯이 승리를 보장할 수 없기 때문에, 적절한 방법으로 승리를 쟁취하는 것이 필요한 것이다. 이러한 방법이 바로 '초한' 이다. 즉, 모든 한계를 초월하고 '승리의 규율'이 요구한 대로 조합하여 전쟁을 하는 것이다. 우리는 이를 통해 완전한 개념과 새로운 전법의 명칭을 얻을 수 있다. 이 새로운 전법의 이름은 바로 '편정식초한조합전偏正式超限組合戰'이라 칭한다.

초국가 요소들의 조합

현재 우리는 또 한 번 역설에 직면해 있다. 이론적으로 '초한'이라는 것은 조금도 제한을 두는 것이 없어야 한다는 것을 말한다. 즉, 모든 것을 초월한다. 하지만 한계가 없는 초월은 실제로 불가능하고 할 수도 없는 것이다. 어떠한 초월도 단지 일정한 한계 내에서 진행되어야 한다. 다시 말해서 초한은 무한無限과 동의어가 아니라, 단지 '유한'을 확대시킨 것이다. 즉, 어떠한 영역, 어떠한 방향의 고유한 경계선을 초월하는 것으로서, 이미 정한 목표를 달성하기 위하여 더욱 많은 영역과 방향에서 기회와 수단들을 조합시키는 것이다.

우리는 이것을 바로 '초한조합전超限組合戰'이라고 정의한다.

'초-한'을 주요 특정으로 하는 전법의 원리는 "문제 자체보다 훨씬 큰 범위와 문제 자체보다 많은 수단들을 가지고 문제를 해결하는 것이다. 예를 들어, 국가안보가 위협에 직면했을 때, 이것을 간단하게 국가와 국가 간의 군사적인 대결로 선택하는 것이 아니라, '초국가 요소들의 조합' 이란 방식으로 위기를 해소하는 것"이다.

역사적으로 보면, 국가는 일찍이 안보라는 개념을 구현시킨 최고의 형태이다. 국가는 중국인에게 심지어 천하와 같은 광범위한 개념이다. 하지만 오늘날과 같이, 민족 혹은 지리적 의미의 국가는 '지구촌' 내 인류사회란 고리 가운데 크고 작은 하나에 불과하다. 현대국가는 점점 더 지역적, 세계적 성격을 초국가 조직들예, EU·ASEAN·OPEC·APEC·IMF·IBRD·WTO 및 최대 조직인 UN 등의 영향을 받고 있다. 이 밖에 다국적 조직과 다양한 비국가 조직예, 다국적 기업, 녹색평화기구, IOC, 종교 기구, 테러 조직, 해커 집단 등 역시 동일하게 국가의 방향을 좌우하고 있다. 이러한 다국적, 비국가, 초국가조직들은 새로운 전세계적인 체계를 함께 구성하였다.[3]

아마도 위에서 언급한 요소들이, 현재 강대국 정치가 초국가 정치와 자리를 바꾸는 전환기로 우리들을 인도하고 있다는 것에 주의하는 사람들이 많지 않다. 이 시기의 주요 특징은 바로 과도過渡이다. 즉, 많은 실마리들이 나타나고 있으며, 많은 과정들이 시작되고 있다. 국가의 힘이 하나의 주체가 되고, 초국가, 다국적, 비국가적인 힘이 또 다른 주체가 되는 상황에서, 누가 국제무대에서 부상하느냐는 문제는 아직 정해지지 않고 있다. 한편, 강대국들은 아직 주도적인 역할을 하고 있으며, 특히 미국과 같은 초강대국, 일본 · 독일 같은 경제 강대국, 중국과 같은 신흥 강대국, 러시아와 같이 저물고 있는 강대국 등 모두는 자국의 영향력 행사를 시도하고 있다. 또 다른 측면에서 선견지명이 있는 강대국들은 자신의 힘으로 목표를 달성할 수 없기 때문에, 초국가, 다국적, 비국가 조직 등의 힘을 빌어 자국의 영향력을 확대시키기 시작하였다. 예를 들어,

[3] 앨빈 토플러의 저서《권력이동》은 '새로운 형태의 전세계적인 조직', "우리들은 중요한 의미가 있는 '권력이동'을 보고 있다. 즉, 한 국가 또는 국가들 집단에서 전세계적인 '투사'로 변한다"고 이야기 하였다. 이른바, '전세계적인 투사'는 EU에서 다국적 기업까지를 가르키는 것으로, 이들은 크고 작은 비국가의 실체이다. UN의《1997년 투자 보고서》의 통계에 따르면, 전세계는 44,000개의 다국적 기업의 본사와 이들의 28만 개의 해외지사가 있다. 이러한 다국적 기업들은 전세계 생산의 1/3을 차지하고 있고, 전세계 해외 직접투자의 약 70%, 세계 무역의 2/3와 70% 이상의 특허와 기술이전을 차지했다.(리다륜(李大倫), '경제 세계화의 이중성',《광명 일보》, 제 3판, 1998년 12월 27일)

유로화로 화폐를 통일시킨 유럽 공동체가 가장 전형적인 예이다. 이러한 과정들이 오늘날까지 활발하게 발전해 왔지만, 이제 막 걸음마 단계를 거친 것뿐이며, 종결되는 시기는 아직 멀었다. 최근 방향과 향후 전망이 매우 불투명하지만, 이는 자연스러운 현상이다. 하지만 어떤 현상들은 이미 명확한 추세를 보이고 있다. 즉, 국가와 국가 간의 비교를 통해 승부를 확정 짓는 시대는 서서히 그 막을 내리고 있으며, 초국가란 수단을 이용하여 국가보다 더 큰 무대에서 문제를 해결하며, 목표를 달성하는 시대가 조용히 그 서막을 열고 있다.[4]

이에 근거하면 우리는 '초국가의 조합超國家 組合'을 초한조합전超限組合戰의 기본적인 요소 가운데 하나로 추가해야 한다. 정치 · 경제 · 사상 · 기술 · 문화가 서로 영향을 주고, 인터넷 · 클론 · 할리우드 · 스파이스걸 · 월드컵 등은 국가 간의 경계를 가볍게 뛰어넘었다. 순수한 국가적 차원에서 안보를 보장하고, 이익을 추구하는 염원은 이미 달성하기 어려워졌다. 단지 후세인과 같이 어리석은 자만이 적나라하게 영토 점령을 통해, 자신의 야심을 달성하려고 한다. 사실들이 증명하듯이, 이러한 방법은 20세기 말에나 통하는 낡은 수법으로 반드시 실패할 것이다. 마찬가지로 미국은 자국의 안보와 이익을 성숙하게 추구하는데, 이는 이라크보다 훨씬 지혜롭다. 미국은 국제 무대에 등장한 이후부터 교묘한 방법으로 다른 국가로부터 이익을 취했으며, 걸프전에서 이라크가 쿠웨이트를 공격하여 얻은 이익보다 몇 배나 더 취했는지 모른다. 그 원인은 '힘이 곧 정의다'라는 해석뿐만 아니라, 국제법규의 위반 여부에 관한 문제만으로

[4] 브레진스키는 21세기에 북미 그룹·유럽 그룹·동아시아 그룹·남아시아 그룹·이슬람 그룹·동유럽 그룹과 같은 '국가들의 그룹'들이 많이 나타날 것으로 보았다. 그룹들 간의 분쟁은 미래의 충돌을 주도할 것이다.(《통제 불능: 21세기 전야의 전세계적인 혼란(Out of control: Global Turmoil on the Twenty first Century)》의 중역본, 중국사회과학출판사, p. 221) UN의 역할 증대는 이러한 추세를 이미 구현하고 있다.(《21세기로 향하는 UN》, 세계지식출판사)

한정되지 않는다. 미국은 해외활동에서 항상 스스로의 고립을 막기 위해 많은 추종자들을 얻으려고 노력하였다. 그리고 그라나다와 파나마 같은 약소국에 대해 단순한 군사적 행동을 직접 취한 것 외에도, 미국은 대다수 상황에서 초국가라는 방식을 이용하여 자신의 이익을 추구하고 달성하였다. 또한 미국이 이라크를 대응하는 문제에서 사용한 방법은, 바로 전형적인 '초국가조합'이었다. 미국은 모든 과정에서 속임수를 쓰고, 외교 측면에서 국가들을 이간 및 포섭하여 UN내 모든 국가들이 미국을 지지하게 했으며, UN은 미국 출병의 명분 있는 결의를 내리게 되었고, 30여 개 국가들은 이라크를 공격하는 연합군으로 끌어들여졌다. 전쟁 이후에도 다시 이라크에 대해 8년간의 경제봉쇄 조치를 주도했으며, 무기사찰을 이용하여 이라크에 지속적으로 정치·군사적인 압력을 가했다. 이 때문에 이라크는 장기간에 걸쳐 정치적 고립과 경제적 곤경 상태에 처하게 되었다.

걸프전 이후, 초국가 조직들이 전쟁 혹은 분쟁에서 조합하는 경향이 점점 선명해지고 있다. 이러한 특징은 더욱 두드러지고 있으며, 더 많은 국가들이 이를 하나의 수단으로 자주 채택하고 있다. 이러한 경향은 지난 10년 간 국제사회의 급격한 변화라는 배경이 있다. 세계경제의 단일화, 국내정치의 국제화, 정보 자원의 인터넷화, 기술 교체의 빈번함, 문명 충돌의 은폐, 비국가 조직의 강화가 인류 사회에게 가져다 준 편리함과 번거로움은 많다. 이것이 바로 강대국, 심지어 일부 중·소국가들도 문제해결의 지침을 '초국가조합'에 맞춘 원인이다.[5]

바로 이러한 원인으로 현대국가가 당면한 위협은 한두 개의 구체적인

[5] 예를 들면, ASEAN, OAU 등의 조직들은 지역적인 문제를 해결하는데 무시할 수 없는 초국가조직이 되었거나 되고 있다.

국가가 아닌 초국가 조직들에게서 초래되고 있는 것이다. 이러한 위협에 대응하기 위해 '초국가조합'이란 수단을 사용하는 것 이외에 더 좋은 방법은 없을 것이다. 사실 하늘 아래 새로운 것이 없듯이, '초국가조합'은 결코 신대륙이 아니다. 고대 동양과 서양의 책략가들은 춘추전국시대와 펠로폰네소스 전쟁 시기에, 합종연횡 즉 동맹을 맺었다. 그들은 가장 오래된 '초국가조합'이란 수단을 사용하였는데, '초국가조합'은 오늘날까지 그 매력을 잃지 않고 있다.[6]

걸프전 때, 슈워츠코프식의 '초국가조합'은 여전히 고전적인 '동맹+연합군'의 현대판으로 볼 수 있다. 만약 고대와 현대 간의 차이점을 굳이 찾아내고자 한다면, 그것은 바로 고대에는 단지 국가와 국가 간의 조합만 있었을 뿐, 현대처럼 초국가, 다국적, 비국가 조직 간의 수직 · 수평 · 교차된 조합이 없었다는 것이다.[7] 이 초국가, 다국적, 비국가 조직들의 출현은 옛 사람들이 상상할 수 없었던 역량들로써, 오늘날의 전법은 불변의 원리 외, 기술이란 수단부터 실제 운용까지 혁명적인 변화를 가져왔다. '국가 + 초국가 + 다국적 + 비국가'라는 참신한 방식은 근본적으로 전쟁의 양상과 결과를 변화시켰으며, 심지어 예로부터 불변의 진리였던 '군사'란 성격 또는 본질을 변화시켰다. 우리들은 국가뿐만 아니라, 초국가, 다국적, 비국가란 3종류의 힘을 조합하여 분쟁을 해결하거나 전쟁을 수행하는 방식을 '초국가조합'이라고 통칭한다. 이미 성공한 사례에서 예견할 수 있듯이, '초국가조합'은 오늘날 한 국가가 더욱 큰 범위 내에서 국가안보의 목표와 전략적 이익을 달성하기 위한 최고의

---

[6] 전국시기의 '합종(合縱)',(6개국이 연합하여 진(秦)나라에 대항) '연횡(連横)'(진(秦)나라가 연합하여 다른 나라를 공격하는 동맹)은 즉, 나라와 나라간 동맹의 예이다.(《戰國策 注釋》, 중화서국, 1990년, P. 4)

[7] 초국가조합(超国家組合)은 단지 국가조직과 국가조직 간의 조합일 뿐만 아니라, 국가와 다국적, 심지어 비국가조직의 조합까지도 포함한다. 동남아시아 금융위기에서 일부 국가들이 IMF, 헤지펀드들과 협조하는 것을 볼 수 있었다.

무기가 될 것이다.[8]

현재 유일한 세계 초강대국인 미국은 가장 능숙하게 '초국가조합'을 무기로 운용하고 있는 국가이다. 미국은 자국의 이익과 관련된 국제조직에 참여하는 기회를 결코 놓친 적이 없었고, 또한 모든 국제조직의 행동은 미국의 이익과 매우 밀접하다고 말해 왔다. 미국은 유럽 · 남미 · 아시아와 기타 지역 및 전세계적인 국제조직을 막론하고, 모두 자신이 조종할 수 있도록 노력하고 있다.

1996년 '미국 국방보고서'에서는 '미국의 이익을 보호하고 달성하기 위해 미 정부는 반드시 다른 국가의 정책과 행동에 영향력을 행사할 수 있는 능력이 있어야 한다. 이는 바로 미국이 대외 활동을 지속적으로 참여해야 한다는 것을 요구하고 있으며, 특히 미국의 가장 중요한 이익이 위협에 처하는 지역에서는 반드시 참여해야 된다'라고 언급하고 있다.[9] 예를 들어, 처음으로 APEC 창립 문제를 제기한 호주의 호크 총리는 최초로 아시아 국가와 호주, 뉴질랜드만 포함시키려고 하였다. 하지만 그의 생각은 즉각 부시 대통령의 강력한 반대에 부딪쳤고, 결국 미국과 캐나다까지 확대되었다. 이와 동시에 미국은 APEC의 세력을 억제하기 위해 일부 아시아 국가들을 부추기고, 단독으로 북미자유무역지역과 협정을 체결하였다. 미국의 책략은 가입하게도 하고 탈퇴하게도 하는 이중적인 조합이라고 부를 수 있겠다.

사람들은 아시아 금융위기 당시 미국의 태도와 방식에 대해서, 미국이

---

[8] 브레진스키는 그의 저서인 《대(大) 체스판: 미국의 우세와 지전략적 중요성》에서 세계의 안보를 위해 '아시아와 유럽을 초월하는 안보체계'라는 새로운 처방을 제시했다. 이 체계는 미국·유럽·중국·일본·러시아·인도 등을 핵심으로 한다. 부시의 처방이 효과가 있는지에 관계없이, 그는 우리와 비슷한 생각을 적어도 제시해 주었다. 칼 도우(Carl Doe)는 "국제조직은 인류를 국민국가 시대에서 나오도록 이끄는 가장 좋은 과정이다." 일체화(一体化)의 핵심임무는 바로 '평화유지'라고 말했다.(《국제관계 분석》, 세계지식출판사, p. 332)

[9] 미국 국방장관 회계년도 1996년《국방보고서》, 군사과학출판사, p. 5.

뭔가를 숨기고 있다고 생각한다. 금융위기가 시작되면서, 미국은 일본이 건의한 '아시아 통화기금'의 창설을 신속하게 반대했고, 자기가 대주주인 IMF를 통해 조건부 원조계획을 주장했다. 여기에 내포된 의미는 바로 아시아 국가들이 미국이 추진하는 경제 자유화 정책을 수락하도록 압박하는 것이었다.

예를 들어, IMF가 한국에게 570억 달러를 제공하는 동시에, 제시한 조건은 바로 전면적인 시장 개방이며, 이는 미국 자본에게 불합리한 낮은 가격으로 한국 기업들을 인수할 기회를 제공하는 것이었다. 이와 같이 공개적으로 미국을 선두로 하는 선진국들은 시장의 개방을 요구했으며, 이것은 거의 형태를 바꾼 일종의 경제적 점령이었다.[10] 만약 우리가 '미국 정부의 행동과 소로스의 아시아 국가들에 대한 금융공격'과 '미국의 공동기금 총액이 10년 간 8100억 달러에서 5조 달러로 증가되었고, 매월 300억 달러의 속도로 체증한 사건',[11] '무디스 · 스탠다드 & 푸어스 · 모건 스탠리가 가장 중요하거나 미묘한 시기에 일본 · 홍콩 · 말레이시아의 신용등급을 하락시킨 사건', '홍콩정부가 헤지펀드를 반격하여 게임의 규칙을 바꿀 수 있다는 그린스펀의 걱정', '롱텀 캐피털 매니지먼트LTCM의 투기실패에 대한 미국연방준비제도 이사회의 원조', '한때 아시아에서 유행한 No란 목소리', '아시아의 시대라는 표현이 점점 사라졌던 현상' 등을 모두 연결시켜보면, 이 모든 것이 아주 교묘하면서 완벽하게 연결되었다는 것을 발견할 수 있을 것이다.[12]

---

[10] 일본의 《문예춘추》 1998년 8월 호는 이시하라 신타로 글 '신 아시아 외적을 물리치다'에서, 이번 아시아 금융 위기에서 미국의 행동들은 아시아를 공격하는 전략적 음모를 보여줬다고 이야기 한다. 이 '아니오' 선생의 견해가 비록 극단적일 수도 있지만, 식견이 없는 것은 아니다.(《참고 소식》, 1998년 8월 15~16일 참조)

[11] 《참고 소식》, 11판, 1998년 9월 29일. 미국의 《포춘》지(紙)에 게재.

[12] 이시하라 신타로와 비슷한 견해를 지닌 전문가들은, 러시아의 7월 16일자 《출판 포럼》에서 경제 평론가인

만약 의식적으로 이 모든 것들을 조합하여, 오랫동안 노렸던 목표를 공격하였다면, 어찌 초국가 조직 + 다국적 조직 +비국가 조직을 성공적으로 조합한 행동이 아니겠는가? 비록 미 정부와 미국연방준비제도 이 사회가 고의로 이 위력적이면서도 아무런 흔적조차 보이지 않은 무기를 설계하고 사용한 직접적인 증거가 없을지라도, 그 현상들을 살펴보면 최소한 어떠한 행동은 사전에 미국의 격려와 묵인을 받았다고 말할 수 있다. 여기서 우리가 논의하려는 문제의 핵심은 '미국이 그것들을 고의로 사용했느냐?에 있지 않고, 이 슈퍼 무기가 가능한가?'이다. 대답은 '가능하다'이다.

초(超)영역의 조합

영역은 영토 개념에서부터 파생되어 인류활동의 범위를 구별하는 데 사용되는 개념이다. 이러한 의미에서 본다면, 전쟁 영역은 바로 전쟁에 대해 범위를 정하는 것이다. 우리가 제시한 '초영역조합'과 '초국가조합'은 같은 것으로, 모두 약어이며 정확하게 말하면 이 단어들 뒷부분에 '전쟁행동'이라는 4글자를 붙여야, 비로소 우리가 만들고 사용한 개념의 의도를 완전하게 나타낼 수 있다. 우리가 이 점을 분명히 하는 까닭은 '초…조합'이라는 초한超限사고가 시작되는 주장이 전쟁 및 이와 관련된 행동의 범위 내로 한정되어야 하기 때문이다.

'초영역조합'은 앞에서 거론한 '초국가조합'과 뒤에서 논술할 '초수단조합'이란 두 가지 개념 사이에 위치한다. '초영역조합'은 우리가 논술할 때 처한 위치와 같이, 초한超限사고 측면에서 획기적이어서 없어서는 안 될

콘스타닌 소로친은 '동맹국은 아시아 금융위기에서 어떠한 역할을 맡았는가?'라는 글에서 같은 견해를 이야기 하였다.(《참고 소식》, 1998년 8월 15일)

중요한 부분이다. 마치 비행기가 음속의 장벽을 돌파해야만 초음속 비행이 가능한 것과 같이, 전쟁을 수행하는 사람들은 영역의 제한을 벗어나야지만, 비로소 전쟁에 대한 자유로운 사고를 할 수 있다. 사상의 한계를 벗어나는 것이 행동의 한계를 벗어나는 것의 전제조건이다. 만약 사상의 한계를 벗어나지 못한다면, 직감에 의해 행동 속에서 큰 변화를 이룬다 할지라도, 바른 성과를 얻기는 매우 어려울 것이다.

예를 들어, 미군의 '전 영역작전'과 우리의 '초영역조합超領域組合'은 방법이 다르지만 효과는 같다. 하지만, 미군의 '전 영역작전'은 일부 명석한 군인들이 생각해 낸 기발한 생각이었으나, 완전하고 획기적인 사고의 기초 아래에서 만들어진 것이 아니다. 그러므로 미군의 '전 영역작전'이 군사혁명의 사상적 불꽃을 피울 수 있었지만, 완전하지 못한 사고 때문에, 필연적으로 갖가지 장애물을 만나게 되었고, 애석하게도 사람들로부터 관심의 불꽃이 꺼져갔다.[13]

전쟁영역의 확대는 인류 활동범위의 점진적인 확대와 상호 융합의 필연적인 결과이다. 사람들은 이러한 현상에 대해 늘 상대적으로 정체 상태에 처해 있다고 생각한다. 멀리는 조귀 가까이는 콜린스Collins 같이 선견지명을 가진 사람들이, 비록 서로 다른 수준에서 전쟁의 각 영역 사이에 서로 제약하는 관계를 밝혔지만, 오늘날까지 대다수의 전쟁에 종사했던 사람들은 모든 비군사영역을 전쟁에서 군사적 수요에 따라야 하는 부속품으로 간주해 왔다. 사상의 협소함 때문에 전장의 확대와 전법의 변화는 모두 한 영역 내로 제한되게 되었다.

---

[13] 미 육군은 '전 영역'을 군사영역에 제한되는 개념으로 본다. 예를 들어, '2010년 합동군 구상'에서 '전 영역 보호'의 원칙은 미군의 정보보호에 대한 강화에 중점을 둔다. 미 육군 물자사령부 E. 윌슨 사령관은 전세계 범위에서 움직일 '내일의 육군'이 바로 '전 영역 부대'라고 생각한다. 미 육군은 '전 영역'이란 사상에 대해 그 정수는 잃어버리고 이름만 남았다고 볼 수 있다.(《합동군 계간지》, 1996년 여름호 참조)

쿠트조프Kutuzov는 모스크바를 불 지르고 나라의 많은 부분이 훼손되었지만, 아랑곳 하지 않고 청야입보淸野入保라는 책략으로 나폴레옹을 대응했다. 제 2차 대전 시, 드레스덴 폭격과 나가사키 · 히로시마 원폭투하는 시민들의 희생을 문제 삼지 않고, 군사적 승리의 절대화, '대규모 보복', '상호확증파괴Mutual Assured Destruction'라는 책략을 제시한 것은 모두 이 사고방식을 벗어나지 못했기 때문이다.

지금은 이런 착오를 청산해야 할 시기이다. 기술의 대大융합은 이미 정치 · 경제 · 군사 · 문화 · 외교 · 종교 등 각 영역들이 서로 영향을 주게 만들었고, 인터페이스접점가 준비되어 영역의 일체화라는 경향이 이미 명확해졌다. 인권의식의 신장은 전쟁윤리에 영향을 미치고 있다. 이러한 모든 것들이 전쟁을 군사적 영역으로 제한시키고 사상자의 수를 가지고 전쟁의 강도를 평가하는 관념은, 점점 시대에 뒤떨어진 것으로 되고 있다. 전쟁이 피비린내 나는 살육의 경계를 넘어 낮은 사상자, 심지어 사망률 '0'이라는 양상을 띠지만, 고강도의 추세를 보이고 있다. 이는 정보전 · 금융전 · 무역전 등 완전히 새로운 전쟁방식으로, 전쟁 영역의 새로운 공간을 열고 있다. 이러한 의미에서 본다면, 이미 전쟁을 위해 사용될 수 없는 영역은 없으며, 또한 전쟁의 공격적인 형태를 가지고 있지 않는 영역은 거의 없다.

1987년 10월 19일 미 해군 함정은 페르시아만에서 이란의 해저 굴착용 플랫폼을 공격하였는데, 이 소식이 뉴욕의 증권거래소에 전달되어 월 스트리트 역사상 최악의 주식거래 중단을 촉발시켰다. 이는 '검은 월요일'로 미국 주식의 장부상 손실이 5600억 달러에 달했고, 프랑스를 잃어버리는 것과 같았다. 이 일이 있은 지 수년 후, 군사적 행동이 주가를 폭락시키고, 경제공황을 야기시키는 일이 다시 나타났다.

중국이 1995~1996년에 두 번에 걸쳐 대만해협에서 미사일 실험발사를 하고 군사훈련을 실시한 것이다. 미사일이 공중을 날고 있을 때, 대만 주식은 미사일 소리와 함께 하락했고 눈사태 같은 연쇄반응이 나타났다. 이와 같은 두 가지 사례는 비록 우리가 제시한 '초영역조합'이 아니고, 특히 먼저 든 사례는 돌을 들어 자기 발을 찧는 어리석은 행동일지라도, 전혀 예기치 않은 결과가 우리의 사고를 충분히 개발시킬 수가 있다. 만약 계획적으로 서로 관계가 없는 것으로 보이는 둘 또는 그 이상의 영역을 하나의 전법으로 조합하여 사용한다면, 그 효과는 더 좋지 않겠는가?

초한이란 사고의 관점에서 본다면, '초영역조합'은 바로 '전장의 조합戰場 組合'이라고 할 수 있다. 각각의 영역은 군사의 영역과 같이, 미래전쟁에서 주도적인 성격을 갖는 전장戰場이 될 것이다. 그리고 '초영역조합超領域組合'의 목적 가운데 하나는 바로 '어떠한 영역이 주主전장으로서 전쟁의 목표를 달성하는데 보다 유리할 것인가'를 판단하는 것이다. 미국과 이라크가 충돌한 과정을 보면, '사막의 폭풍' 작전이란 42일 간의 군사작전 이후에도, 미국은 지속적으로 '군사적 압력' + '경제적 봉쇄'+'무기사찰'을 8년 간 실시했는데, 이는 미국이 새로운 전장에서 '초영역조합'을 사용하여 이라크를 공격한 전법인 것이다. 그리고 경제제재가 이라크에 대해 커다란 비군사적 손실을 초래했고, 버틀러Butler를 필두로 하는 UN 무기사찰 위원회는 다년간 대규모의 살상 무기를 조사 및 제거하여 이라크의 군사적 잠재력에 큰 타격을 주었다. 이러한 타격은 걸프전에서 실시된 공중폭격의 전과를 훨씬 넘어서는 것이었다.

이러한 사실들은, 전쟁이 이미 단순한 군사적 영역 내의 행동이 아니며, 어떠한 전장의 추세와 결과도 모두 정치적 요소, 경제적 요소, 외교적 요소, 문화적 요소, 기술적 요소 등 비군사적 요소가 변하게 하고 결정하게 할 수 있다는 것을 보여준다. 전세계 곳곳의 군사와 비군사적 충돌에 직면하여, 우리는 사유의 방법 측면에서 스스로를 제한시키는 모든 한계를 벗어나야만 한다. 이를 통해, 우리는 전쟁에 의해 파급된 모든 영역들을 마치 손에 익숙한 카드로 변화시키고, 초한전법을 이용하여 모든 전쟁자원을 조합시켜야만, 승리라는 자신감을 가질 수 있을 것이다.

초수단조합(超手段組合)

두 나라가 전쟁을 하고 그의 군대들이 교전을 할 때, 특별한 수단을 사용하여 후방에 있는 적군의 가족들에게 심리전을 전개할 필요가 있겠는가?[14] 국가 금융의 안전을 지키기 위해 금융 투자가를 암살할 수 있겠는가?[15] 마약 혹은 밀수품의 근거지에 대해 선전포고를 하지 않고 '외과수술'식 공격을 할 수 있겠는가? 다른 나라 정부와 의회에 영향력을 행사하기 위해 전문적인 원외 그룹이 운용하는 기금을 만들 수 있겠는가?[16] 주식을 소유하는 방식으로 신문 · TV를 다른 나라의 언론전 도구로 만들 수 있겠는가?[17]

수단의 정당성 즉, 공인된 윤리규범의 여부를 제외하고, 위에 상술한

---

[14] 미 국방부는 인터넷상 군사 사이트에 대한 통제를 강화하여, 적대 세력이 군인가족의 주소·사회보장 번호·신용카드 번호를 이용해 군인들을 공격하는 것을 방지하려고 한다.

[15] 영국정부는 비밀요원들이 테러주의 국가의 지도자들을 암살하는 것을 허락했으니까, 만약 어떤 국가들이 자국경제에 파괴적인 타격을 입힌 금융 투기꾼을 전범이나 테러주의자로 보고 동일한 방식으로 처리한다면, 정당한 것으로 생각할 수 있겠는가?

[16] 대의제도 국가들의 의회는 모두 원외단체들의 포위를 피할 수 없다. 예를 들어, 미국의 유태인 단체와 총기협회는 모두 유명한 원외단체들이다. 사실 중국은 고대부터 이와 비슷한 방법이 있었다. 진나라 말, 초나라와 한나라가 서로 전쟁을 할 때, 유방은 진평(陳平)에게 많은 돈을 주었는데, 이는 바로 전장 밖에서 항우를 패배시키기 위한 것이었다.

[17] 한 기사는 소로스가 알바니아 신문을 통제하여, 알바니아 정치를 조종했다고 전했다.

문제점들의 또 다른 공통점은 그것들 모두가 초국가, 초영역적으로 수단을 사용하는 것과 관련되어 있으며, 이것이 바로 우리가 말하는 '초수단조합超手段組合'의 문제점이다. 여기서 '무엇이 초수단'이며 '왜 초수단이 필요한가'를 분명히 하기 위해서는 먼저 '무엇이 수단인가?'를 분명히 해야 한다.

이 문제는 근본적으로 전혀 문제가 되지 않는다. 누구나 알듯이 수단은 목표를 달성하기 위한 방법과 도구이다. 하지만 만약 크게는 국가, 군대 작게는 계략, 무기까지 모두 수단이라고 부르게 되면, 문제는 그렇게 간단치 않게 된다.

'수단의 상대성'은 사람들을 매우 골치 아프게 하는 문제이다.

상대성은 '한 측면에서 보면, 수단이 다른 측면에서는 목적이 될 수 있다'는 표현이다. 예를 들어, '초국가행동' 측면에서 보면, 국가가 바로 수단이다. 그리고 '국가행동 측면에서 보면, 군대 혹은 국가의 다른 역량이 수단이며, 국가는 목적이 된다. 즉, 이와 같이 유추해 보면 복종함과 동시에, 그 자체는 아래 단계 수단의 목적이 된다.

목적을 얘기하지 않아도 수단의 복잡성은 어떠한 각도, 어떠한 측면에서 어떠한 사물을 수단으로 간주할 것인가에 달려있다. 영역의 측면에서 보면, 군사 · 정치 · 외교 · 경제 · 문화 · 종교 · 심리 · 매체와 같은 영역들이 모두 수단으로 간주될 수 있다. 다시 영역을 세분하면, 군사영역은 전략 · 전술, 군사적 위협 · 군사 동맹 · 군사 훈련 · 군비 통제 · 무기 수출입 금지 · 무력 봉쇄와 사용 등 모두가 군사수단이다. 그리고 경제 원조 · 무역 제재 · 외교 · 문화 침투 · 언론 선전 · 국제 법규의 제정 및 운용 · UN 결의의 이용 등의 수단은 각각 정치 · 경제 · 외교 등 서로 다른 영역에 속함과 동시에 정치가들에게 점점 준準군사수단으로 간주되어 운용되고 있다.

방법의 측면에서 보면, 철학 · 기술 · 수학 · 과학 · 예술의 방법은 모두 인류 자신을 행복하게 하는데 이용될 수 있고, 또한 전쟁에 이용될 수 있는 수단이다. 기술은 정보 기술 · 재료 기술 · 공간 기술 · 생물 기술 등 새로운 기술은 수단의 진용을 확장시키고 있다. 다시 수학을 예로 들면, 병력 배치 · 사격 단위 · 탄도 측정 · 살상 확률 · 작전 반경 · 폭발당량當量 같은 군사용어에서, 수학적 방법의 그림자가 보이지 않는 곳이 없다.

이 밖에 철학, 과학, 예술의 방법도 역시 군사적 지혜와 군사적 행동을 받치는 유력한 수단이며, 이것이 바로 사람들이 자주 군사사상 · 군사이론 · 군사작전 등을 군사철학 · 군사과학 · 군사술이라고 부르게 된 원인이다. 이 때문에 리델 하트는 전략이라는 단어를 '군사적 수단을 운용하여 정책의 목표를 달성하는 술術이다'라고 정의했다.

따라서, 수단은 광범위하게 포괄적이며, 단계가 많고, 기능이 교차하기 때문에 파악하기가 쉽지 않은 개념이다. 단지 시각 측면에서 수단에 대한 인식을 넓혀서, 어떠한 것도 수단이 될 수 있다는 이치를 이해할 수 있어야만, 수단의 운용 측면에서 변통이 어렵고, 작은 재주마저 바닥나는 상황까지는 가지 않을 것이다. 1978년 이란이 미국 대사관을 점령하고 인질들을 억류하고 있을 때, 미국은 최초로 군사적 수단만을 채택하여 실패한 후에야 방법을 바꾸었다.

미국은 먼저 이란의 해외 자산을 동결시키고, 무기 수출입을 금지시켰으며, 이란-이라크 전쟁에서 이라크를 지지하였고, 게다가 외교회담까지 동시 다발적으로 진행하여 위기를 최종적으로 해결했다.[18] 이것은 전에 없이 복잡한 세계에서 수단의 양식과 적용 범위가 끊임없이 변화하는데 아무리 좋은 단일 수단도 많은 종류의 수단을 병용하는 것보다

---

[18] 칼 토우, 《국제관계 분석》, 세계지식출판사, pp. 272~273.

더 우세할 수 없다는 것을 설명하는 것이다.

이 때문에, '초수단조합超手段組合'이 필요하게 되었다. 안타까운 것은 이러한 측면을 자각한 국가가 많지 않고, 오히려 다양한 이익을 추구하는 '비국가조직'이 현재 다양한 수단을 조합하여 운용하는 것을 추구하고 있다는 것이다. 예를 들어, 러시아 마피아는 많은 자금을 약탈하기 위해 암살 · 유괴 · 해커의 은행 전자시스템 공격 등의 수단들을 하나로 조합시켰다. 그리고 일부 테러조직은 정치적 목적을 위해 폭탄 투척 · 인질 납치 · 인터넷 공격 등의 수단을 하나로 조합시켰다.

또한, 소로스 등은 금융시장이 혼란한 틈을 이용하여 외환 시장 · 주식 · 선물시장 등의 모든 투기수단을 조합시켰고, 여론을 이용하여 메릴린치 · 크로스비 · 모건 스탠리와 같은 거물들과의 연합[19]을 유도하였다. 이를 통해, 그들은 시장에서 거대한 힘을 만들어서 한 차례 또 한 차례의 놀랄 만한 금융전을 전개했다.

이러한 수단들 대부분은 군사적 성격을 가지고 있지 않다.비록 자주 폭력의 성향을 가지고 있다 그러나, 조합을 하여 사용하는 방식이 우리가 전쟁에서 군사 혹은 비군사수단을 어떻게 효과적으로 사용할 것인지에 대해 도움이 되지 않는 것은 아니다. 왜냐하면 오늘날 수단의 유효성에 대한 평가는 주로 수단의 속성과 윤리 기준의 부합성을 보는 것이 아니라, 한 가지 원칙에 부합되는가를 보는 것이다. 이 원칙이 바로 '목표달성을 위한 최적의 경로 원칙'이다. 오직 이 원칙에 부합해야지만, 가장 좋은 수단이 될 것

---

[19] 바톤 빅스(Barton Biggs)는 모건 스탠리의 세계전략 분석가로서 전세계에서 가장 영향력이 있는 투자전략가였다. 그 이유는 그가 300억 달러를 보유한 회사의 회장이고, 회사 주식의 15%를 보유하고 있었기 때문이다. 그와 그의 회사는 태국과 홍콩에서 금융위기가 발발 전에, 모든 조치들을 취해 투자자들에게 방향을 제시했다. (숭위화(宋玉華)·쉬이린(徐憶琳), '당대 국제자본 운동 법률분석', 《중국사회과학》, 1998년 제 6기 참조)

이다. 다른 요소들도 완전히 무시할 수는 없지만, 반드시 목표달성에 유리한 것을 전제로 삼아야 한다. 이것은 달리 말하면, '초수단조합'이 우선 초월해야 할 것은 다른 것이 아니라 바로 '수단' 자체에 숨겨진 '윤리 기준' 혹은 '원칙'이다. 이것은 일부 수단과 다른 수단들을 조합하는 것보다 더욱 어렵고 복잡한 것이다.

오직 기존의 관념을 초월해야지만, 우리들은 비로소 금기를 벗어날 수 있으며, 수단을 선택하는 자유 즉, 초한의 경지에 들어갈 수가 있다. 그 이유는, 현존하는 수단만으로 목표를 달성하기에는 제한될 뿐만 아니라, 목표를 달성하기 위한 최적의 경로 즉, 어떻게 정확하고 효과적으로 수단을 운용할 것인가를 찾아야 한다. 바꾸어 말하면, 어떻게 서로 다른 수단들을 계획적으로 조합하여 새로운 수단을 만들어 목적을 달성하느냐는 것이다. 예를 들어, 경제 일체화一體化 시대에 한 경제대국이 다른 나라의 경제를 공격하고 동시에, 안보를 타격하고자 한다면, 경제 봉쇄 · 무역 제재 · 군사 위협 · 무기 수출입 금지 등의 현존하는 수단을 사용하지 않고도 단지 자국의 금융정책 조정과 화폐가치 절상 혹은 절하를 주로 하고, 여론조성과 법규개정 등의 수단을 조합시키는 것만으로도 목표한 국가와 지역에 금융동요, 경제위기, 군사력을 포함한 국력의 약화를 충분히 야기시킬 수가 있다.

우리는 동남아시아 금융위기가 이 지역의 군비경쟁을 감소시킨 사례에서 이러한 가능성이 존재하고 있다는 것을 알 수 있었다. 중국과 같은 준準 세계적인 강대국은 현재도 자신의 경제정책을 바꾸면 세계경제에 충격을 줄 수 있는 능력을 이미 갖추었다고 볼 수 있다. 만약 중국이 자신만을 위하는 국가이고, 1998년 약속을 위배하여 위엔화의 평가절하를 시도했다면, 아마도 아시아 경제는 설상가상 더 나빠졌을 것이며 동시에, 세계 자본시장의 격변을 유발시켰을 것이다. 그 결과, 외국자본에 의존해 자국의 경제를 지탱하는 세계 제 1채무국인 미국도 필연적으로 경제적인 타격을 받았을 것이다. 이러한 파급효과는 한 차례의 군사적 공격보다 더 나을 것이다.

정보를 공유하고 이익이 서로 연결된 현실에서 전쟁이란 외연은 갈수록 확대되어, 지위가 높은 국가들은 모두 군사적 수단뿐만 아니라 다른 나라를 위협할 수 있는 다양한 능력을 갖추고 있다. 한 가지 수단만 사용하면 할수록 효과가 작아지고, 다양한 수단의 병용幷用은 갈수록 그 우세를 부각시키고 있다. 이는 '초수단조합'과 이 조합을 전쟁 또는 준準전쟁에 운용하기 위해 문을 활짝 열어놓은 것과 같다고 말할 수 있겠다.

초단계조합(超段階組合)

전쟁이 바로 한 단락의 전쟁사가 되면, 마치 쇳물과 같이 점차 냉각되어 전쟁의 과정이 조금씩 분명히 표현되어 나올 것이다. 최초의 소규모의, 국지적인 전투에서 이러한 전투들 전 · 후, 좌 · 우가 연결되는 전역, 그리고 수 개 혹은 그보다 훨씬 많은 전역으로 구성된 전쟁, 마지막에는 한 차례의 전쟁이 대륙 혹은 세계적 성격의 전쟁으로 널리 확대될 수 있는 전쟁까지 …… 전쟁, 이렇듯 한 단계씩 보이지 않는 단계를 따라 올라가며, 아마도 이렇게 한 단계씩 내려갈지도 모른다. 매 단계에는 신음하는 부상병들과 사망자들의 주검들로 가득 차고, 승리한 사람들의 포효와 패배한 사람들이 버린 총으로 가득 차 있으며, 어리석거나 지혜로운 계책과 모략 및 방법으로 가득 차 있다. 만약 우리들이 전쟁사의 마지막 페이지에서 한 장씩 앞으로 넘긴다면, 모든 과정이 누적되어 있고, 모든 결과 역시 누적되어 이루어졌다는 것을 발견할 수 있을 것이다. 승리뿐만 아니라, 실패도 누적된 것이다. 교전 중인 양측의 입장에서 결말로 향하는 도로는 같은 도로인데 유일한 차이는 한 단계씩 올라가느냐 또는 한 단계씩 내려가느냐이다. 비약飛躍과 돌변突變은 모두 당신이 마지막 단계를 밟은 그 시간에 나타난다.

이것은 마치 규율과 같다. 규율은 존중을 받아야 하는 것이며, 규율을 위배하거나 깨는 것은 반드시 신중해야 한다.

문제는 우리가 생각하고 있던 것인데, 역설적이게도 이 규율을 어떻게 위배 또는 깨느냐이다. 우리는 모든 전쟁이 반드시 한 단계씩 나아가고 누적되어 운명이 결정되는 '그 시간'까지 기다려야 된다고 생각하지는 않는다. 우리들이 보기에 '그 시간'은 만들어 낼 수 있다. 끊임없이 만들어 낼 수 있고, '그 시간'까지 누적을 기다리지 않는 방법을 찾고 그것을 전법으로 만드는 것이, 바로 우리들이 해야 할 일인 것이다.

우리는 마치 한 명의 병사가 부대를 이루지 못하는 것과 같이, 한 번의 전투가 하나의 전쟁이 되지 않는다는 것을 알고 있다. 하지만 이는 결코 우리가 말하려고 하는 문제가 아니다. 우리의 문제는 어떻게 하면 모든 단계를 깨뜨리고, 이러한 단계들을 임의대로 조합시키느냐이다. 예를 들어, 한 번의 전투 혹은 전술戰術 수준의 행동이 직접 전쟁 혹은 전략戰略수준의 행동과 조합되어 연결되는 것이다. 마치 사지四肢 · 몸통 · 머리 부분을 임의대로 조립하는 것과 같이, 전쟁은 모든 부분이 임의로 조합되고, 어떠한 방향에서도 자유롭게 움직이는 용으로 변하게 될 것이다. 이 방법이 바로 '초단계조합超段階組合'이다. 단계도 역시 일종의 한계이며, 국가의 경계 · 영역의 경계 · 수단의 한계와 마찬가지로, 모두 '초한조합전超限組合戰'이 실제 운용될 때, 뛰어넘어야 할 한계인 것이다.

헤르만 칸은 일찍이 핵전쟁으로 통하는 문지방을 몇 개의 단계로 나누었는데, 비슷한 단계가 마찬가지로 다른 형태의 전쟁에도 존재한다. 하지만 만약 칸의 생각을 따르면, 44개 단계의 구분은 지나치게 세분화

되어 있고, 이를 조작하기에 불편하다는 것이 발견된다.[20] 게다가 전쟁의 강도 측면에서 단계를 구분했기 때문에, 전쟁 수준의 실질적인 통찰이 부족한 면이 있었다. 우리들이 보기에 전쟁의 규모와 이에 상응하는 전법, 이 두 가지 측면만을 본다면, 전쟁 단계의 구분은 크게 간소화될 수 있고, 4개의 수준으로 나누면 충분할 것이다. 이러한 측면에서 우리와 미국의 군사 분석가들의 견해는 기본적으로 일치하지만, 단지 표현에서 약간 다르다는 것을 알 수 있겠다. 구체적으로 구분하면 아래와 같다.

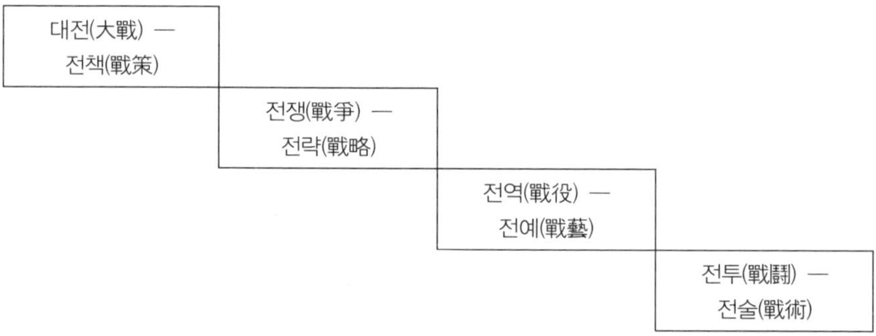

제 1수준: '대전(大戰) – 전책(戰策)' 수준. 규모 측면에서, 초국가를 상한선으로 국가를 하한선으로 하는 군사와 비군사전쟁 행동이다. 이와 상응적인 전법은 '전책(戰策)'으로 콜린스가 말한 '대전략'이다. 이 1수준 전법은 주로 전쟁의 정치책략(政治策略)과 관련되기 때문에, 우리는 이것을 '전책(戰策)'이라고 이름을 붙였다.

제 2수준: '전쟁(戰爭) – 전략(戰略)' 수준. 제 1수준의 비군사전쟁 행동을 포함한 국가 수준의 전쟁 행동이다. 이와 상응되는 전법은 '전략(戰略)' 즉, 국가의 군사책략 혹은 전쟁책략이다.

---

[20] 헤르만 칸(Herman Kahn)의 《확대의 계단(Rungs of Escalation): 개괄적인(혹은 추상적인) 설명》에 관해서는, 칼 도우의 《국제관계 분석》 p. 234를 참조할 수 있다. 미군은 통상 전쟁활동을 3가지 수준 즉, 전략수준·전역수준·전술수준으로 나눈다.(미 공군 AFM1-1《미 공군 우주항공 기본 이론》, 1992년, 군사과학출판사, pp. 106~111)

제 3수준: '전역(戰役) – 전예(戰藝)' 수준. 규모 측면에서 전쟁보다 작지만 전투보다 높은 작전행동이다. 이 수준은 이와 상응하는 전법의 명칭이 없었다. 통상적으로 '전역(戰役)'이란 개념이 원용되는데, 작전규모와 작전방법을 헛갈리게 한다. 이 때문에, 우리는 '전예(戰藝)'라는 단어를 선택하여 명명했다. 이 수준의 작전은 '략(略)'보다는 낮고 '술(術)'보다는 높아서, 작전술의 의미를 연구할 필요가 있다.

제 4수준: '전투(戰鬪) – 전술(戰術)' 수준. 제일 기본적인 규모의 작전행동으로, 이와 상응하는 전법은 '전술(戰術)'이다.

한 번 보면 알 수 있듯이, 모든 수준 작전의 단계는 모두 상응하는 작전의 방법이 있다. 전통적인 군인들의 평생에 걸친 과업은 아마도 이러한 전법들을 어떻게 만들고 숙련시켜서 당면한 모든 수준에서 전투를 수행하는 것이었을 것이다. 그러나, 21세기 군인들은 고정된 수준에서 이 전법들을 훈련하는 것만으로는 확실히 부족할 것이다. 그들은 이러한 단계들을 어떻게 하면 무너뜨릴 수 있는가를 반드시 배워야 하고, 초국가행동에서 구체적인 전투까지의 모든 요소들을 조합시켜 전쟁을 승리로 이끌어야 한다. 이것은 결코 완성할 수 없는 임무가 아니다.

솔직히 말하면, 매우 간단하여 전책戰策, 전략戰略, 전예戰藝, 전술戰術을 임의대로 연결하는 것을 시도하는 방법이다. 이것은 '초단계조합超段階組合'의 원리로 단지 배역 교체에 지나지 않는다. 예를 들면, 비군사행동의 전략적 수단을 전투임무에 적용한다거나, 전술적 수단을 이용하여 전책戰策수준의 목표를 달성하는 것이다. 왜냐하면, 전쟁의 추세를 살펴보면, 이러한 현상이 갈수록 나타나고 있고, 어떤 수준의 수단만이 그 수준의 문제를 해결할 수 있는 것이 아니기 때문이다. 작은 힘으로 큰 힘을 제압하거나, 닭 잡는데 소 잡는 칼을 사용하든지 간에, 방법만 좋다면 모두 가능한 방법이다.

빈 라덴은 단지 폭탄차량 두 대라는 전술수준인 폭탄만 사용하여, 미국의 국가이익에 대해 전략수준의 위협을 주었다. 그리고 미국도 단지 전술수준의 보복 행위를 통해 자신의 안보를 보장하는 전략수준의 목표를 달성했다. 예를 더 들면, 과거의 전쟁에서 '사람-기계'라는 조합은 최소한의 작전 단위로써, 역할은 일반적으로 전투규모를 넘지 않았으나, 초한전에서 '사람-기계' 조합은 전술수준에서 전책수준까지 다양한 공격능력을 가지고 있다. 해커+모뎀이란 조합이 적에게 주는 피해가 아마 한 차례의 전쟁에 뒤지지 않을 것이다. 단계를 뛰어넘어 작전을 하는 광역성과 은폐성이 있기 때문에, 이러한 각개전투식의 방식도 전략수준 심지어, 전책수준의 효과를 쉽게 달성할 수가 있을 것이다. 이것이 바로 '초단계조합'의 요점이고 의의이다.

국가와 초국가를 주체로 하는 전쟁과 비군사전쟁 중에서, 초월할 수 없는 영역은 없고, 전쟁에서 사용할 수 없는 수단 또한 없으며, 서로 조합할 수 없는 영역 · 수단도 없다. 전쟁행동이 세계화 추세에 적응하는 것을 나타내는 것이 바로 '초超'라는 글자에 있으며, '초超'자 하나로 모든 것에 적절히 설명하기에 충분하다. 그러므로 우리가 말한 '모든 규율은 하나로 통한다'는 만법귀일萬法歸一은 바로 '초超'라는 한 글자로 귀결된다. 다시 한 번 상기시키면, '초한조합전超限組合戰'은 사고思考가 먼저이고, 그 다음이 방법方法이라는 것이다.

/ 08 /

반드시 지켜야 할 원칙

원칙은 행위의 준칙이지만, 절대적인 준칙은 아니다.
– 조지 캐넌 –

전쟁사에서 최초로 원칙을 이용해 작전방식을 정립한 인물로 손자孫子를 들 수 있다. 손자가 제시한 '知彼知己', 百戰不殆', '攻其無備', 出其不意', '避實而擊虛' 등의 원칙은 오늘날까지 병법가들의 신조가 되어 있다. 서양에서는 2천4백년 후에야 나폴레옹이 세계적으로 유명하게 된 프랑스 생시르 사관학교에 "전쟁의 원칙을 정확히 설명한 책을 편찬하여 모든 병사들에게 제공하고 싶다"라는 속마음을 밝혔다. 안타까운 점은 그가 승리를 거두었을 때는 시간이 없었으며, 패배한 이후에는 책을 편찬할 마음이 없었다는 것이다. 이것은 일생동안 백 번에 달하는 승리를 거둔 장군에게는 유감이라고 할 수 있을 것이다.

그러나 위대한 인물이 뛰어난 업적을 남긴다면, 후세들은 자연히 그의 모든 업적을 찾아내어 '승리의 길'을 총정리할 것이다. 백 년 후, 영국군 장군 J. F. C 퓰러는 과거 영국인들에게 두려움을 안겨 주었던 숙적들이 지휘했던 전쟁 속에서 현대전을 지도하는 5가지 원칙을 도출해 냈다.[1] 이를 기점으로, 현대전쟁에 관한 서양의 모든 원칙관이 탄생했다. 비록

[1] 퓰러는 나폴레옹의 전쟁원칙을 공격·기동·기습·집중·보호 등의 다섯 가지로 요약하였다. 이 밖에 그는 클라우제비츠의 견해에 따라, 나폴레옹 전쟁과 비슷한 7가지 전쟁원칙 즉, 목표 유지·경계 행동·기동 행동·적 공격능력 소모·병력 절약·집중 병력·기습으로 요약하였다. 이 원칙들은 현대 군사원칙의 기초가 되었다.(퓰러, 《전쟁지도》, 해방군출판사, pp. 38~60)

그 뒤에, 적지 않은 국가들의 군사교리와 몇몇 군사 이론가들이 지속적으로 이런저런 전쟁 원칙들을 제시했지만, 모두 퓰러 장군이 제시한 원칙과 대동소이 했다.[2] 이는 나폴레옹 전쟁에서 걸프전까지, 살상력과 파괴력이 끊임없이 향상된 것 이외에는, 전쟁의 형태 그 자체는 결코 실질적인 변화가 없었던 이유이다.

하지만 오늘날, 걸프전을 기점으로 상황의 변화가 나타났다. 정밀유도무기, 비살상 무기, 비군사 무기의 투입과 운용은 전쟁에서 더 이상 살상력과 파괴력의 향상만을 추구하지 않도록 했으며, 이는 전쟁사 이래 처음 시도되는 방향전환이 되었다.

이는 일부 직업군인들이 생소함을 느끼게 된 원칙이었으며, 21세기 전쟁으로 가는 새로운 방향을 제시한 것이었다.

어떠한 원칙이라도 모두 근거 없이 생긴 것은 없으며, 전쟁의 원칙은 더욱 그렇다. 이러한 원칙들이 군사사상가의 말 또는 군사교리에서 탄생하였더라도, 전쟁 원칙은 전쟁이라는 용광로에서 많은 단조를 통하여 만들어진 결과물인 것이다. 춘추전국시대의 전쟁이 없었다면, 손자의 전쟁원칙은 존재하지 않았을 것이며, 나폴레옹 전쟁이 없었다면 퓰러의 전쟁 원칙 역시 탄생하지 못했을 것이다.

마찬가지로, 걸프전을 전후하여 전세계적 범위에서 크고 작은 군사 · 준准군사 심지어 비군사전쟁이 발생하지 않았더라면, 미국의 '전 영역작전'과 우리들의 '초한조합전超限組合戰'이라는 전쟁의 신개념은 제시되지 못했을 것이며, 당연히 전쟁과 함께 하는 작전원칙도 세상에 나오지

[2] 예를 들면, 미군은 9개의 군사원칙 즉, 목표의 원칙·공격의 원칙·병력집중의 원칙·병력절약의 원칙·기동의 원칙·경계의 원칙·기습의 원칙·간명의 원칙·통일의 원칙이 있다. 이는 나폴레옹 전쟁 시기의 작전원칙과 매우 유사하다.

못했을 것이다.

우리들은 미국의 '전 영역작전' 이론이 중도에 실패하여 아쉬움을 느끼며, '초한조합전'을 이론적 사변에만 머물게 하지 않고, 실제 적용 가능한 전법으로 만들기로 결심했다. 비록 우리들이 주장하는 '초한超限' 사상이 모든 한계를 깨뜨리는 것이지만, 단 하나의 한계만은 반드시 준수해야 한다. 그것은 바로 작전수행 시, '필수의 원칙'을 준수해야 한다는 것이다. 다만, 원칙 자체가 어떤 특수한 상황에 처해 있을 때만 비로소 깨는 것이 필요하다.

전쟁 규율에 대한 사고가 전법으로 응결된다면, 원칙은 이에 따라 생겨날 것이다. 이러한 전법과 원칙들이 실전에서의 검증을 거치지도 않고, 다음 전쟁에서 승리로 향하는 이정표가 될 수 있는지에 대해서는 말하기 어렵다. 그러나 '필수의 원칙'은 전법을 완벽하게 위한 필수불가결의 이론적 절차이다. 그러면, 다음 원칙들을 살펴보고 과연 이러한 원칙들이 '초한조합전'을 위하여 무엇을 이바지할 수 있는지 알아보기로 하자.

전(全)방향	공시(共時)성	제한된 목표	무한(無限) 수단
비균형	최소 비용	다차원 협동	전 과정의 통제

전방향 — 모든 요소를 운용하여 360도의 관찰, 기획 및 조합을 한다.

'전방향'은 '초한전' 사상적 출발점이며 이 사상의 범위이다. 이는 전법의 총론적인 원칙으로써, 기본적으로 시행자에게 '이번' 전쟁과 관련된 모든 요소를 전반적으로 고려하여, 전쟁과 잠재적인 전쟁을 관찰하고, 방안과 사용수단을 계획하며, 가용한 모든 전쟁자원을 조합할 때, 시각에 맹점이 없고, 관념에는 장애가 없으며, 방위에는 사각이 없을 것을 요구한다.

초한전에서는 전장과 비非전장을 구분하지 않는다. 육 · 해 · 공 · 우주 등의 자연공간은 모두 전쟁터가 될 수 있으며, 군사, 정치, 경제, 문화, 심리 등 사회 공간도 역시 전쟁터이며, 이러한 두 개의 공간을 연결시키는 기술공간도 적대적인 쌍방이 쟁탈하는 전쟁터가 될 수 있다.[3]

전쟁은 군사적 성질, 준准군사 또는 비군사적 성격일 수도 있고, 폭력을 사용할 수 있으며 폭력을 사용하지 않을 수도 있으며, 직업군인간의 대항이 될 수 있으며 시민 또는 전문가를 주체로 한 새로운 전력戰力간의 대항이 될 수도 있다. 초한전의 이러한 특징은 전통적인 전쟁과의 분수령이 될 뿐 아니라, 새로운 형태의 전쟁을 위한 출발선이기도 하다.

'전방향'은 실전적인 성격이 매우 강한 원칙으로써 '초한조합전' 각각의 측면에서 적용된다. 전책戰策 수준에서는 전력을 대륙 또는 전세계 전쟁에서 국가의 모든 전력부터 초국가超國家 전력을 조합 및 운용하는 것을 가리킨다. 전략戰略 수준에서는 전쟁에서 군사적 목적과 관련된 국가자원을 조합 및 운용하는 것을 가리킨다. 전예戰藝 수준에서는 군대 또는 군대 규모의 주체가 전역목표를 달성하기 위해, 특정 전장에서 각종 수단을 조합 및 운용하는 것을 가리킨다. 전술戰術 수준에서는 부대 또는 부대 규모의 주체가 일정한 임무를 완수하기 위하여, 전투에서 서로 다른 무기장비와 작전방식을 조합 및 운용하는 것을 가리킨다. 이와 함께, 상술한 모든 조합들은 역시 각 수준들과 교차되어 조합된다는 것을 잊어서는 안 된다.

---

[3] 초한전의 전장은 과거와는 달리, 자연공간, 사회공간, 지속적으로 확대되는 기술공간 예를 들면, 나노미터 공간을 포함한다. 오늘날 이러한 공간들은 서로 교차하며, 우주와 같이 자연공간으로 볼 수 있고 기술공간으로 볼 수도 있다. 그 이유는 공간들의 전쟁화 과정이 모두 기술의 발전과 떨어질 수 없기 때문이다. 마찬가지로, 기술과 사회의 상호작용 역시 늘 볼 수 있는 것이고, 사회에 대한 정보기술의 영향보다 더 전형적인 사례들은 없다. 이 내용들을 보면, 전장은 어디서나 확실히 존재하고, 우리들은 "전(全) 방위"에서 전장을 볼 수가 있다.

마지막으로 반드시 명확하게 해야 할 것은, 결코 모든 전쟁이 그런건 아니지만, 그 작전범위가 모든 공간과 영역으로 확산될 수가 있다. 그러나 '전방향'에 대한 사고는 '초한조합전'의 첫 번째 원칙이다.

공시(共時)성 — 동일한 시간의 서로 다른 공간에서 작전을 전개 한다.

현대전쟁의 기술수단은, 특히 정보기술의 보급은 원거리 전투기술을 출현시키고, 전장전환 능력을 증강시켰으며, 끊임없이 분산되고 성격이 다른 전장들을 하나로 연결시켰으며, 각종 군사력 및 비군사력을 대등하게 전쟁에 투입하여, 전쟁의 진행과정이 크게 단축되게 되었다. 과거에 전역과 전투의 누적을 통해 단계적으로 달성된 목표는 현재 동시도달 · 동시진행 · 동시완수라는 요구가 제시된 후에는, 더욱 신속하게 달성할 수 있게 되었다. 이 때문에, 현재 작전에서의 '공시성共時性'은 '단계성段階性'보다 더욱 강조되고 있다.[4]

주도면밀한 계획이라는 전제아래, 서로 다른 공간과 서로 다른 영역에 분포된 전쟁요소들로 하여금 약정된 시간에 전쟁목표를 위하여 일정하고 호흡이 맞는 조합식組合式 공격을 전개하게 한다면, 기습 · 은폐 및 효과를 달성할 수 있을 것이다. 전종심全縱心의 공시共時적인 작전은 어쩌면 단지 한 차례의 촉박한 초한전일 수도 있겠지만, 이는 전쟁의 승패를 충분히 결정할 수가 있다. 여기에서 말하고 있는 '공시共時'는 1분 1초의 차이도 없는 '동시同時'가 아니라, '동일한 시간대'를 의미하는 것이다. 이러한 의미에서 보면, 초한전은 명실상부한 '시간 약속전'이다.

상술한 내용을 척도로 하면, 미군의 군사작전 능력은 이 수준에 가장

---

[4] 과거 전쟁의 진행은 공간적으로 국경지역에서 종심으로 나아가고, 시간적으로 단계를 나누어야 했다. 초한전은 공간적으로 핵심에 직접 이르고, 시간적으로도 '동시적'이기 때문에, 통상 단계적인 특징을 갖지 않는다.

근접했다고 볼 수 있다. 미군이 현재 보유한 장비의 기술에 따르면, 정보전역시스템은 1분 안에 1200대의 항공기에 4000개 표적의 데이터를 제공하고, 원거리 공격무기시스템을 대량으로 사용할 수 있어서, '전종심 동시공격'이란 작전사상을 제시하게 되었으며, 공간적으로 외부에서 종심을 향해 조금씩 전진하고 시간적으로 순서에 따라 작전을 전개시키는 과거전쟁의 방식을 벗어날 수 있게 되었다. 그러나 미국의 생각은 밝혀진 일부 공개문서를 보아 판단하였을 때, 현재까지 여전히 군사작전이란 범주 내에 제한되어 있으며, 군사영역 이외의 전장에는 미치지 못하고 있다.[5]

제한된 목표 — 가능한 수단 내에서 수립한 행동지침

목표의 제한은 수단과 상대적인 말이다. 그러므로 제한된 목표를 수립하는 원칙은 목표가 영원히 수단보다 작아야 한다는 것이다.

목표를 확정할 때에는 충분히 달성 가능성을 고려하고, 공간과 시간 측면에서 한정이 없는 목표를 추구해서는 안 된다. 제한되어서 비로소 명확해지고, 현실적이며 통제할 수가 있다. 동시에, 하나의 목표를 달성한 이후에도, 스스로 다음 목표를 추구할 수 있는 융통성을 유지하게 할 수 있다.[6] 목표설정 시에는 반드시 커다란 공명심을 극복하고, 의식적으로 제한된 목표를 추구하여야 하며, 그것이 정확한 것일지라도 자신의 역량이 미치지 못하는 목표는 배제시킨다. 그 이유는 달성할 수 있는 모든 목표는 제한적이기 때문이다. 원인이 무엇이든지 간에, 목표가

---

[5] '2010년 합동군 구상'의 네 가지 원칙보다 더 전형적인 사례들은 없다. 즉, '우세한 기동·정밀한 교전·집중 군수·전(全) 차원 보호'는 군사적 성격의 전쟁을 위해 제시된 새로운 원칙들이다.

[6] 목표의 제한은 주관적으로 억제할 수 있느냐에 달려 있는 것이 아니라, 수단의 제한을 초월할 수 있느냐에 달려있다.

수단이 허용한 범위를 초월하게 되면, 오직 파국적인 결과를 초래하게 될 것이다.

맥아더 장군이 한국전쟁에서 범한 실수가 바로 제한된 목표를 확대시킨 가장 전형적인 예이다. 이후 미국은 베트남에서, 소련은 아프가니스탄에서 범한 똑같은 실수 역시 이를 증명하는 것으로, 누구라도 또는 어떠한 작전이라도 목표가 수단보다 커진다면, 반드시 실패할 것이라는 것은 의심의 여지가 없는 사실이다.

이러한 점에 대해서는 현대의 정치인과 군사전문가들 모두가 이해하고 있는 것은 아니다. 《1996년 미국 국방보고서》는 "우리는 세계에서 가장 강한 국가로써, 세계를 영도할 의무가 있으며 우리의 이익과 가치관이 중대한 위협을 받을 때에는 행동을 취할 것이다"라는 클린턴 대통령의 말을 인용했다. 이 발언을 했을 때, 확실히 클린턴조차도 국가이익과 가치관이 완전히 다른 수준의 전략적 목표들이라는 것을 인지하지 못했던 것 같다. 만약, 전자가 미국의 능력이 행동을 통하여 보호할 수 있는 목표라면, 후자는 미국의 능력만으로는 이룰 수 없을 뿐만 아니라, 미국의 본토 외에서는 추구해야 할 목표도 아니다. '고립주의'와 대응되는 '전세계 제일'이라는 사상은 미국에게 국력이 팽창할 때, 줄곧 무한목표를 추구하도록 하는 경향을 심어주었다. 그러나 이 경향은 결국 비극을 발생시키게 된다. 이는 마치 제한된 자본으로 무한책임을 충실히 맡는 회사는 파산을 제외하고는 다른 결말이 없는 것과 같은 것이다.

무한 수단 — 무한적으로 수단을 운용하려는 경향이 있지만, 제한된 목표를 만족시키는 것을 한계로 한다.

무한 수단은 제한된 목표에 견주어 한 말이다.[7] 무한은 끊임없이 수단을 확대하여 범위와 사용방식을 선택하는 경향이지 무절제하게 수단을 사용하는 것이 아니며 절대적인 수단의 사용 또는 절대수단의 사용을 의미하는 것은 더더욱 아니다. 무한 수단은 제한된 목표의 달성을 충족시키기 위한 최종 한계선인 것이다.

수단은 목표를 이탈할 수 없다. 수단의 무한함은 특정한 목표를 달성하기 위하여, 각종 수단을 제한적으로 선택하는 것을 타파하는 것이지, 수단이 목표라는 한계선을 이탈하여 마음대로 하는 것을 의미하는 것은 아니다. 인류를 멸망시킬 수 있는 원자폭탄은 일찍이 절대수단으로 인식되고 있다. 하지만, 이는 수단은 반드시 목표에 복종해야 한다는 원칙을 위배하기 때문에, 결국 사람들로부터 방치되고 사용하지 않는 상황에 이르렀다. 무한수단의 운용은 "隨心所欲而不逾矩마음대로 행동하되, 틀을 초월하지 말라"는 공자의 말과 같다고 말할 수 있는데, 여기서 '틀矩'이란 '목표'를 의미한다.

초한超限사상은 '마음대로' 수단의 선택범위와 운용방식을 확대하는 것이지, '마음대로' 목표를 확대하는 것을 의미하는 것은 아니다. 단지 제한과 경계를 초월한 수단으로 제한된 목표를 달성하는 것이다. 바꿔 말하면, 영리한 지휘관은 목표가 제한된다고 수단을 제한시키지 않는다. 왜냐하면, 이것은 중요한 시기에 거의 승리하려는 순간 실패할 수 있기 때문이다. 다시 말하자면, 반드시 '무한'을 통해 '제한'을 추구해야 된다는 것이다.

미국의 남북전쟁에서 셔먼 장군은 사바나Savanna로 진군하면서 작전을 펼친 게 아니라, 약탈하여 남군의 후방 경제를 파괴하는 수단을 사용하여 남부 시민과 군대의 저항력을 상실시켰고, 이를 통해 북부의 전쟁

---

[7] 배빈 알렉산더(Bevin Alexander), 《위대한 장군들은 어떻게 승리하였는가》, pp. 101~125

목표를 달성했다. 이는 무한 수단을 사용하여 제한된 목표를 달성시킨 성공사례이다. 이와 상반되게, 제 4차 중동전쟁에서, 이집트군의 지휘부가 전방 장군들에게 부여한 전쟁목표는 시나이 반도를 점령하는 것이었는데, 이에 따른 작전계획은 단지 바리프 방어선을 돌파한 후, 바로 시나이를 고수하는 것이었다. 이집트는 제한된 수단으로 제한된 목표를 쟁취하는 것을 시도했지만, 결과는 다들 알고 있듯이 이미 얻은 승리를 놓쳐 버렸다.[8]

비균형(非均衡) — 균형대칭과 반대되는 측면에서 행동의 노드(역자 주-Node, 접속점)를 찾는다.

비균형'은 하나의 원칙으로, 이는 편정률로써 '초한전'이론의 중요한 부분이다. 요지는 균형대칭과 반대되는 사고로 작전을 전개시키는 것이다. 역량의 분배와 사용, 주공방향과 중심重心의 선택에서 무기의 배치까지, 모두 비균형 요소의 영향과 비균형을 수단으로 목표를 달성하는 문제를 고려해야 한다.

일종의 사고방식이든지 작전을 수립하는 원칙이든지 간에, 비균형은 전쟁의 모든 측면에서 나타날 것이다. '비균형'의 원칙을 정확하게 파악하고 운용할 수만 있다면 적의 취약점을 찾아내고 잡을 수 있을 것이다. 일부 약소국 및 비국가 성격의 전쟁 주체들이 그들보다 훨씬 강한 세력에게 도전할 때, 예를 들어 체첸과 러시아, 소말리아와 미국, 북아일랜드 유격대와 영국, 이슬람 지하드와 서양국가 같은 전쟁들은 모두 예외 없이

[8] 제 4차 중동전쟁 전, 이집트가 수립한 '바드 계획'은 두 가지 단계로 나뉜다. 첫 번째 단계는 수에즈 운하를 건너 강행도하를 하고, '바레프 방어선'을 돌파하여, 운하의 동쪽 15~20km의 지역을 통제하는 것이다. 두 번째 단계는 밀타·지디·하티마 산길로 이어진 선까지 공격 및 점령하여 운하 동쪽의 안전을 보장하는 것이었다. 이후 상황에 따라, 종심으로 공격하는 것이었다. 실전에서 이집트 군대는 운하를 넘자, 즉각 방어로 전환했으며, 5일 후에야 다시 공격을 실시하여, 이스라엘군에게 한숨을 돌릴 수 있는 기회를 주었다.

'쥐가 고양이를 조롱하는 식'의 비균형 · 비대칭 전법을 사용했으며, 결코 강대국 군대와 1 : 1로 강경하게 대응해서는 안 된다는 것을 분명히 알고 있었다. 그래서 유격전주로 도시 유격전[9], 테러전, 종교전, 지구전, 사이버 전쟁 등의 작전방식으로 강한 세력과 대응한 것이다. 그들은 주공 방향을 상대가 예상하지 못한 영역과 전선으로 선택하였고, 중심 타격은 항상 상대에서 커다란 심리적 충격을 줄 수 있는 지역으로 선택했다. 이러한 비균형 수단은 스스로에게 유리한 형세를 조성하여, 상황이 자신의 희망대로 발전되게 하는 방법으로 자주 커다란 효과를 보고 있다. 그래서 정규군과 정규수단을 주 전력으로 사용하는 상대는 속수무책으로 능력을 발휘하지 못하게 된다.

사용 중에 나타나는 실효성을 제외하면, 비균형 그 자체는 황금률에 의해 암시되는 사물의 운동규율인 것이다. 이것은 모든 규율 중 유일하게 사람들을 고무시켜 '규율을 파괴하는 방식에 의거 규율을 운용하는 규율'인 것이고, 또한 지나치게 보수적인 사고라는 고질병을 치료하는 좋은 약이 되기도 한다.

최소 비용 — 목표를 달성하기에 충분한 하한선에서 전쟁자원을 사용한다.

'최소 비용'이라는 원칙은 '① 합리가 절약보다 훨씬 더 중요하다,[10] ② 작전방식은 전쟁비용의 크기를 결정한다,[11] ③ '多'다수 수단로서 '少'낮은 소모를

[9] 자본주의 사회 발전에 대한 연구로써 유명한 페르낭 보로델(Fernand Braudel)은 자본주의 세계에서 대도시의 '조직적 역할'을 특히 중시했다. 그렇게 큰 세계에서 중요한 노드는 단지 몇 개의 중심도시들이다. 예를 들면, 뉴욕·런던·도쿄·브뤼셀 혹은 홍콩 등이 동시에 공격을 받거나 유격전이 발생한다면, 세계는 혼란에 빠질 것이다. (보로델, 《자본주의의 동력》, 옥스퍼드출판사)

[10] 역대 군사원칙에는 '절약'이 있었다. 이는 전쟁 중에 병력·물자의 소모에 대한 통제에 관심을 가져야 한다는 것이다. 초한전에서는 '합리적 운용'이 바로 정확한 절약이다.

추구한다"를 달성하는 것'이다.

'합리'는 합리적인 목표수립과 합리적인 자원 사용이란 두 가지 측면을 포함하고 있다. 합리적인 목표수립은 수단의 범위 내에서 목표를 수립하는 것 외에도, 목표에 대한 부담을 축소시켜, 목표가 가능한 한 단순하고 간결해야 한다는 것을 의미한다. 합리적인 자원사용은 가장 적절한 방식으로 목표를 달성하는 것으로, 단편적으로 절약을 요구하는 것이 아니다. 단지, 목표달성을 충족시킨다는 전제 하에, 절약은 최소 수준으로 자원을 사용해야 의미가 있다.

원리를 아는 것보다 더욱 중요한 것은 원리를 어떻게 운용할 것인가이다. 가장 낮은 수준으로 전쟁자원을 사용하여 목표를 달성할 수 있는지의 여부는 어떠한 작전방식을 선택할 것인가에 달려있다. 전쟁사의 전문가들이 베르덩 전역을 고기 분쇄기로 부른 이유는 양측이 모두 아무런 의미 없는 소모전을 사용했기 때문이다. 하지만 독일이 마지노선을 넘어 영국-프랑스 연합군을 소탕한 이유는, 그들이 사용한 작전이 최단 시간, 최적의 노선, 위력이 가장 큰 병기 등을 함께 조합시킨 전격전이었기 때문이다. 여기서 우리는 전쟁자원을 합리적으로 사용하는 작전방식을 찾는 것이, '최소 비용'을 달성하는 관건이 된다는 것을 알 수 있다.

오늘날 목표와 수단이 모두 전례 없이 다양화되고 복잡해져서, 하나의 영역과 하나의 수단이 복잡한 목표와 마주치면, 역부족이라는 것이 명확히 드러날 것이다. 수단과 목표의 조건이 다르면, 반드시 '고高 소모, 저低 효율'이란 결과를 낳게 된다. 그래서 가장 힘든 사고는 바로 '多'를 통해 '少'를 달성한다는 것이다. 즉, 많은 영역에서 많은 전쟁자원의

[11] 초한전은 전쟁양식을 선택하는데 여지가 많아서, 재래식 전쟁과 금융을 위주로 하는 전쟁의 소모는 다르다. 그러므로 미래의 전쟁에서 소모의 크기는 주로 어떠한 전쟁양식을 선택하느냐에 달려있다.

우수한 부분을 상호 보완하여 새로운 작전방식을 조합하게 되면, 목표를 달성함과 동시에 최소비용을 달성할 수 있을 것이다.

다차원 협동 — 하나의 목표를 위한 군사와 비군사 영역 내에서 동원된 역량 간의 협동 및 배합

다차원'은 많은 종류의 영역과 역량의 별칭으로, 수학과 물리학의 차원과는 관계가 없다. '다차원 협동'은 하나의 목표를 완수하기 위해 서로 다른 영역과 역량사이의 협조와 협력을 의미한다. 이러한 정의는 글자 그대로 보면, 결코 새로운 의미를 갖지 않고 있으며, 그 이유는 과거 혹은 새로 나온 작전교범에서도 이와 비슷한 표현을 찾아볼 수 있기 때문이다. 하지만 초한전상 '다차원'과 교리상 '다차원'의 가장 큰 차이점은, 초한전의 '다차원'은 비군사 · 비전쟁 요소를 간접적이 아닌 직접적으로 전쟁영역에 도입시켰다는 점이다. 바꾸어 말하면 '다차원'은 어떠한 영역도 전장이 될 수 있고 어떠한 역량도 전쟁에서 사용될 수 있는 상황에서, 군사적 차원과 다른 차원과의 협력이 모든 전쟁에서 군사행동이 반드시 주가 아니라는 것을 말한다. '전쟁 앞에서는 모든 차원이 평등하다.'는 말은 미래전의 답을 찾는 데 있어서 하나의 공식이 될 것이다.[12]

다차원 협동이란 개념은 오직 구체적인 목표에 포괄될 때에야 비로소 성립될 수가 있다. 목표가 없다면 다차원의 협동은 말할 필요가 없다. 목표의 크기는 각 차원의 폭과 깊이를 결정한다. 예를 들어, 목표가 전책戰策 수준의 전쟁에서 승리하는 것이면, 협동이 필요한 영역과 역량은 국가, 심지어 초국가 조직까지도 관련될 수가 있다. 따라서 군사 또는

[12] 각 영역은 평등해서 '군사가 최고다'라는 관념을 극복해야 한다. 미래의 전쟁에서, 군사적 수단은 단지 평범한 선택일 뿐이다.

비군사행동에 미치는 것은 영역의 깊이와 역량의 많고 적음을 막론하고, 각 차원 간의 협동이 없어서는 안 된다. 그러나 이는 매번의 행동에서 동원되는 수단이 많으면 많을수록 좋다는 것을 의미하는 것이 결코 아니라, 반드시 필요한 것으로 한정되어야 한다는 것이다. 각 차원의 역량을 초과 사용하거나, 또는 역량이 부족하다면 행동이 지나치거나 미흡하게 되어 최종적으로는 목표 자체를 위험스럽게 한다. 여기에서 '과유불급過猶不及 : 지나침은 미치지 못함과 같다는 뜻으로 '중용中庸이 중요함'을 이르는 말이라는 동양의 지혜가 우리들이 원칙을 이해하고 실천하는 데 도움을 줄 것이다.

이 밖에 우리들은 동원 가능한 역량 특히, 비군사역량에 대한 인식 측면에서 시야를 넓히는 것이 필요하다. 정규화, 물질적 역량에 대해 지속적으로 관심을 갖는 것 이외에도, 무형의 '전략적 자원'을 운용하는 것도 특별히 주의해야 할 필요가 있다. 예를 들면, 지정학적 요소 · 역사적 지위 · 문화적 전통 · 민족 정체성 및 국제적 조직에 대한 영향력 등이 있을 것이다.[13] 하지만, 이것만으로는 여전히 부족하다. 우리들이 이러한 원칙을 운용할 때, 초한超限적인 행동은 출현 가능성이 매우 높은 다차원의 협동을 일차원적인 평범한 행동으로 만들어, 전책급戰策에서 전술戰術까지의 단계들을 교차 및 입체적으로 조합시킬 것이다.

---

[13] 중국은 이런 측면에서 다른 국가들보다 좋은 조건을 가지고 있다. 유구한 문화적 전통·평화적 이념·침략의 역사가 없고 중국의 경제적 능력이 뛰어나고, UN 상임 이사국의 지위를 가지고 있다. 이런 것들은 중요한 '전략 자원'이다.

전 과정의 통제 — 전쟁의 시작·진행과 종결의 전 과정에서, 지속적으로 정보를 획득하고 행동을 조정하며 형세를 통제한다.

전쟁은 무작위성과 창조성으로 가득 찬 동적인 과정으로, 전쟁을 하나의 방안에 고정시키려는 생각은 거의 황당하고도 순진한 발상일 것이다. 이 때문에, 전쟁에서 필요한 것은 '현재 진행'으로써, 주도권을 계속 장악하기 위하여 전쟁의 전 과정을 환류시키고 수정하는 것이다. 이것이 바로 '전 과정의 통제'이다.

공시성共時性 원칙이 있기 때문에, '전 과정의 통제'에서의 '전 과정'을 길고 지루한 과정으로 이해해서는 안 된다. 이 과정은 현대 첨단기술 수단이란 조건 아래서는 단지 한 순간일 수 있다. 우리가 앞에서 설명한 것과 같이, 한 차례의 전투시간만으로 전쟁을 충분히 끝낼 수가 있다. 이는 전쟁의 전 과정이 매우 짧게 변화됨과 동시에, 통제의 난이도도 크게 증가됐기 때문이다.

정보기술이 전세계를 하나의 네트워크로 연결시킨 오늘날, 전쟁개입의 요소가 과거보다 더욱 증가하였다. 각종 요소의 결합 및 전쟁에 대한 영향은 이와 같이 매우 긴밀하여 전쟁 요소에서 단지 하나의 부분이라도 통제 불능이 된다면, 결국에는 전쟁을 패배로 이끌게 될지도 모른다.[14] 따라서, 새로운 기술·새로운 수단 및 새로운 분야에 의해 곧 터질 것 같은 현대화 전쟁 앞에서, 전 과정의 통제는 하나의 예술이지, 하나의 기술이라고 할 수는 없을 것이다. '전 과정의 통제'는 수학적 추론이 아니라, 직관으로 변화가 아주 빠른 전장의 태세를 파악할 것을 요구한다.

---

[14] 현대전쟁에서도 우연적인 요소가 고대 전쟁과 같이 전쟁의 결과에 영향을 미친다. 한 지휘센터 컴퓨터의 퓨즈가 중요한 시기에 과열로 끊어지면,(이것은 가능한 일이다. 걸프만 상공에서 F-16 전투기의 오폭사고 원인은, 바로 블랙호크 헬리콥터의 피아 식별기기의 회로가 늘 과열이 됐기 때문에, 조종사가 냉각시키기 위해 우발적으로 껐기 때문이다) 재난을 초래할 수 있을 것이다.

또한 '전 과정의 통제'는 병력 조정과 배치, 무기 갱신뿐만 아니라, 전장이 비군사영역으로 전환됨으로써 야기되는 전쟁규칙의 전면적인 변화를 더욱 중요시할 것을 요구한다. 이 결과는 당신을 낯선 전장으로 보내, 낯선 적과 낯선 전쟁을 접하도록 할 것이다. 하지만, 당신은 이런 낯선 과정에 대한 '전 과정 통제'를 통해 낯선 승리를 획득해야 할 것이다.

초한조합전超限組合戰은 낯설 뿐만 아니라, 완전히 새로운 전법이 진행하는 전쟁인 것이다.

지금까지 설명한 원칙들은 모두 초한조합전超限組合戰에 적합한 원칙들이다. 이러한 원칙들을 준수한다면 승리를 보장할 수는 없지만, 상술한 원칙을 위배한다면 실패의 길로 갈 것이다. 전쟁 승리에 대해 말하자면, 원칙은 지금까지 필요조건이었지, 충분조건은 아니었다. 필승의 원칙은 없으며 오직 필수의 원칙이 있다.[15] 우리는 이러한 점을 항상 기억해야 한다.

[15] 초한전의 원칙을 지키는 것이 반드시 승리를 보장하는 것은 아니다. 그러나 만약 이 원칙들을 위반한다면, 패배하게 될 것이다. 이것이 바로 원칙의 필요성이다.

결론

세계화 시대의 초한전

정보화와 세계화는 …… 수천 개의 세계적인 기업,
국제적 조직과 정부들 사이에 매우 많은 조직들을 낳았다.
– E. 라츨로(E. Laszlo) –

인류는 진보하고 있어서,
전쟁이 잠재적인 상소법원이라는 것을 더 이상 알지 못하고 있다.
– 블락(Bloch) –

미국 IBM이 '세계는 한 가족'이라는 인류의 오랜 염원을 광고로 사용했을 때, 세계화는 더 이상 미래학자들의 예언이 되지 못했다. 지금 세계는 '정보'란 라벨로 가득 찬 기술 대종합시대가 추동되고, 문명의 충돌과 융합이라는 냉 · 온 기류가 출렁거리며 지속되는 국부전, 도미노식의 금융위기와 남극상공의 오존층 파괴로 혼란스러워졌다. 이 때문에, 예언가와 점술사를 포함한 지구 상의 모든 사람들은 이처럼 낯설고 의외의 시대가, 바로 20세기란 황혼과 21세기란 여명 사이에서 서서히 전개되고 있다고 느끼고 있다.

전세계의 통합은 전면적이고 심오하다. 이 무정한 변화를 통하여 반드시 변화하거나 심지어 없어져야 하는 것은, 국가를 중심으로 한 권위적인 지위와 이익의 분할이다. 지난 1648년 '베스트팔렌 조약'[1]에서 탄생한 현대적 개념의 '국민국가'는 더 이상 사회 · 정치 · 경제 · 문화조직의 상단를 차지하는 유일한 대표가 아니다. 초국가 · 다국적 · 비국가

[1] 1648년 유럽협정의 총칭. 이 협정은 스페인과 네덜란드의 80년 전쟁, 독일의 30년 전쟁을 종결시켰으며, 1806년 신성 로마제국 해체 전에 체결된 모든 조약들의 토대를 놓았다고 평가된다.

조직이 과거부터 존재했던 국가들 사이의 모순과 함께 나타나서, 국가권위 · 국가이익 · 국가의지가 전대미문의 도전을 받고 있다.[2]

일찍이 국민국가가 나타날 때, 피와 철로 점철된 전쟁이 국민국가 성립에 도움이 된 것처럼, 국민국가가 전세계로 확산하는 과정에서도 역시 거대한 이익의 충돌은 피할 수가 없을 것이다. 그러나 과거와 다른 것은, 오늘날 고르디우스 왕의 매듭[3]을 풀 수 있는 방법은 칼만이 아니라는 것이다. 이 때문에, 현재는 우리의 조상들과 같이 무력을 통한 해결만을 최후의 수단으로 여기지 않는다는 것이다. 정치 · 경제 · 외교 가운데 어떠한 수단도 군사적 수단을 대신할 수 있는 능력을 보유하게 되었다. 하지만 인류는 이것에 대해 안심할 수가 없다. 그 이유는, 우리들이

---

[2] 국가의 '최고성'이란 지위가 다양한 측면에서 오는 도전을 받고, 그 대표성도 사람들이 걱정하게 된 것은, 국가의 무력에 대한 독점적 지위가 심각한 도전을 받기 때문이다. 어네스트 지어나(Earnest Jierna)의 《민족과 민족주의》에 따르면, 국가는 유일하게 무력을 합법적으로 사용할 수 있는 실체이다. 미국의 'Newsweek' '21세기의 안보위협은 어디에서 오는가'라는 여론조사에 따르면, 32%는 테러주의, 26%는 국제범죄 및 마약단체, 15%는 민족의 증오, 네 번째가 국민국가이다. 미 육군은 인터넷에 아직 출판하지 않은(TRADOC PAMPHLET 525-5: FORCE XXⅠ OPERATIONS) 팜플렛을 공개했다. 이 팜플렛은 '비국가역량'을 '미래의 적'으로 평가하고, 그들에게 국민국가와 비슷한 능력을 주는 현대기술을 사용하는 비국가적 안보위협은, 이미 점차 명확해졌고, 전통적인 국민국가들에게 도전을 하고 있다고 말한다. 범주 측면에서 보면, 3가지로 구분할 수 있다. 1. 국가 하위(Subnational)적 위협. 국가 하위적 위협은 정치·종족·종교·문화와 민족 충돌이다. 이러한 충돌들은 내부에서 국민국가의 특징과 권위에 도전한다. 2. 무(無)국가적 위협이다. 무국가적 위협은 그들이 소속된 국가와는 관련이 없다: 이러한 실체는 국민국가의 한 부분이 아니며, 이러한 지위를 만드는 것을 원하지도 않는다. 3. 초국가적 위협이다. 초국가적 위협은 국민국가의 국경을 뛰어넘어 지역 심지어, 전세계적 범위에서 활동한다. 이것들에는 종교 운동·국제범죄 조직, 무기확산에 협조하는 비공식적인 경제 조직이 포함된다.(왕샤오동(王小東), 《정보시대의 세계지도》, 중국인민대학출판사, 1997년, pp. 44~46) 미국은 독점적 이익을 취하는 다국적 회사를 안보에 대한 위협으로 여기지 않는다. 그리고 그들의 뿌리 깊은 경제적 자유란 개념 외에, 이것은 미군이 여전히 위협을 군사적 영역에 국한시키는 사실과 관련이 있다. 마이크로 소프트, 스텐다드 오일 액손과 같은 적국의 다국적 기업도 국가의 권위에 대해 실질적인 위협을 조성할 수 있다. 심지어 국제적 사무에 대해서도 중대한 영향을 끼칠 수 있다.

[3] 알렉산더 대왕이 군대를 이끌고 소아시아를 공격한 후, 고르디움(Gordium)이란 도시에 있는 제우스 신전에 숭배하러 들어갔다. 그 신전에는 프리지아의 왕인 미다스와 관련된 수레가 있었다. 그 수레는 뒤죽박죽인 줄로 묶여 있었고, 어떤 사람도 그것을 푼 사람은 없었다고 전해졌다. 알렉산더 대왕은 수레 앞에서 잠시 생각하다가, 갑자기 칼을 뽑아 단칼에 줄을 끊어 버렸다. 이때부터 '고르디우스 왕의 매듭(Gordian Knot)'은 아주 다루기 힘들고 복잡한 문제의 대명사가 되었다.

한 것은 가능한 한 단지 피 흘리지 않는 전쟁을 이용해서 피 흘리는 전쟁을 대체한 것에 불과하기 때문이다.[4]

그 결과 '협의'의 전장공간을 축소함과 동시에, 전세계를 '광의'의 전장으로 변화시켰다. 하지만, 이러한 전장에서도, 사람들은 지속적으로 쟁탈·노략과 살상을 일삼았으며, 무기도 더욱 발전되었고, 수단도 더욱 우수해져서 단지 출혈만 줄었지 과거와 같이 참혹하기는 마찬가지이다. 이와 같은 현실에서, 인류의 평화에 대한 꿈은 과거와 같이 아득히 멀기만 하다. 설사 낙관적으로 말한다 해도, 우리가 예견할 수 있는 세월 내에서는, 누군가 피를 흘리든지 피를 흘리지 않든지 간에, 전쟁은 황급히 사리지지 않을 것이다. 이렇게 된 이상 일어날 사건은 결국 일어날 것이므로, 현재 우리들이 해야 할 일과 할 수 있는 일은 바로 '어떻게 승리할 것인가?'이다.

향후 경계가 없는 전장에서 전개될 광의의 전쟁은 군인과 무기에만 의지해서는 대전략 상의 국가안보를 달성할 수 없을 것이며, 이 수준의 국가이익을 지키지도 못할 것이다. 확실히, 전쟁은 군인·군대·군사라는 범주를 뛰어넘어, 갈수록 정치인·과학자 심지어 은행인의 업무로 변하고 있다. 어떻게 전쟁을 수행할 것인가라는 문제는 더 이상 군인들만 생각해야 할 문제가 아니다. 일찍이 20세기 초, 클래맨소Clemenceau는 "전쟁은 매우 중요하기 때문에, 장군들에게만 이것을 맡길 수 없다"고 말한 적이 있다. 최근 백 년의 역사에서도 '전쟁을 정치인들에게만 맡기는 것도 마찬가지로 이 중요한 과제를 해결하는 이상적인 방법이[5] 아니다'라고

[4] 미래의 전쟁에서는 금융전과 같이 병사들이 피를 흘리지 않고 적국을 굴복시키는 전쟁이 갈수록 많아질 것이다. 생각해 보자. 만약 1998년 8월 홍콩 금융전쟁이 패배했다면, 홍콩 심지어 중국의 경제에 어떠한 파괴적인 영향을 낳았겠는가? 그리고 이러한 상황이 결코 불가능한 게 아니다. 만약 러시아의 금융시장이 붕괴되지 않았다면, 금융 투기꾼들은 앞뒤로 공격을 받게 되었을 것이며, 결말이 어떻게 되었을지 예측하는 것은 어려울 것이다.

경고하고 있다. 사람들은 방향을 바꾸어 기술문명에게 도움을 구하고, 기술의 발전 속에서 전쟁을 통제하는 밸브를 찾기를 희망하고 있다.

하지만 사람들이 실망하게 되는 것은, 한 세기가 빠르게 지나갔으며 기술도 많은 발전을 이룩했지만, 전쟁만은 예전처럼 멍에와 안장을 채우지 않은 야생마처럼 날뛰고 있다는 것이다. 사람들은 또한 군사혁명에 허황되게 기대를 걸고 있으며, 첨단기술의 무기와 비살상성 무기로 시민 및 군인들의 피해를 감소시켜 전쟁의 잔혹성을 줄이기를 희망하고 있다. 그러나 군사혁명은 다른 혁명과 함께 20세기의 마지막 10년을 변화시켰다. 세계는 이미 과거의 세계가 아니지만, 전쟁은 예전처럼 잔혹하다. 유일하게 다른 점은, 이러한 잔혹함이 적대하는 양측으로 구별되어 확대되었다는 것이다. 로커비 항공사고 · 나이로비와 다르에스살람의 두 차례 폭발 · 동남아시아 금융위기를 다시 생각해 보면, 이러한 전쟁에서 잔혹성이 무엇을 의미하는지를 이해하는 것은 그리 어렵지 않을 것이다.

이것이 바로 세계화이면서, 세계화 시대의 전쟁인 것이다. 비록 이것이 단지 한 단면이지만, 사람들을 놀라게 할 만한 측면이 있다. 이러한 측면이 세기가 바뀌는 시기의 군인들에게 향하거나, 혹은 모든 군인들은 다음과 같이 자문해야 할 것이다. 우리가 여전히 무엇을 할 수 있는가? 만약 모리스, 빈 라덴, 소로스 등의 부류를 미래전쟁의 군인이라고 부른다면, 군인이 아닌 사람이 있겠는가? 파월, 슈워츠코프, 모세 다얀, 샤론 같은 사람들도 모두 군장을 착용한 정치인이라면, 정치인이 아닌 사람이 있겠는가? 이것이 바로 세계화와 세계화 시대의 전쟁으로, 군인들에게 주는 난제難題인 것이다.

---

[5] 히틀러·무솔리니를 막론하고, 밀로셰비치도 전쟁을 성공적으로 지배하지 못했다. 여기에는 클레망소 자신도 포함된다.

기왕 군인과 비군인의 경계가 이미 깨졌고, 전쟁과 비전쟁의 구분도 이미 희미해졌으며, 모든 난제難題가 세계화 때문에, 서로 긴밀히 연결되어 맞물려 있다면, 인류는 반드시 난제에 대한 열쇠를 찾아야 할 것이다. 만약 이 자물쇠들이 전쟁의 문에 걸려 있다면, 열쇠들은 반드시 모든 자물쇠들을 열 수 있어야 한다. 그리고 이 열쇠는 전책, 전략, 전예에서 전술에 이르기까지 모든 수준에 적합하고, 또한 정치인, 장군에서부터 병사에 이르기까지 모든 사람들에게도 적합한 것이어야 한다.

우리는 '초한전超限戰'을 제외한 다른 열쇠를 생각해 내지 못했다.

부록

초한전 저자들의 답변

초한전이 출판된 후, 국내외 매체들은 일시적으로 관심을 가져주었고, 비방 심지어는 매도하는 경우도 있었다. 우리가 여러분에게 알려주고 싶은 것은, 이런 모든 것들이 매체들 자신의 판단이었다는 것이다. 우리들은 한 매체가 자기를 선전하고, 초한전을 '전매'하도록 요청하지 않았다. 최근 1년 간, 많은 독자들이 초한전 토론회에 참가하여 여러분이 이 책을 찬성하든지, 반대 심지어 호통치든지 관계없이, 중국을 염두에 둔 입장을 성실히 견지한다면, 우리들은 여러분의 의견을 존중할 것이고, 여러분에게 군의 예절을 표할 것이다. 다음은 우리가 독자들의 초한전에 대한 질문에 답한 내용이다.

1. 초한전은 의화단 식의 군사사상인가 또는 감정적인 작품인가?

이와 같은 판단을 하는 사람은 먼저 초한전의 판권 페이지를 펼쳐 보세요. 이 책은 1999년 2월 중순1998년 12월 완성, 1996년 구상에 출판되었다. 이때는 코소보 전쟁 발발과 1개월 정도 간격이 있었고, 중국 대사관 피폭과는 3개월 정도 차이가 있었다. 이전에 우리는 충분한 시간을 가지고 냉정히, 이성적으로 미군의 강점과 단점을 연구 및 평가할 수 있었기 때문에, 감정적으로 치우칠 필요가 없었다. 이 점은 이 책의 전반부를 읽기만 하면, 바로 결론을 내릴 수 있다. 미군조차도 이 책이 그들의 현상과 약점을 매우 자세히 연구했다고 공개적으로 인정했고, 우리들은 감정적이면서 이성적으로 이 문제를 생각할 수 있는 사람은 없다고 믿는다. 최소한 우리들은 할 수가 없다. 그 당시 의화단의 군사사상가들만약 있다면에 대한 평가도 불가능하다. 그래서 초한전을 읽지 않은 사람은 이 책을 간단히 감정적인 작품으로 단언해서는 안 되고, 사실을 가지고 사람들이 믿도록 해야 한다. 이에 대해 독자 여러분들은 "책을 읽고 다시 말하라"는 우리들의 작은 부탁을 들어주시기 바랍니다.

2. 초한전은 중국위협론에게 어떤 구실을 만들어 주었는가?

중국위협론은 서양의 선진국들의 중국굴기에 대한 걱정과 오해에서 비롯

되었으며, 서양의 이익이란 배경 하에 걱정과 오해는 지록위마指鹿爲馬와 같은 편견으로 변하고 있다. 편견은 사실을 필요로 하지 않는다. 중국위협론은 초한전의 출현으로 시작된 것이 아니기 때문에, 당연히 초한전이 없어진다고 사라지지 않을 것이다. “거짓말도 천 번 중복되면, 진실이 된다”는 말과 같이, 천 번 중복된 지적은 원래 자심감이 충만했던 사람을 자신감 없게 만들어서, 지적자의 요구대로 일이 되게 할 수가 있다. 러시아의 잘못이 멀리 있지 않기 때문에, 중국은 경계심을 당연히 가져야 한다. 서양이 시끄럽게 선전하는 중국위협론은 중국에 영향을 주고 변화를 주려는 음모가 되고 있으며, 중국의 경제성장률이 세계 1등이므로 중국은 위협이 된다고 말하고 있는 것이다. 그리고 중국은 13억의 인구가 있으므로 위협이 되며, 대만해협에서 미사일 시험발사를 하므로 위협이 되고, 중국은 항공모함을 만들지 않았는데도 항공모함을 만들고 있다는 헛소문을 뿌려 여전히 위협이 된다고 말한다. 이를 통해 우리는 중국위협론을 뿌려 무엇을 하려고 하는지 알 수가 있는데, 어떻게 이 험악한 올가미에 빠질 수 있겠는가? 만약 중국위협론이 우리의 손과 발을 묶게 되면, 우리들은 “말을 하려다 얼버무리고, 들어가려다 주저한다”는 말과 같이 어떤 것도 이루지 못할 것이다.

초한전을 보면, 우리가 예로 든 테러주의가 모 패권국가의 행동이고, 논리적으로 보면 결론은 ‘패권국가 위협론’이어야 한다는 것을 발견할 수 있을 것이다. 어떤 국가의 패권주의가 세상을 위협하고 있는데, 중국위협론은 어디에서 왔는가? 만약 강적과 맞서서, 생사존망에 처해 있다면, 우리는 적이 이미 사용한 적이 있는 ‘초한’ 전법에 따라 강적을 되돌아가게 할 수가 있다. 중국의 위협을 무서워하는 사람들이 중국을 위협한다. 군인으로서 우리들의 목표는 침략을 억제하고 적과 싸워 이기는 것이다. 우리들의 수단은 무기 외 이론적인 위협도 포함한다. 용감해서 다른 사람을 두려워하지 말고, 날카롭고 위풍당당한데도 애교스럽고 어리석은 태도를 흉내 내는 것은 군인의 치욕이고 민족의 치욕이다.

3. 초한전의 주장은 테러주의인가?

초한전은 테러주의 특히, 서양 열강의 '국가테러주의'를 반대한다. 그 이유는 절대적인 피해의 양적 관점에서 보면, 국가가 가지고 있는 조직적인 테러주의는 빈 라덴 부류들보다 훨씬 더 심하다. 비록 서양 매체들이 케냐의 폭탄사건을 보도한 것과 같이 유고연방 TV방송국 피격, 서민들 열차 피폭, 중국대사관 피폭 등 비참한 사건들을 보도하지 않을지라도, 이것들이 테러주의가 아니라고 말할 수 있겠는가? 초한전은 테러주의를 주장한다고 잘못 이해하는 관점은 대부분 서양 매체의 오보에 기원하고 또한 일부는 독자들의 오독이다. 한 네티즌은 인터넷에서 여러 차례 우리들에게 "테러주의가 각국 정부가 가장 좋아하는 교사"인 이유가 무엇인지를 물었다. 그가 시야를 넓혀서 "규칙을 무시하는 적을 상대하는데, 가장 좋은 전법은 규칙을 벗어나는 것일 수 있다"라는 부분을 읽으면 알 수 있을 것이다. 우리는 또한 "서양의 열강 등이 마음대로 규칙을 수립하고, 규칙을 무시 또는 깨서 자의적인 국가테러주의라는 행동을 하게 되면, 항상 세력이 약한 집단은 테러주의를 실시할 요인이 된다"라는 말을 보충하고 싶다.

반테러주의는 우리의 일관된 관점으로, 재미있는 독자들은 저자의 '마지막 날의 문末日之門'이란 책을 참조할 수 있을 것이다. 단지 편견이 없고 정상적인 이해력만 있으면, 다음 문장에서 우리들의 테러에 대한 반감을 어렵지 않게 알 수 있을 것이다.

> 진정으로 사람들로 하여금 공포감을 느끼게 하는 것은 테러주의자들이 강력한 무기가 될 수 있는 첨단기술과 만나는 것이다. 현재 사람들이 이 전망의 실마리를 조심스레 확인하고 있다. 실제 옴진리교 신자들이 동경 지하철에서 사린가스를 살포하였는데 테러효과는 독가스로 인한 사상자보다 훨씬 컸다. 이 사례는 현대의 생화학 기술이 대규모의 인명을 살상하려는 테러분자들에게 유용한 무기가 되었다는 것을 보여준다. 이와 같이 복면을 쓰고 무고한 사람의 살해하여 테러를 하는 킬러들과는 달리, 이탈리아의 '롱 스피어'라는 무장조직은 첨단기술을 이용하는 테러조직이다. 이 조직은 목표가 분명하고 뛰어난 수단을 가지고 은행과 뉴스센터의

> 컴퓨터망에 침입해 자료를 절취, 프로그램 소거 및 수정·허위 정보 확산 등에 뛰어난 능력을 보였는데, 이것이 바로 네트워크 및 매체에 대한 전형적인 테러이다. 우리는 이렇게 최신 기술을 이용해 새로운 영역과 인류에 위협이 되는 테러를 신(新) 테러전이라고 명명한다.

이러한 내용들을 읽은 후에도, 테러주의를 주장하는 모자를 초한전이란 머리에 계속 씌우려는 사람은 용기가 필요하지 않겠는가?

4. 초한전은 '무한전(無限戰)'인가?

사실, 이 점은 문제가 되지 않는다. 그 이유는 우리가 책에서 다음과 같이 명쾌하게 설명했기 때문이다.

> 현재 우리는 또 한 번 역설에 직면해 있다. 이론적으로 '초한'이라는 것은 조금도 제한을 두는 것이 없어야 한다는 것을 말한다. 즉, 모든 것을 초월한다. 하지만 한계가 없는 초월은 실제로 불가능하고 할 수도 없는 것이다. 어떠한 초월도 단지 일정한 한계 내에서 진행되어야 한다. 다시 말해서 초한은 무한(無限)과 동의어가 아니라, 단지 '유한'을 확대시킨 것이다. 즉, 어떠한 영역, 어떠한 방향의 고유한 경계선을 초월하는 것으로써, 이미 정한 목표를 달성하기 위하여 더욱 많은 영역과 방향에서 기회와 수단들을 조합시키는 것이다. 우리는 이것을 바로 '초한조합전(超限組合戰)'이라고 정의한다.

이것은 바로 우리가 책에서 한 정의이다. 초한전을 '무한전'으로 이해한 사람들은 인용된 부분에 대해 누락했거나 읽어도 이해를 하지 못했거나 의도적으로 읽지 않고 넘어간 것인가?

우리들은 3개월이란 시간을 거쳐, 퇴고를 하고 50여 번 책의 이름을 바꾸고서야 초한전이란 개념을 정립했다. 초한전의 가장 중요한 이론적인 내용은 시각이 전쟁의 군사적 성격을 초월하는데 있다. 미군이 '비전쟁군사행동'이라는 개념을 혁명적으로 개척한 후에, '비군사전쟁행동'이라는 개념을 전쟁의 범주에 반영하였다. 전쟁의 군사와 비군사간의 경계가 깨짐에 따라, 과거에 전쟁과 비전쟁 사이에 있었던 모든 경계가 자연히 깨지게 되었고, 전법의 '초한'도 뒤따르게 되었다. 소위 '초한'은 바로 전쟁이 바로 군사의 영역을 넘어서고 있다는 것을 가르킨 것이다.

형식적인 논리로 보면, 초한은 '한限'을 전제로 한 것이다. 본래 한이 조금도 없다면, 어떻게 '초'가 있게 되는가? 변증법적 논리로 보면, 한은 본래 상대적인 개념으로, 한이 정해져 있을 때 초가 존재하게 된다. 초한은 유한有限에 대한 초월이고, 사상적으로 무한에 가까우나, 행동하는 과정에서는 확대된 유한이다. 초한은 하나의 과정, 즉 하나 하나의 유한을 타파하고 끊임없이 무한에 가까워지는 과정인 것이다. 흡사 양완리楊萬里의 시에서 "正入萬山圈子里, 一山放出一山攔당신이 숭산준령의 만산에 들어서서, 산 하나를 막 넘으면 또 다른 산이 당신을 가로 막는다"라고 말한 것과 같다. 초한과 무한의 차이는 머리를 쓰기만 하면, 몸소 살펴볼 수 있을 것이다.

이 외에, 명확히 해야 할 것은, 소위 한도와 경계를 초월하는 것은 주로 사상적으로 좁은 울타리에 갇히지 말 것을 의미한다. 전쟁의 '초한'수준은 서양의 구체적인 상황을 보고 정해야 한다. 예를 들어, 영국 등 강대국을 포함한 미국은 이 문제에서 자기의 손과 발을 묶지 않고, 항상 경계와 한도를 초월한 '잘못된 공격', '잘못된 폭격', '초국가적인 법 집행' 등과 같은 조치를 취해 전세계로 하여금 주시하게 만든다. 영국 수상인 블레어는 취임 초기에 영국군 군사정보 5국에 명령을 내려, 서방이 인정한 테러주의 국가의 지도자에 대해 지시가 없어도 암살을 할 수 있게 했다. 이 문제에 관해, "서양은 이렇게 할 수 있는데, 우리는 결코 할 수가 없는가?"라고 묻지 않을 수 없다. 여러분은 명백히 보시기 바랍니다.

5. 초한전은 미국을 겨냥했는가?

한 군사학 박사가 초한전에 관한 통계를 냈는데, 초한전 내에서 미국을 360여 번, 미군 군정인사의 이름도 130여 번 언급했다는 것이다. 그래서 그는 초한전은 미국을 겨냥한 것이라는 결론을 냈다. 우리들은 초한전에서 중점적으로 분석한 것은 미국의 군사이론과 군사작전이었다. 그 이유는 우리들이 미군과 세계 각국의 군대를 비교해 보면, 미군의 장비와 능력을 막론하고 군사이론도 선두에 있다는 것을 명확히 알고 있기 때문이다. 과거 많은 사람들이 미군을 연구할 때 오류가 있었는데, 그것은 미군이 군사기술 측면에서 선두이기 때문에 자연히 군사사상측면에서도 마찬가지로 선두라고 생각한 것이다. 미군의 군사이론을 매우 우러러 보게 되면, 미시적인 시각을 갖게 된다. 우리들은 내려다보는 시각에서 미군을 '많은 단면이 있는 사과'로 보고 해부해 보면, 미군들의 장점과 단점을 이해하게 되어서 이론적인 측면과 작전적인 측면에서 미군을 초월할 수 있게 된다. 우리들은 초한전을 구상하고 집필하는 과정에서, 미군에 대한 연구와 비판을 학리적 측면에 두었으며, 감정적인 부분을 가미시키지 않았다. 군사이론의 저작은 결코 작전방안과 같을 수 없으며, 그 분석 대상이 반드시 적인 것은 아니다. 시험 삼아 물어 보는데, 손자병법의 적은 누구인가? 전쟁론의 적은 누구인가? 만약 초한전은 누구를 상대하는 것이냐는 질문에 대답할 것을 요구한다면, 그것은 매우 간단하다. 중국을 침범한 사람, 중국의 국가이익에 손해를 입힌 사람을 상대하는 것이다! 자기와 관계된다는 사람이 없기를 바란다.

6. 초한전은 실행가능성이 있는가?

최근 대만 당국이 주식시장을 위해 수천억 대만 달러의 안전기금을 만들고, 미국 정부가 정보전을 위해 취한 조치들을 보면, 어렵지 않게 '초한전법'의 실행 가능성을 발견할 수 있다. 우리는 초한전에서 이론적인 정립과 사고에 중점을 두었고, 구체적인 방안을 수립하지 않았다. 단지 사고의 방향이 정확하기만 하면, 방안을 수립하는 것은 결코 어렵지 않다.

7. 초한전은 전쟁의 규칙을 지키지 않는가?

전쟁 중에는 절대적인 규칙이 없다. 예를 들어, 기만은 전쟁 이외의 사회에서는 규칙위반이나 전쟁에서는 지혜라고 부를만한 가치가 있다. 소위 '병자궤도兵

子詭道', '병불염사兵不厭詐'는 이미 군사상식이 되었고, 순진하게 이에 대해 반대 의견이 있는 사람은 없을 것이다. '불격반도不擊半渡, 강을 반 쯤 건넌 적을 공격하지 않는다'는 고대 중국의 전쟁규칙이었으나, 후세의 전쟁에서 깨졌다. 엥겔스는 스페인 전쟁을 연구할 때, 적이 도하할 때 공격을 해야 한다고 지적했다. 그리고 전쟁 당사자의 입장이 다르면 규칙에 대한 이해도 달랐으며, 팔로군은 일본군과 백병전을 했다. 일본군은 팔로군이 무사도武士道를 지키지 않고, 정확히 말하면 팔로군은 무사도 규칙에 적합하지 않는다고 말했는데, 일본은 왜 중국에 와서 살인을 하고 방화를 하였는가? 규칙은 상대적인 것이고, 규칙준수와 위반도 상대적인 것이다.

당연히, 우리는 모든 규칙을 지킬 필요가 없다고 말하는 것이 아니다. 중국은 책임 있는 대국으로써 조인된 규칙, 조약은 모두 지켜야 하고 여기에는 당연히 무장충돌법도 포함한다. 그러나 규칙준수는 반드시 대등해야 하고 조약은 쌍방 모두에게 구속력이 있어야 한다. 중 · 미 외교관계 수립은 양국의 교류가 외교관련 규범에 부합할 것을 요구하므로, 미군이 대만에게 무기장비를 수출한 것은 규칙위반이고, NMD, TMD도 규칙위반이다. 그리고 정부가 '핵 실험 금지 조약'을 조인했는데 의회가 비준하지 않는 것도 규칙위반이다.

미국은 규칙과 관련해서 항상 모순되고 신의가 없고, 미국연방준비제도 이사회가 말레이시아와 홍콩의 금융위기를 비판하는 행위도 '자유경제'란 규칙을 위배한 것이고, 미국의 '장기기금'이 위기에 봉착했을 때, 미국도 예전대로 구제했다. 이것도 마찬가지로 자유경제란 규칙에 적합하지 않다 규칙을 수립하고 이용하는 것이 '규칙전戰'으로 변할 수 있다. 예를 들어, 서양은 '불량국가'라는 말을 만들어, 불량국가에 대해 무력을 동원하는 것은 국제법의 제한을 받지 않는다. 불량국가의 기준은 무엇인가? 누가 확정하는가? 마음대로 다른 사람에게 모자를 씌우고 무력을 사용할 수 있는 것이 규칙을 파괴하는 것이 아닌가? 코소보 전쟁에서 나토는 유고슬라비아 방송국을 군사표적으로 확정한 후 파괴하였다. 이 확정은 과거 전쟁규칙에 대한 파괴이다. 하물며 유고슬라비아에 대해 전쟁을 개시한 것은 전 인류가 인정하고 미국과 서양이 걸프전에서 지키려했던 '주권 신성 불가침'이란 규칙을 파괴한 것이다. 이 파괴의 방법은 바로

'인권이 주권보다 더 소중하다'라는 새로운 규칙을 수립한 것으로, 정말 자기 마음대로 하고 있다고 평가할 수 있다.

우리는 전쟁의 규칙이 타파되어야 한다고 말하는데, 이것은 바로 세상에서 결코 일관적이지 못한 절대 규칙을 겨냥한 것이다. 그리고 강대국이 항상 규칙을 깬다는 것은 객관적인 사실이라고 말할 수 있다.

8. 초한전은 목적이 정확하기만 하면 나쁜 일을 하는 데 모든 수단을 다 사용하는 것에 찬성하는가?

이것도 오독이다. 사소하지만, 초한전에 찬성하는 사람들도 이 책에 대한 오해와 오독이 너무 많다. 우리들은 승리를 위하여 수단을 가리지 않고 어떻게 해도 된다는 것에 결코 동의하지 않는다. 단지 우리들은 중국이 수천 년간 도덕 국가라는 것이 우리 민족에게 남긴 해독이 매우 크다는 것을 절실히 느끼고 있다. 우리는 어떤 때 다른 사람들의 칼이 목에 들어와도 겸손한 군자인 척했는데, 어찌 나라를 망치는 게 아니겠는가? 우리는 서양 열강, 심지어 그들의 적에게도 배울 것을 호소한다. 규칙이 여러분의 나라에 유리하게 하고, 자신의 손과 발이 묶여서 유린당하지 않게 해야 한다. 이 문제에 대해, 우리는 철저히 생각하여 "철저히 한 번 마키아벨리가 될" 것을 주장한다. 그러나 주의할 것은 의도적으로 이 문장 앞에 '사상 측면'이란 네 글자를 추가하는 것이다. 이 네 글자를 누락시켜 오해를 낳지 않기를 바란다.

동시에 초한전의 '초한' 두 글자는 '비군사전쟁 행동'을 가르치고이것은 우리가 책에서 제기한 첫 번째 중요 논점이다, 군사영역을 초월해 새로운 전장을 개척하고 새로운 작전수단을 찾을 것이다. '자애로운 무기'로 '자애로운 전쟁'을 한다는 것이 결코 제한 없이 폭력을 확대하고 사용하는 것을 주장하지는 않는다.

9. 초한전은 인문정신에 위배되는가?

어떤 전문가는 "우리가 직면한 우선 사항은 어떻게 싸우느냐가 아니라 싸우지 않아야 하는 문제이다"라는 이유로 초한전을 반대한다. 이 말은 듣기에 보편적인 진리 같은 '평화선언' 같지만, 문제는 현재부터 백 년간, 전쟁에서 사라지는 현상들이 있을 것이라는 것을 조금도 알아보지 못할 것이다. 그러면 수시로 여러분에게 억지로 강요하는 전쟁을 직면할 경우, 여러분은 어떻게 할 것인가를 먼저 생각하지 않고, 오히려 거기에서 과연 그럴 듯하게 '전쟁을 하지 않는다'라고 허풍을 떨면, 어떤 사람이 국가를 없애고 노벨 평화상을 받으려고 한다고 추측하지 않겠는가?

초한전은 '자애로운 전쟁비살상 성격의 전쟁'을 추구하기 때문에 인문정신의 궁극적 목표와 서로 일치한다. 그러나 우리는 세상 사람들을 불쌍히 여기는 고상함 위하여, 어리석은 동곽선생東郭先生과 같이 늑대에 대한 인자함으로 자비를 얻는 것을 헛된 명성으로 본다. 이와 같은 '고상'과 '인자'의 결과는 어느 날 아침에 국가와 민족의 운명을 갑자기 전쟁의 전리품으로 바꾸게 될 것이다.

10. 초한전은 군대의 지위와 역할을 하락시킬 것인가?

군대는 세계화 시대에 국가안보를 독점할 수 없고, 우리가 책에서 이야기한 것 같이 혼자서 큰 일을 감당하기 어려울 것이다. 국가 안보는 시스템 공학으로 국가역량을 가지고 달성하는 것이다. 그러나 군대의 독특한 역할은 대체될 수 없는 단지 역량을 발휘하는 방식이 다소 바뀔 뿐이다.

11. 중국은 초한전의 피해자가 될 것인가?

우리는 이와 같은 걱정이 있다. 어떠한 군사이론도 양날의 칼로 적대적인 양측 모두 사용할 수 있고, 누구도 잘 이용할 수가 있다. 전차전 이론도 그렇고 제공권 이론도 그렇다. 당시 독일군대는 다른 나라에서 나온 두 가지 이론을 사용하여 프랑스를 망하게 했고, 하마터면 영국과 소련도 병합시킬 뻔 했다. 초한전은 "실제 미국은 자각하든지 못하든지 간에 초한전법을 운용하고 있고, 우리는 자각적으로 교묘하게 운용하여 초한전의 수익자가 되지 피해자가 되지는 않을 것이다."라고 말하고 있다.

12. 초한전은 '범 전쟁론'인가?

어떤 의미에서 보면, 우리들은 '비군사전쟁 행동'이란 개념으로 기존의 전쟁 개념을 깨는 것이다. 대전략을 연구하는 한 전문가가 우리들에게 "어떤 것도 전쟁으로 본다면, 어떤 것도 전쟁이 아니다"라고 훈계를 했었다. 그 전문가의 말은 우리가 크게 깨닫게 된 계기가 되었다. 우리는 '전쟁의 소멸'이란 새로운 관점에서 초한전을 자세히 살펴보고, 군사적 성격의 전쟁이 약해질 때 '범 전쟁'의 시기가 있을 것이다. 거의 모든 기술, 모든 영역도 전쟁에 들어갈 수 있어서 전쟁이 갈수록 광범위해지게 된다. 또 다른 측면은 무기의 '자애로움' 때문에 전쟁의 인원 살상이 갈수록 적어져서 갈수록 전쟁인 것 같지 않다 사람들은 이 때문에 전쟁을 대체하여 분쟁을 해결하게 되는 방법을 찾을 수 있을 것이다. 이런 맥락에 따라, 초한전은 아마 '범 전쟁'이론의 전주곡이 될 것이다. 2000년 1월 3일 해방군보의 치창밍齊長明의 글은 초한전을 '범 전쟁'이론으로 평가했다. 이것은 지금까지 초한전 토론에서 우리에게 이야기 하는 가장 큰 이론적인 공감이다.

13. 초한전은 이론적인 체계가 있는가?

우리는 완벽하면서 성숙된 이론적인 체계를 바라지 못했고, 체계는 이론적으로 완성된 상태이다. 우리는 단지 신선하고 활발한 군사사상을 시도했고, 힘이 약한 국가가 적을 싸워 이기는 생각을 제공할 뿐이다.

14. 초한전은 왜 이러한 문체로 썼는가?

우리는 작성 초기에 초한전이 최종적으로 진정한 군사전문가와 동시에, 보통 군인과 군사애호가들을 만나서 전문가와 보통 독자로 하여금 이 책을 읽게 하여, 초한전의 새로운 군사사상들이 광범위하게 공감을 얻게 되면 적당한 표현 형식을 찾게 될 것으로 생각했다. 신선한 생각을 구현할 신선한 형식을 필요로 한다. 손자 이래의 병서들을 읽어보면, 군사이론도 아름다운 문체를 배척할 수 없다는 것을 알게 된다. 3년간 자료를 준비한 후에, 우리는 9개월 동안 완성했다. 반응을 보면, 우리의 목적은 여전히 달성했다. 그 이유는 많은 사람들이 한 번에 초한전을 다 봤다고 말하기 때문이다. 이것은 우리를 기쁘게 하고 위로한다.

반년 전, 우리는 '先讀了再說먼저 읽고 말하라'는 제목으로 글을 썼는데, 아직 책을 보지 않고도 거침없이 이야기 하거나, 심지어 욕도 하는 사람들은 책을 한번 읽기 바랍니다. 우리들이 보기에 초한전과 관련된 문제는 모두 책 내에 있어서, 책을 읽고 조금 성실하기만 하면 여러분 자신의 그리고 서방 매체에서 얻을 수 없는 결론을 얻을 수 있을 것이다. 많은 오해와 질문도 어렵지 않게 해소할 수 있을 것이다. 후에, 우리는 독자들의 의견을 더 많이 듣고 이야기 하고 싶다. 지금, 우리는 상술한 14개 문제에 대한 대답을 썼는데, 이는 주로 독자들의 열정에 대한 반응으로 여러분들에게 진심으로 감사함을 표하고 싶다.

중국을 '악마화'하는 서방과 초한전을 '악마화'하는 정책과 매체에 대해서, 우리의 태도는 "최고의 경멸은 무언이고, 국내의 문화대혁명 때와 같은 술책으로 초한전을 대하는 사람에 대해서, 우리는 말을 많이 할 마음이 내키지 않고 단지 일깨우고 싶은 말은, 지금은 이미 2000년이 되었다는 것이다.

2000년 2월 1일, 초한전 초판이 출판된 지 1년이 된 때

'악마화'에서 '학리화(學理化)'까지

- 초한전 평가에 대한 변천 -

첫 번째 단계는 '악마화' 시기로 홍콩, 대만, 싱가폴의 신문과 서방매체들은 원 저작물을 보지 않은 상황에서, 헛소문이 꼬리를 물고 번져나가 초한전을 '중국 위협론'의 최신 사례로 보았다. 홍콩의 아주주간亞洲週刊은 '한계를 뛰어넘는 새로운 전법'이라는 글에서 미국 버지니아 주 연구소 선임연구원 장밍張明의 견해를 인용하여, 초한전이 생물학전을 사용할 것을 추천하여 "분명히 부정적인 측면이 있다"라고 기술하였다. 랜드연구소의 제임스 멀베니언James Mulvenion은 이 책을 보지도 않고 함부로 의견을 제시하는 사례는 중국 매체에서도 볼 수 있었다. 국내에서 유명한 류홍보라는 작가는 '우한완빠오武漢晩報'에 "초한전은 사람들을 머리 아프게 한다"라는 글에서 "비록 초한전을 보지 않았을지라도, 미국을 머리 아프게 하는 이 책에 대해 '두통'을 느꼈다"라고 주장했다.

이 가운데 극단적인 사례는 미국의 중국어 매체인 '스제르빠오世界日報'의 사설에서 "초한전은 테러주의 또는 시정잡배와 같이 방해하는 심리를 고취시킨다," "첫째, 초한전 저자들이 책에서 전달하고자 한 것은 매우 비뚤어진 반미 정서로, 중국내 강경파들의 대미 전쟁 콤플렉스를 이야기하고 있다. 둘째, 초한전은 '불량배들이 나라를 다스린다'와 '불량배들이 군을 지휘한다'라는 논리를 표현한다. …… 소위 초한전은 의심할 바 없이 잠꼬대 같은 소리이고, 주장하는 근거는 확실히 부족하다. 우리들은 중국군 당국이 국제적인 이목을 위해서 저자들을 퇴역시켜야 했다고 알고 있다"고 보도했다.

이 시기에 대만은 가장 강하게 걱정했다. 많은 뉴스 매체들은 "대만 국방부가 중국군이 초한전을 수행하는 것을 배제하지 않는다,", "차이나 타임스China Times 기자인 황이화黃逸華의 보도에 따르면, 며칠 내 양안 간 해커들의 네트워크전이 앞 다투어 전개되고 있고, 일반적인 교란과 시위 외에도 '국방부는 이것이 또 다른 전쟁형식의 훈련인가?'와 더욱 중요한 것은 이 사례와 중국군이 최근 크게 고취시키는 초한전과 직접적인 연관이 있는지?에 주의를 기울여야 한다고 보도했다. …… 대만 국방부 정보국 후웬제胡元杰 소장은 현재 해커전, 여론전과 같은 초한전의 기본형태가 나타날지라도, 이것은 개인행동에 속한다고 지적했다. 그러나 그는 중국공산당이 초한전을 사용할 가능성을 배제하지 않고, 미래 중국공산당이 점차 초한전을 운용하여 우리에게 압력을 가할 것이라고 강조했다"라고 보도했다.

2000년 초, 미국의 장군단이 초한전의 영문 번역본을 가지고 와서, 중국군사과학원의 군사연구원에게 보냈다. 동시에 두 개의 소식이 있었다. 즉, "첫째, 미국 국방부는 이 책을 고급장교단에게 배부하여 연구하도록 했다. 둘째, 미국 육군사관학교는 이 책을 생도들에게 필독서로 지정했다"는 것이다. 그들의 소개에 따르면, 미군은 1999년 여름, 20여 명의 전문가를 조직하여 2개월 간 초한전을 번역했다. 이후 서양의 군사전문가들이 번역본을 연구한 후, 자신들의 견해를 제출하였다. 그 글에서 그들은 초한전의 가치에 대해 높은 평가를 했다. 예를 들어, 미국의 버지니아 군사학교의 아하리Dr. Ehsan Ahari는 "초한전은 아마도 클라우제비츠 또는 손자가 쓴 책들과 비교할 수는 없다. 그러나 이 책은 명확히 독창적인 사상을 논증했으며, 21세기 전쟁을 전망하는 창작물이다. 그리고 '대추세', '힘의 전이'와 같은 훌륭한 노력이 돋보인다"라고 지적했다.'초한전: 균형을 찾는 약자를 위하여',《簡氏防務》, 2000년 2월. 참조 랜드 연구소의 멜배니언은 초한전을 읽은 후 태도를 바꾸어, 방중과정에서 국방대학의 모 전문가에게 이 2명의 군사이론가를 사귀고 싶다는 의견을 전달했다. 이런 측면에서 보면, 서양의 군사이론가들은 이미 초한전을 군사이론의 논저로 평가하고, 학술적인 탐구를 진행하여 초한전에 대한 평가는 학리적 측면으로 진입하였다.

1999년 12월 2일, 대만의 '중화전략학회中華戰略學會'는 '중국군사의 현대화와 초한전의 분석'이라는 세미나를 개최하였다. 세미나에 참석한 사람들은 56

명의 고급장교, 관료, 연구원들이었고, 이 가운데는 22명의 장군들이 있었다. 세미나의 사회를 본 사람은 전 대만 국방부 차관 류다차이劉達才 중장이었다. 세미나의 주요 내용은 초한전의 특질, 초한전이라는 새로운 전법, 중국군사 현대화와 초한전의 분석, 대만군의 대책 등을 포함하였다. 대만의 한 퇴역 장군은 초한전은 '① 손자병법의 원칙에 부합한다. ② 모택동 군사사상에 부합한다 ③ 현대의 총력전 ④ 인민전쟁의 현대판이라고 긍정적인 평가를 하였다. 본인은 이런 생각들을 인정하고 대만사람들은 이 책에 대해 큰 관심을 가져야 한다'라고 설명하였다.

2000년 3월 8일, 미국 해군대학은 인민해방군문예출판사에 서한을 보내, 해군대학의 교재로 사용하기 위하여 초한전의 판권을 받기를 희망하였다. 서한에는 초한전이 '미국 군인과 비군인에 대한 군사적인 전문지식을 학습하는 데 매우 중요한 의미가 있다'는 내용이 포함되어 있었다.

대만의 신문인 '중화일보中華日報'는 2000년 7월 28일, 30일 이틀간 "초한전은 전략적 경전", "전쟁에는 규율이 없다/초한전은 강한 적을 상대하는 계략이 있다"라는 유엔러이元樂義 기자의 글을 실었다. 그리고 이 기사에서 "손자병법을 제외하고, 약 40여 년 동안 중국의 군사이론은 초한전 같이 서양의 관심을 받은 군사저작물이 나온 적이 없었다. …… 약 14만 자인 초한전은 대만에 전해진 이후, 국방 부문은 강한 충격을 받아서 관련 세미나를 개최하는 것 외에도, 군사평론가들은 앞 다투어 빌려보거나 또는 다른 사람들에게 대신 구매를 부탁하여, 양안의 세력균형에 대해 초한전이 가져올 수 있는 영향을 이해하고자 하였다. …… 서양의 군사 연구자들은 일반적으로 초한전이 제기하는 군사이론이 …… 어떤 의미에서는 중국 군사이론계의 1차 '사상해방'이라고 인식했다. 이 때문에 초한전이 미래와 현실적인 측면에서 발휘할 효과에 대해 관심을 가지지 않을 수 없었다. 바다를 사이에 둔 대만은 이 책의 내용을 경시할 이유가 없었다. …… 현재 초한전이 미국에서는 세 가지 종류의 영문 번역본이 있는데, 미 국방부의 영역본을 포함하여 그들의 높은 관심을 알 수 있다. 단지 저자들은 책 이름을 '무제한 전쟁Unrestricted Warfare'이라고 번역한 것은 정확하지 않은 것이고, 'Going Beyond Limits Warfare'라고 번역하는 것이 적절하다고 생각한다."라고 언급하였다. 대만의 《첨단과학기술》은 2000년 제 3기에 텅신윈滕昕云의 '초한전-모든 한계와 경계를 초월하는 전쟁'이란 장문의 평론을 게재하였다. 이 글에서는 "기본적으로 보면, 초한전이란 관념은 긍정할 만한 가치가 있고 또한 한 가지 수단과 방법에 집착하지 않으며 어떤 수단과 방법을 교묘히 운용할 수가 있고, 최대의 효과를 달성하기 위하여 상호 배합과 협동을 강조한다. …… 우리들은 초한전의 저자들이 심오한 군사적 소양을 보유하고, 현대전쟁 이론 심지어 국제분쟁의 상호작용 모델을 상세하게 이해하고 있어서, 초한전이라는 사상을 만들어 냈다는 점을 발견할 수 있었다. 그 가운데 특히 기특한 점은 2명의 저자가 넓은 가슴과 시각, 객관적인 태도로 모든 문제를 대응하였다. …… 초한전의 대만에 대한 가치와 시사는 바로 초한전이란 새로운 전법의 구조에 있는 것이 아니라, 2가지 사항 즉 저자의 현대기술에 대한 사고와 미국의 군사사상과 교범에 대한 비판에 있다. 대만의 전략연구와 군사사상을 발전시키는 데 있어서, '전문가 및 학자'들은 미국의 군사에 대해 절대적인 숭배를 하여, 미국의 방법과 관념을 의심할 바 없는 진리로 간주하고, 비판과 질문을 하는 능력이 결여되어 있다. …… 국내의 전략연구 수준과는 상대적으로, 초한전의 두 저자인 중국인민해방군 대령들은 매우 높은 수준을 보여주었다. 대만 전문가들의 깊이는 그들의 연구보다 근본적으로 뛰어나지 못하다. 그리고 그들이 미국의 현대 군사발전을 비평할 때 즉, 깊이 있는 연구, 합리적이고 뛰어난 견해를 통한 비판은 미국인들 자신이 지금까지 보지 못했던 맹점들일 수 있었다. 이 글은 대만에서 볼 수 없었고, 모든 대만의 전문가들은 초한전을 겸허히 연구하여 저자들의 기술에 대한 사고와 현 단계 미국의 군사발전에 대해 비판하는 내용들은 '적'의 수준을 보고 자신의 능력을 생각하게 되어, 우리들은 진실로 반성을 해야 한다"고 언급하였다.

이 외에, 서양의 군사 평론가들은 '중국군의 전쟁술 수정', '중국 공군대령의 지정학과 전략' 등의 글에서 모두 침착한 태도로 초한전에 대한 이론적 탐구를 하였다. 그들은 "두 명의 중국 공군대령들이 현대전쟁의 경계가 이미 모호하게 변했고, 시민들의 생활과 군사라는 두 가지 영역이 하나로 연결되어 있다고 지적했다. 전쟁의 승리는 무기, 전략과 서로 다른 전쟁이 창의적으로 조합되는 데 달려있다. 이것은 과거의 전쟁과 커다란 차이점이다. 2명의 대령은 브레진스키, 토플러 등 미국 사상가들의 관점을 인용하였고 그들의 토론은 세계적인 '군사혁명'을 배경으로 삼았다. 그들은 미국을 약화시키려면 국제조직과 비정부조직을 강화시켜야 한다는 것을 알고 있다. 초한전은 매우 추상적인 책으로, 전략의 변화 또는 중국군 조직 개편에 대한 구체적인 방법을 포함하지 않았다. 중국 군사사상가들은 국가를 보위하고 강력한 외국군의 군사적 역량을 대응하는 난제를 만나고 있으며, 그들은 약함으로 강함을 이기는 영감을 이 책에 반영했다고 보여진다.

설사 초한전이 한 권의 군사이론으로, 그 공격의 대상이 결코 특정한 적이 아닐지라도, 대만 군부를 포함한 각국 군사기구들의 높은 관심을 받고 있다.

2000년 8월 8일, 대만은 소위 '국방백서'에서 "중국공산당의 '대만문제' 해결에 대한 긴박감, 중국군의 비대칭전법, 초한전 · 정보전에 대한 발전, 중국공산당의 대만 안보에 대한 위협들이 이미 과거와 비교해서 더욱 즉각적이고 엄중해졌으며, 무력으로 대만을 공격하려는 모델도 더욱 다양화하고 있다"라고 발표했다.

사람들을 어리둥절하게 하는 것은 서양언론들이 초한전을 '악마화'하여 공격할 때, 국내 언론들의 이 책에 대한 반응들이 매우 적었다. 그리고 외국 전문가들의 초한전에 대한 관심이 '학리화' 단계로 접어든 후에는 국내는 오히려 일부 언론과 전문가들이 초한전을 힐난하기 시작했다. 2000년 1월 두수度殊 서점에서 거행된 '99년도 10대 도서 선정'에서, 3위에 이름을 올린 초한전이 비평가들로부터는 배척을 받아서 첫 번째로 선정된 명단에서 탈락했다. 모 평가위원은 "우리들이 직면한 우선사항은 어떻게 싸우느냐가 아니라, 싸우지 않아야 하는 문제이다"라고 이유를 밝혔다. 초한전의 저자들은 이에 대해 "이 말은 듣기에 보편적인 진리 같은 '평화선언'이지만, 문제는 현재부터 백 년 간 전쟁에는 사라지는 현상들이 있을 것이라는 것을 조금도 알아보지 못한다는 것이다. 그러면, 여러분은 억지로 강요를 받는 전쟁에 직면할 경우, 어떻게 할 것인가를 먼저 생각하지 않고, 오히려 그럴 듯하게 '전쟁을 하지 않는다'라고 허풍을 떨면, 어떤 사람이 국가를 없애고 노벨 평화상을 받으려고 한다고 추측하지 않겠는가?"라고 대답했다. '우즈천吳紫辰'으로 서명된 글에서, 초한전 내용 중 '규칙수립'이란 방법을 이용하여 맞수를 공격하는 미국의 관점을 반박하기 위하여, "미국은 결코 규칙을 위반한 적이 없다"라고 억지 주장을 했다. 그리고 저자 두 사람은 파시스트 같은 군인들이라고 암시하기 위하여, 글에서 상식적이지 않게 '일본군 대좌'라고 이야기했다. 더욱 사람들이 이해가 안 되는 것은 이 글이 2개월 후에 또 다른 간행물에 게재되어 '까오젠제高健杰'로 서명되었고, 저자의 직장은 북경에서 중경까지 있었다. 더욱 재미있는 것은, 이 글은 홍콩의 '大公報'에도 투고되었는데, 발표 시의 서명은 또 '까오젠제'로 바뀌어, 사람들로 하여금 이 글의 저자는 초한전의 저자들과 '초한전'을 하려고 결심했다고 생각하게 만들었다.

당연히, 초한전은 국내에서 보편적인 인기를 얻었으며, 초한전 초판에서 7차 인쇄를 해서 6만 부를 발행한 것을 보면 전체를 짐작할 수 있을 것이다. 유명한 작가인 쉬화이중徐懷中 소장은 그의 '아마 여러분은 일출을 본 적이 있다'라는 신작에서 프랑스에 유학한 한 군사학 박사의 초한전에 대한 생각을 묘사했다. 그가 저자에게 보낸 편지에서 초한전은 순전히 학술적인 군사이론으로 "여러분은 세계화 시대에 어디에나 있는 전쟁의 스케치를 묘사할 수 있을 뿐만 아니라, 광의의 전쟁의 전법에 대해 실감나는 상정을 하며, 미래전이 시행되기만 하면 250여 페이지인 병서는 검증 받을 것"이라고 말하였다.

초한전: 균형자의 탐구

-《簡氏防務周刊》의 초한전에 대한 평가-

Ehsan Ahari 박사

(중국인민해방군의 완만한 현대화를 촉진시키기 위하여, 중국의 군사전략 연구자가 잠재적인 적을 겨냥하는 새로운 전쟁이론을 제기했다)

비록 경제발전이 북경의 최우선 문제이지만, 1991년부터 중국은 점진적인 군사현대화를 시작했다. 인민해방군의 각종 현대화 진전 외에도, 중국의 전략사상가들은 중국의 군사상 약점에 주목하기 시작했고, 그들이 얻은 결론은 중국은 그들이 가능성 있는 상대 또는 적의 '아킬레스건'을 찾아야 한다는 것이다.

구소련 붕괴이후, 미국은 중국이 직면한 유일한 적이 되었고, 미국은 경제적 능력을 이용하여 군사조직을 구축하였다. 중국은 줄곧 아시아 태평양 지역에 있는 미국의 세력과 미국이 국제적인 분야에서 주도세력이 되어 도처에 개입하는 경향을 경계해 왔다. 중국은 미래에 미국과 군사적 충돌이 발생할 가능성을 배제할 수 없었다. 대만의 미래 형세는 중 · 미 마찰의 중요한 원인이 될 것이나, 이것이 유일한 원인이 아닐 것이다. 중국은 이미 자신의 경제적 낙후성을 알고 군사적 측면에서 미국과 비교하면 능력이 약하는 것을 주의하고 있다. 이런 상황에서 미국의 군사적 역량이란 현실에 어떻게 대응할 것인가? 답은 바로 미국의 전쟁기구의 약점과 전쟁방식을 연구하여 미국의 전쟁사상을 장악하는 것이다. 중국의 전략 연구자는 이렇게만 하면, 중국은 미래 미국과의 군사적 투쟁에서 대항능력을 구비할 수 있을 것으로 말했다.

그러면, 중국은 미국의 전쟁사에서 무엇을 보았는가? 첫째, 그들은 미국이 인명을 매우 중시한다는 것을 알게 되었다. 2번의 세계대전에서, 미국 군인들의 인명 손실이 매우 커서, 미국인들의 의식 속에는 일반적으로 이런 희생을 매우 귀중한 대가라고 인식한다. 그러나 제 2차 세계대전은 아마도 미국이 마지막으로 성공한 전쟁이었다. 한국전쟁은 비록 UN의 기치아래 진행되었을지라도, 50년대 후반에는 환영을 받지 못하는 전쟁으로 변하였다. 월남전쟁은 미국 사회의 분열을 가져왔고 이것은 미국의 정치적 지위가 외국의 전쟁에 휘말려들어 쇠약해져서 미국은 오직 원거리 작전을 수행하고 인명손실의 최소화를 추구해야 했다.

둘째, 미국은 줄곧 어떻게 하면 전투 중 사상자를 최소화할 것인가로 어려움을 겪는다. 즉, 그들은 부대가 가능한 한 사상자를 멀리하는 것을 보장하기 위하여 기술시스템에 매우 의존한다. 미국은 군사연구와 발전, 군사장비의 생산 측면에서 양보다는 질을 더욱 좋아하고, 그들의 무기시스템은 일반적으로 구소련 또는 유럽국가들보다 훨씬 우수하다고 평가받는다. 1991년 걸프전 승리는 미국의 전쟁기술이 앞선다는 것을 결정적으로 증명한 계기가 되었다. 그러나 그들이 얼마나 우세한 역량을 가지고 있다고 할지라도, 어떠한 국가도 완전히 피해를 받지 않을 수는 없는 것이다. 단지 미국의 상대가 엄청난 노력을 하기만 하면, 미국의 약점을 충분히 찾을 수 있을 것이다.

미국의 군사적 역량은 첨단기술 장비의 큰 소비자이기 때문에, 미국의 상대는 미국의 군사력이 사용된 주요 기술시스템을 상세히 연구해야 할 것이다. 이를 통해 어느 시스템이 쉽게 공격을 받고 이 시스템의 어떤 부분이 군사적 충돌 과정에서 파괴될 수 있는 지를 확정할 수 있을 것이다.

셋째, 미군은 사우디아라비아에서 두 번에 걸쳐 테러를 당했는데, 다국적 테러주의는 미국의 전략가들이 당면한 골치 아픈 문제가 되었다. 이와 같이 국외에서 미군을 겨냥하는 테러주의는 이미 미국 사령관들이 생각해야 하는 중요한 문제가 되었다.

학설의 기본사항

초한전은 중국인민해방군 공군 대령 2명이 쓴 책으로 테러주의를 전쟁의 책략으로 사용할 것을 제안했다. 설사 챠오 대령이 이 책에 관해 이야기 할 때,

"여러분은 책에서 중국이 테러전을 사용해야 한다는 것을 찾지 못할 것이다" 라고 지적하면서, "초한전은 양날의 칼로 어떤 특정 국가를 겨냥하는 전쟁계획이 아니다"라고 보충 설명하였다.

그러나 미국은 두 저자가 분석한 주요 대상이다. 그들은 미국의 외교정책에 관한 전통적인 해석을 깨버렸으나, 그들의 어휘선택은 세계 각지의 반미조직들과 비슷하다. 이 책이 서방 매체의 관심을 끈 것은, 2명의 고급장교들이 썼고 동시에 들리는 바에 의하면, 국방과 외교정책 부서 직원들이 이 책을 보고 강택민 주석도 이 책을 읽었다는 것이다.

초한전은 중국에서 '다음 20년의 기본 이론'이고 '신新군사사상의 구현'이라고 묘사되고 있다. 저자들은 "신개념, 신사고와 전쟁에 관한 신新시각"을 제시하려고 시도했고, 선진 기술을 사용하여 미래전을 수행하는 것에 대해 그들의 신조는 "전쟁의 수요와 국가이익에 따라 반드시 손 안에 있는 패를 뒤섞고 다시 배열해야 한다."고 말했다.

그들은 많은 전통적인 현상들에는 이미 근본적인 변화가 일어났다고 지적한다. 즉, 각 국가들 사이의 상호의존 관계는 국가주권 개념을 모호하게 했고, 국제 금융시장은 전세계적인 화폐거래, 자금이동을 증강시켰으며, 인터넷은 원거리 통신을 단지 몇 초 내에 가능하게 했고, 과거에는 국경 내 모든 정보를 독점했던 정부가 지금은 다국적의 정보들과 투쟁하고 있다. 현재의 국민들은 이미 좋은 정보원을 가지고 있어서 그들의 정부가 주는 잘못된 또는 거짓된 정보로 쉽게 조종되지 않는다. 이러한 변화는 마찬가지로 전쟁의 범위와 방식에 영향을 주었다. 초한전은 바로 이런 변화과정에 대한 연구를 통해 제기된 것이다.

초한전은 모든 세계에서 발생할 것이고, 나라의 경계는 본래의 의미를 잃게 될 것이다. 초한전은 많은 국가들로부터 수행되고, 그들의 군사력은 충분한 경험과 매우 종합적인 특성을 가지고, 또한 정밀유도 기술을 장악할 것이다. 초한전 중에서 전통과 비전통적인 전장은 모호하게 되고, 전투원은 전통적인 병사를 포함하며 동시에 시민 프로그래머, 기술전문가와 컴퓨터 해커를 포함할 것이다. 또 다른 비전통적인 전사에는 재정부서, 약품연합회, 다국적 범죄집단, 테러조직을 포함할 것이다. 그래서 비밀, 정밀타격, 수학, 생물화학과 기술적 요소들은 미래전쟁에서 계속 매우 중요한 역할을 수행함과 동시에, 시민과 기술사회에서 오는 많은 인원들이 광범위하게 전쟁에 참여할 것이다. 초한전 저자들이 관찰한 바와 같이 전쟁은 "전장을 초월한 지역에서 전개되고 승리를 얻게" 될 것이다.

저자들이 제기한 문제점은 "첨단기술 전쟁에 직면해서, 어떻게 하면 약한 개발도상국이 재난에서 벗어날 것인가?"이다. 그들은 이 문제에 대답하기 위하여 미국을 연구하기로 결정했다. 미국은 냉전 후 슈퍼파워를 가지고 있었고, 경제적 능력과 현대전을 수행할 군사적 능력은 의심할 여지도 없었다. 기본적인 방법으로, 초한전의 저자들은 동시에 구소련 붕괴 이후 미국의 모든 외교정책을 분석했다. 그들의 분석은 군사적 행동도 포함했다. 예를 들면, 1991년의 '사막의 폭풍' 작전, 1998년의 '사막의 여우' 작전과 1999년의 '연합역량' 작전 등이다. 그들은 미국의 아시아 태평양 경제협력과 북미자유무역협정 및 1999년의 아시아 금융위기에 대해서도 관심을 가졌다.

그들은 구소련이 붕괴됨에 따라 전세계는 미국의 패권전략에 따라 좌우되고 있다고 인식한다. 저자들은 미국이 '가장 풍요로운 국가'이기 때문에 '사상자를 극단적으로 두려워하는 국가'로써 '사기, 용기, 지혜의 검증'이란 측면에서, 미국은 차라리 전쟁을 군사기술 측면에서의 마라톤 대회라고 여긴다. 미국은 '백만장자만이 참가할 수 있는 값비싼 무기를 사용하는 전쟁'을 좋아한다. 최근 유고슬라비아에서 실시한 공중전에서, 미국은 "파견한 비행기가 평균 2600만 달러에 달하고, 한 발에 1600만 달러에 달하는 토마호크 순항미사일을 이 미사일보다 가치가 매우 적은 건축물과 교량을 파괴하는"데 사용하였다. 이를 통하여 미국 국민은 사상자 '0'라는 값 비싼 군사력을 매우 좋아한다는 것을 알 수 있다.

두 저자는 25개 유형의 전쟁을 정립하였는데, 이 전쟁방식들의 대다수는 모두 미국이 사용한 적이 있는 것들이다. 예를 들어, 빈 라덴 사건에서 그들은 "미국이 테러주의 전쟁, 정보의 전쟁, 재정의 전쟁, 네트워크 전쟁과 법률전쟁을 사용했다"라고 썼다. 그들은 '국가 테러주의 전쟁'이란 간단한 단어로

1998년 8월 클린턴 정부가 수단과 아프가니스탄에 순항 미사일을 발사한 결정을 명확히 비판했다. 저자들은 이라크에서 미국은 '재래식 전쟁, 외교전쟁, 제재전쟁, 법률전쟁, 매체전쟁, 심리와 정보전쟁'을 동시에 사용했다고 말하고 있다. 또한 그들은 다른 국가들도 마찬가지로 많은 유형의 전쟁을 사용했다고 언급했다. 예를 들면, 홍콩은 중국의 일부분이 된 이래, 다양한 수단으로 금융투기 세력에게 대응하는 전쟁을 사용하였고, 여기에는 '금융전쟁, 법률전쟁, 심리전과 매체전쟁'을 포함한다.

국가의 이익과 안보의 이익을 추구하기 위하여, 어떤 국가들은 '국제법 전쟁'을 사용하는데 미국은 이 전쟁의 주도적인 국가이다. 저자들은 "이라크와 비교해 보면, 미국은 분명히 영리하다", "미국이 국제무대에 들어온 이후, 그들은 무력 또는 계책에 의지해 그들의 목적을 달성하고, 그들이 다른 국가로부터 얻은 이익이 이라크가 쿠웨이트로부터 얻은 이익보다 훨씬 크다"라고 적고 있다. 저자들은 미국이 세계에 대한 통제를 위하여 "결코 어떤 기회도 놓치지 않고 미국의 이익과 관련이 있는 국제적 조직에 간섭하고, 이러한 조직들과 미국의 이익은 긴밀히 연계되어 있다"고 말하고 있다. 그들은 두 가지 예를 들어 그들의 논점을 주장하고 있다.

첫째, 오스트레일리아 총리 호크는 아시아 국가를 포함하는 APEC를 창립할 때, 워싱턴은 이 계획에 반대하고 자기와 캐나다를 포함시켜야 한다는 것을 지지한 후, 일부 아시아 국가와 NAFTA가 각각 협정에 서명할 것을 전력을 기울여 주장하였다.

둘째, 미국은 일본이 '아시아 통화기금'을 창설하여 아시아의 재정 위기를 처리하려는 건의를 반대하였고, 오히려 워싱턴은 자기가 중심인 국제통화기금이 일괄적으로 구조계획을 시행할 것을 주장했다.

비록 미국이 거대한 능력이 있을지라도, 저자들이 보기에 미국은 아직 국제테러주의 활동을 효과적으로 처리할 수 있는 방법을 찾지 못했다. 그들은 "전 지구적인 테러주의 활동은 세계화의 부산물이고, 그것은 기술종합시대가 이끄는 추세"라고 적고 있다. 테러주의 조직은 주권국가에게 갈수록 큰 위협을 주고 있다. 이 조직들과 비교해 보면, 요즘 시대에 직업군대는 거대한 공룡과 같이, 그 몸체에 비해 대응하는 역량이 부족하다.

빈 라덴식의 테러주의는 역량과 관계없이, 국가는 경기규칙이 없는 경기에서 테러주의보다 우세를 점하는 것이 어렵게 되었다. 이 견해는 미국이 1998년 8월 나이로비 미 대사관 습격사건을 보복하기 위하여 순항 미사일을 발사한 사례가 증명한다.

초한전에 관한 가장 큰 논쟁은 책이 출판된 후 챠오 대령이 기자와 가진 인터뷰에서 나왔다. 그는 유고슬라비아 대통령의 "어떻게 인민전쟁을 해야 하는지 모르겠다"라는 말에 주의를 기울였고, 유고슬라비아와 나토의 전쟁 기간에 밀로셰비치가 이탈리아, 프랑스, 독일, 벨기에, 특히 이 국가들에 있는 미국의 군사기지에 테러요원을 파견해야 한다고 말했다. 밀로셰비치가 유럽에서 도시유격전을 벌려서, 일단 유럽대륙이 통증을 느끼면, 다시는 미국과 영국으로 하여금 그의 영토에서 전쟁을 수행하지 못하게 했을 것이다.

초한전 관련 관점

초한전이 클라우제비츠 또는 손자가 쓴 책들과 비교할 수는 없겠지만, 확실히 독창적인 견해를 쓰고 논증했다. 21세기를 전망하고 인도하는 창작물로서, 초한전은 '대추세'와 '힘의 전이'와 같이 훌륭한 저작물이다. 그러나 전쟁에 관한 일반적인 논평은 오랫동안 기억될 수가 없을 것이다. 책에서 언급된 정보전, 컴퓨터전, 컴퓨터 테러주의, 공간전과 다른 유형의 전쟁들이 이미 중국의 국방문제 전문가들에게서 논술된 적이 있다.

중국이 미래전쟁의 이론에 대한 연구를 강화할 때, 중국의 전략 전문가들은 서양의 각종 전쟁 이론들을 종합적으로 연구하고 '중국'의 발전에 이용하려고 시도하고 있다. 저자들은 밀로셰비치에게 유고슬라비아와 나토와의 전쟁에서 '인민전쟁'을 수행하고 '도시 테러전'을 사용할 것을 장려했다. 이것은 미국이 매우 관심을 갖는 전통적 전쟁이론의 변화이고, 미군이 걸프만에서 군사력을 배치하는 데 유익한 시사점들을 제공했다. 중국의 군사전략 전문가 2명이 제창한 이 전략전술은 모든 국가들이 전쟁에 말려들었을 때, 가능성 있는 테러주의에 더욱 조심스럽게 대응해야 한다는 의지를 강화시키게 될 것이다.

중국은 자신의 핵 능력을 발전시키고 있을 때, 핵전쟁을 비웃고 핵을 '종이 호랑이'로 불렀다. 더 심한 것은, 그들은 핵무기의 파괴적인 능력을 조롱하면서도, 전력을 다해 '5대 강대국'에 들어가려고 노력하였다. 이 수단은 중국의 전략적 유산으로, 중국이 미래에 우세를 확보하면 다시 이용될 것이다. 초한전에 따르면, 중국의 전략 설계자들은 새로운 구조를 만들고, 미래의 전쟁에서는 제한이 없을 것으로 주장한다. 즉, 군사적으로 낙후되고 경제적으로 발전하지 못한 국가는 극단을 지향하고 규칙들을 타파하며, 전쟁의 전통적인 방법을 돌파해 기술적으로 강하고 군사적으로 강한 국가와 싸워 이겨야 한다는 것이다. 저자들은 전쟁의 규칙에 대해서, 이 규칙을 수립한 강대국은 준수하고 약소국은 준수하도록 압박을 받아서는 안 된다고 말한다. 초한전은 한 가지 사실을 강조하는데 즉, 군사적으로 강한 측은 설사 그들이 약한 측과 비교하여 기술적 우세를 가지고 있을지라도 쉽게 승리할 수 없을 것이다.

미군은 중 · 미관계가 취약해질 때 나타날 이 연구의 성과에 관심을 두고 있다. 그러나 설사 이렇게 된다고 하더라도, 워싱턴과 베이징은 그들의 관계가 악화되어 군사적 충돌이 야기될 정도까지는 가지 않을 것이다. 이런 배경 하에 대만문제와 미국 국회의원들 사이에서 일반적인 관심을 야기함과 동시에, 그들은 미국 대통령이 대만문제 때문에 촉발된 중국과의 전쟁을 바라지는 않는다. 그러나, 중국은 무력을 사용해 대만을 통일시키는 데 특히 조심해야 한다. 미국은 중국과 대만문제에서 전쟁이 발생하는 것을 바라지 않을지라도, 그들은 동시에 1979년 대만관계법에 대한 약속을 지킬 것이다. 또한 미국은 일본, 한국과 안보상의 약속을 반드시 준수해야 한다. 만약 워싱턴이 대만을 방어하여 중국의 군사적 공격을 받지 않게 한다는 약속을 위반한다면, 그들도 마찬가지로 동경과 서울에 대해 했던 안보상 약속도 위반할 수 있을 것이다.

이 글은 《簡氏防務周刊》 2000년 2월호에 발표되었고, 저자인 Ehsan Ahari 박사는 미국 버지니아 무장부대 참모학원 합동전역학교의 국가안보와 전략 교수이다.

국가와 신테러주의의 각축

-군사적 경계를 초월하는 전쟁-

챠오량(喬 良) · 왕샹수이(王湘穗)

어느날 우리는 복도에서 먼 곳을 뒤돌아보면서, 9 · 11 사건의 상징적인 의의를 생각해 보았다. '미국의 세기'라는 신화를 끝낸 것은, 미국이 틈을 주지 않고 통제하는 신진 강대국이 아니라, 약소국에 기생하는 테러주의 조직이었다. 그것은 한 역사의 종결이고, 또 다른 역사의 시작이라는 것을 선포한다. 현재, 우리는 과거와는 다른 새로운 전장 즉, 미국과 다른 강대국들을 한쪽으로 테러주의를 또 다른 한쪽으로 하는 전세계적인 전쟁에 들어가고 있다.

빈 라덴, 새로운 테러주의

아랍세계에서 빈 라덴은 평범한 이름이다. 이 이름은 사람들에게 빈 라덴은 '성이 라덴인 남자의 아들'이라는 것을 알려준다. 그러나 서양 또는 세계의 다른 민족의 사람들에게는, 이 이름이 테러의 화신이 되었다. 빈 라덴은 매번 이름을 날리면서, 짙은 피비린내도 가져왔다. 알자지라 방송에 얼굴이 우연히 노출된 것을 빼고, 턱수염이 나고 얼굴이 수척한 이 남자는 집에 틀어 박혀 좀처럼 외출도 하지 않았으나, 이것은 그가 세상에서 가장 유명한 연예인보다 더욱 유명하게 되는 것을 막지는 못했다. 가령 CIA가 제공한 최초의 훈련이 그로 하여금 테러활동의 기술을 가지게 하고, 현대적인 매체가 집중 선전하여 큰 명성을 얻게 되었으며, 세상에서 테러에 관한 그의 영향력이 끊임없이 강화되고 있다.

3년 전, 초한전에서 우리는 테러분자와 슈퍼무기가 될 수 있는 각종 첨단기술이 만나게 되는 배경을 연구하여, 현대 첨단기술 수단을 장악한 신테러주의가 21세기 초 인류사회의 안전에 대한 주요위협이 될 것을 지적하였다. 우리는 책에서 사람들에게 “신테러주의를 시행하는 것은, 직업군인이 아니고 사용하는 무기도 전통무기가 아니며, 그들은 비전통적인 전장에서 시민들을 목표로 삼고 전술수준의 테러활동을 이용하여 당사국에 대한 전략적 수준의 타격과 전율을 달성한다”라고 말했다. 우리는 “그들은 행동이 은밀하여 은폐성을 가지고, 행위가 극단적이어 광범위한 피해를 만들며, 시민들을 구분하지 않고 공격하기 때문에 매우 잔인하다. 이 모든 것은 현대적인 매체가 실시간, 연속적, 반복적으로 선전하기 때문에 테러의 효과를 극대화 시켰다”라고 특별히 지적하였다. 9 · 11 사건은 거의 이 모든 것을 증명했다.

신테러전은 과거의 전쟁과 많은 차이가 있다. 그 중 가장 큰 차이점은 전쟁의 개시자가 주권국가가 아니라, 비주권국가 비정부조직이 전쟁의 새로운 주체가 된 것이다. 걱정이 하나도 없는 테러분자들은 전쟁이란 영역에 뛰어들어, 그들은 국가와 같이 전쟁의 책임을 지지 않기 때문에 극단적인 방식을 취해 전쟁을 수행하는 경향이 있다. 국가가 조직적으로 제압하는 폭력과는 달리, 역량 비교 측면에서 약한 위치에 있는 신테러주의는 다른 종류의 폭력을 사용한다. 즉, 극단적인 폭력과 기술이 제공하는 파괴력을 조금도 제한하지 않고 사용한다. 이러한 신테러주의 분자들은 현행 국제질서가 제창한 자유무역이란 체제를 이용하고, 첨단과학 기술이 그들에게 제공하는 편리함을 이용하여 그들이 선택한 장소를 모두 피비린내 나거나, 그렇게 피비린내 나지 않는 전쟁으로 바꿀 수 있게 되었다. 이것이 바로 우리가 빈 라덴식의 테러주의뿐만 아니라, 다른 형형색색의 테러주의를 직면하게 될 것이라는 것을 말한 것이다. 예를 들어, 해커 조직이 개시한 인터넷 테러전 또는 금융투기꾼이 개시한 금융테러전이다. 어떠한 국가도 행적이 종잡을 수 없고, 수단이 극단적인 신테러주의를 모두 방어하기가 어렵다. 마치 우리가 일찍이 “빈 라덴식의 테러주의가 나타나, 세상 사람들에게 이런 인상을 강화시켜, 어떤 국가의 역량이 강력하더라도 규칙이 없는 경기에서 우세를 점하기는 어렵다”라고 지적한 것과 같다. 최소한 현재, 당연히 가장 강한 군사력을 지닌 미국을 포함한 각국은 새로운 전쟁의 형태, 즉 군사적 영역을 초월하는 전쟁에서 결코 우세를 점하지 못할 것이다.

신테러주의의 대표가 된 빈 라덴은 현재 '성이 라덴인 남자의 아들'이란 이름뿐만 아니라, 심지어 '알카에다' 라는 조직의 우두머리만이 아니다. 그는 한 부호符號이고, 신테러주의의 부호 즉, 극단적인 수단을 이용하여 국가 내지 전 세계적인 질서에 도전하는 사회적 역량을 상징하고 있다. 빈 라덴을 사살하거나 탈레반을 제거하는 것이 가장 어려운 일은 아니다. 빈 라덴을 제거한다고 해도 결코 테러주의 멸종을 의미하지는 않는다. 현대사회에 뿌리를 박고, 첨단기술을 장악한 테러주의는 매우 빨리 자기의 새로운 부호를 찾을 수 있을 것이다.

9 · 11 사건 1주년: 21세기의 시작

자연역법自然曆法의 지시와 밀레니엄의 축하의식이 만들어낸 기쁜 분위기는 완전히 다르다. 우리들은 진정으로 9 · 11을 21세기의 시작으로 인식하고 있다. 그 이른 아침에중국에서는 저녁이었다 죽은 수천 명의 생명은 다시 인류의 본질적인 비극을 드러내 보였고, 살아 있는 모든 사람들에게 "21세기에 인류는 화목하게 지낼 것인가? 또는 서로 증오할 것인가?"라는 질문에 답할 것을 압박하고 있다.

전통적인 군사적 성격의 전쟁과 같이, 테러주의도 증오를 만들어 내는 근원이다. 많은 첨단기술 수단이 떠받치는 신테러주의는 인류의 주요한 위협이 되고 있다. 바로 3년 전 우리는 초한전이란 책에서 "기술 융합이 가져오는 세계화 추세의 부산물 중 하나가 전세계적인 테러활동이고, 비직업전사와 비국가조직이 주권국가에 대해 갈수록 큰 위협을 가하고 있는데, 그들은 직업군인의 무게를 갈수록 무겁게 하는 상대가 되었다. 그들과 비교해 보면, 직업군인은 매우 크나 새로운 시대 앞에서는 적응력이 떨어지는 공룡과 같고, 이 사람들은 생존력이 강한 설치류같아서 그들의 날카로운 이빨로 세상의 반을 갉아먹을 수 있다"라고 썼다. 이 말은 우리의 테러주의에 대한 경각심과 태도를 표현한 것으로, 미 국방부의 장군들도 세계무역센터 빌딩의 파괴를 목도했을 때, 이 점을 인정하지 않을 수 없었다. 작년 9월 12일 이 날은, 전세계가 TV에서 한 중장이 "이 책을 다시 읽어볼 필요가 있다"라고 반성하는 것을 들었다. 이상한 것은, 지금까지 고의로 이 책의 문장들은 우리들 본의와는 달리 제멋대로 해석하는 사람들이 있다. 또 그들은 다른 목적으로 경세警世적인 의미가 있는 책을 테러주의 이론으로 곡해 및 오독하고 있다. 최근의 사례는 바로 천쉬뻰陳水扁이 삼지회의三芝會議에서 중국을 악마화하는 사람들의 말을 이용해, 초한전을 테러주의라고 날조한 사실이다. 이것이 바로 전형적인 언어의 테러주의이다! 그 이유는 '늑대가 왔다'는 소년의 말을 가로막고, 심지어 미리 알리려는 사람들에게 죄를 전가시키는 사람들도 똑같이 늑대의 공범이기 때문이다.

1년 후 오늘, 우리들은 순간적으로 '늑대'에게 생명을 잃게 되는 망령들을 대면하게 되어, 애도 외 유일하게 할 수 있는 것은 바로 70년 전 프라하 상공에서 울렸던 "인간들아, 나는 여러분을 사랑한다. 여러분들은 경계심을 가져야 할 것이다"라는 말을 다시 말하는 것이다.

사람들이 경계심을 가져야 한다는 것은 테러주의뿐만 아니라, 테러주의를 야기하는 근원과 토양도 포함된다. 단지 테러주의 문제가 모든 인류의 절실한 관심을 얻기만 하면, 이 문제는 진정한 해결 방안을 찾을 수 있을 것이다. 반드시 지적하고 싶은 것은, 폭탄 사건을 만든 빈 라덴식의 테러주의와 비교해 보면, 금융테러주의는 더 위험하고 무서우며, 가상 경제가 실물 경제를 훨씬 뛰어 넘은 오늘날, 전자화된 단기성 자금이 속마음을 알 수 없는 사람들을 살상력이 매우 큰 무기로 변화시켜 전세계에 화를 미칠 수 있다는 것이다. 사람들은 이런 위험이 끊임없이 임박하는데도, 몇 년전 빈 라덴을 대한 것과 같이 관심을 두지 않을 것이다

반테러주의는 행동을 필요로 함과 동시에, 목소리를 필요로 한다. 영어를 사용하고 세력이 강한 매체가 80%를 차지하는 판도에서 우리 자신의 목소리를 유지하는 것이 매우 중요한다. 최근 '동투르키스탄 테러세력'이 미국 정부에게서 테러조직으로 분류될 수 있었던 것은, 국가이익에 관한 평가 외에 중국이 반테러주의 측면에서 독립적인 노력을 견지한 것과 긴밀히 연관되어 있다. 중국의 반테러주의는 세계 반테러주의의 일부분이다. 그러나 이 때문에, 이 문제에 대한 중국의 독특한 관찰과 독립적인 사고를 잃어서는 안 된다. 이것은 중국 나아가 인류의 운명에 관심이 있는 모든 사람들이 반테러주의라는 대업에 헌신하는 전제이고 입장이다.

호각은 이미 불려졌다. 중국이 테러주의를 반대하는 태도가 명확하고, 그것은 바로 모든 형식의 테러주의를 반대하는 것이다. 이것은 독자적인

행동이 아니라, 공정과 양심에 기초한 것이다.

공정과 양심이 비극을 끊임없이 만들어 내는 세상을 주도하기 시작할 때, 9 · 11 사건의 희생자는 하늘에서 편히 잠들 수 있을 것이다.

2002년 9월 11일

초한전의 역사적 계승과 패권주의에 대한 경고

《좌전》은 다음과 같은 이야기를 전한다: 주나라 양왕襄王 14년 노魯나라 희공僖公 22년기원전 638년, 노나라와 이웃한 소국인 주邾나라산동성 담현郯县 동북지역에는 무장분쟁이 발생하여, 노나라 희공은 주나라를 멸시했으며, 가볍게 이길 것으로 생각했다. 그래서 전쟁 전에 응당 해야하는 준비들을 하지 않았다. 제후의 일족인 장문중臧文仲은 희공에게 "國無小, 不可易也; 無備, 雖衆不可恃也나라가 작지 않아도, 쉽게 행동해서는 안 된다. 준비가 없으면, 숫자가 많더라도 믿을 수가 없다"라고 충고했다. 그리고 "君其無謂邾小, 蜂蠆有毒, 而況國乎!임금님께서는 주나라가 작다고 말하지 마십시오, 벌에도 독이 있으니, 하물며 나라야 말할 필요가 있겠습니까!"라고도 말했다. 노 희공은 장문중의 분석을 이해하지 못하고, 경솔하게 군대를 전장에 투입하여 패배를 했다. 그리고 노 희공의 갑옷과 투구도 주나라에 빼앗겼다. 심지어 그것들이 성문위에 걸려 노 희공을 매우 치욕스럽게 만들었다.

이 전쟁의 규모는 크지 않고, 시간도 길지 않았으나, 작은 나라가 큰 나라를 싸워 이기는 사례가 되었다. 그리고 "蜂蠆有毒역자 주-조그만 사물이라도 큰 해를 끼칠 수 있다"이라는 사자 성어가 후세에 알려지게 되었다. 2637년 이후, 중국인민해방군의 공군대령 2명이 초한전을 집필하여 세상에 내놨는데, 이 책은 작은 나라가 큰 나라에 대응하는 전대미문의 전법을 담고 있다.

이 책은 1999년 2월 출판된 이후, 국내외의 주목을 받았고, 미국도 큰 관심을 가져서 이 책이 제기한 전법에 대해 광범위한 연구를 하였다. 2000년 6월 말, 대만 매체의 특집보도 작가가 민감한 문제들을 다루었는데, 양안 및 미국과의

3각 관계가 비교적 복잡한 상황이었다. 그래서 초한전 이론은 다시 주목을 받게 되었다.

글자만 보면 대강 뜻을 짐작하듯이, 초한전이란 명칭을 보면 마치 이것은 시공을 "초월"하고 전통적인 전쟁사상과는 "한계"를 명백히 구분하는 것 같이 보인다. 그러나, 실제 어떤 사상도 근거 없이 하늘에서 뚝 떨어질 수 없듯이 자세히 곱씹어 보면, 반드시 역사적인 맥락이 있을 것이다. 초한전도 예외는 아니다.

초한전은 2부 8장으로 나뉘고, 1부는 새로운 전쟁에 대해 논하고 2부는 새로운 전법을 말하는 데, 내용은 판이하게 다르다. 전자는 무기혁명과 군사혁명의 추세를 언급하는데 중점을 둔다. 후자는 강약의 숙명을 벗어나서 강대국의 무기혁명이 장악하고 있는 우세를 넘어서서 새로운 '총력전'을 수행하여, 강대국으로 하여금 약소국을 상대할 때, "蜂蠆有毒"이란 고통을 맛보게 하는 것이다. 더 나아가, 그들로 하여금 "나라가 클지라도, 전쟁을 좋아하면 반드시 망한다"라는 진리를 깨닫게 하거나, 로마제국의 전철을 다시 밟게 하여 멸망으로 떨어지게 하는 것이다. 그래서 제 1부는 단지 서곡이고, 제 2부가 이 책의 주요 논조로 세차고 새로운 내용을 보여준다. 단적으로 말하면, 제 2부의 내용은 군사사상의 혁명이다.

이 때문에 '사상혁명'의 관점에서 논리를 전개시키고, 저자들은 미국의 군사력을 마치 사치스럽고 안일하게 지내는 부잣집 도령과 같이, 발달된 군사 과학기술만 가지고 있지 탁월한 군사사상은 없는 것으로 본다. 따라서, 저자들은 미국에 대한 무시를 조금도 감추지 않는다. 비록 저자들이 이 책은 미국을 겨냥해서 쓴 것이 아니라고 부인할지라도, 초한전은 줄곧 미국을 강하게 물면서 놓아주지 않고 있다. 1993년, 미국 육군은 '전 영역작전'이란 개념이 있었다. 그러나 그들은 깨달음을 얻었으나, 흐지부지 끝이 나버렸다. 저자들은 책 속에서 다음과 같이 쓰고 있다.

> 만약 미국 육군이 1993년 《작전요무령》에서 '전 영역작전'이란 개념을 제기하지 않았다면, 우리들은 사실 미국 군사사상에 대한 '빈혈'에 놀라움을 느꼈을 것이다.

'전 영역작전'은 '전 종심·전 고도·전 정면·전 시간·전 파장·전 수단'이라는 특징을 가지고 있으며, 이는 전쟁사에서 일찍이 없었던 작전방식으로 가장 혁명적인 특징을 가지고 있다. 안타까운 점은, 미국이 미국 육군은 매우 일찍 이 혁명을 중지했다고 정확히 말하는 것이다.

1996년 4월, 헨리라는 미국의 육군중령이 육군 대학이 개최한 전략세미나에서 '21세기의 중국: 전략적 동반자 또는 적수'라는 보고서를 제시하면서 "중국은 적어도 21세기 초반 25년 동안 군사혁명을 진행시킬 수 없다"라고 지적했다. 초한전의 저자들은 이 미군 중령을 항상 마음에 두고 있었다. 그래서 일찍이 요절한 '전 영역작전'이란 개념을 이용해 반격하여 "다른 나라의 군사혁명의 능력에 대해 의구심을 품는 미국은 가슴에 손을 얹고 반성할 때다"고 지적하였다. 이어서 '전 영역작전' 구상이 묻혀버린 것에 대해 "왜 혁명이 발생하지 않았는가?"라는 질문을 했다.

챠오량은 "그들은 서방과 대결하고 싶지 않다"라고 말하는데, 이 말은 믿을 만하다. 하지만, 이 말은 미국을 서방으로부터 고립시키려는 전략적 운용으로, 손자병법의 '我專爲一, 敵分爲十 나는 집중하여 하나이고 적은 분산하여 열이 된다'이고 클라우제비츠의 '집중' 원칙이다. 초한전이란 책은 이미 훌륭한 솜씨로 미국을 시험해 본 것이다.

그들이 미국에 초점을 두는 이유는 "미국은 강압적으로 국제적 원칙들을 수립할 수 있고, 파괴도 할 수 있는 황당무계"함에 있다. 예를 들어, 미국은 '주권불가침'을 내세워서 쿠웨이트를 침입한 이라크에 출병했다. 그리고 '인권이 주권보다 신성하다'란 이유로 코소보에 개입하여, 미국이 하고 싶은 대로 하면, 국제적 정의는 어디에 있는가?

초한전은 이 관점에서 미국이 국가이익과 그들의 가치관을 세계에 주입시키는 황당함을, 피하기 힘든 결과를 분석했다. 《1996년 미국의 국방백서》는 "우리는 세계 초강대국으로서 지도의 의무가 있고, 우리의 이익과 가치관이 중대한 위해를 받을 때 행동을 취한다"라는 클린턴 대통령의 언급을 인용하였다. 클린턴조차도 이 말을 할 때, 국가이익과 가치관이 같이 할 수 없는 서로 다른 수준의 전략적 목표라는 것을 알 수 없었다. 만약 전자가 미국인의 능력이 행동을 통해 지킬 수 있는 목표라고 말한다면, 후자는 그 능력이 미치지 못할 뿐만 아니라, 미국 본토 밖에서 추구해서는 안 되는 목표였다. '고립주의'에 대응하는 '전세계 제일'이라는 사상은 국력이 팽창할 때, 미국이 제한이 없는 목표무한 목표를 줄곧 추구하는 경향이 있었다. 그러나 이것은 종국에 비극을 야기하는 경향이 있다. 자산이 제한되는 데 무한의 책임을 맡으려는 회사는 파산을 제외하고는 다른 결말이 있을 수 없을 것이다.

현재, 우리들은 저자들이 무엇에 근거해서 감히 조금도 주저하지 않고, 이러한 논단을 했는지 살펴보아야 한다. 이는 과거와 현대의 중국 이외의 지역에서부터 연구함과 동시에, 저자들과 가장 이른 시간과 가까운 공간에서 시작해야 한다. 그것은 당연히 중국공산당 특유의 군사사상으로 모택동을 꼽아야 한다.

모택동 군사사상은 중국공산당에서는 정권을 다진 지주이고 초석이다. 지금까지도 여전히 중화인민공화국의 견줄 바가 없는 귀중한 자산이다. 1947년 4월 22일, 모택동은 군사위원회 명의로 진찰기晉察冀 군구사령관 및 정치위원인 섭영진聂荣臻 · 부사령관 소극萧克 · 부정치위원 나서경罗瑞卿에게 전문을 보내서, 정태전역正太戰役에 관한 작전방침을 다음과 같이 지시하였다.

> 섭 · 숙 · 나는 주(역자 주–주덕) · 류(역자 주– 류백승)에게도 전달하라. 여러분은 지금 주도권을 확보했다. 만약 적이 남쪽으로 지원하면, 여러분은 적을 상대하지 말라. 여전히 집중하여 정태전역을 완성하여 적이 피동에 빠지게 하라. 이것이 정확한 방침이다. 정태전역이 끝난 후, 적의 행동에 현혹되어서는 안 된다. 적의 약한 부분을 택해 주도적으로 섬멸하며, 어떤 부분을 택해 공격할지는 그때 다시 결정한다. 이것이 바로 먼저 약한 부분을 타격하고 난 후, 강한 쪽을 타격하는 것이다. '너는 너의 것을 타격하고, 나는 나의 것을 타격(你打你的, 我打我的; 각자 각자의 목표를 타격)'하는 정책이고, 완전히 주동적인 작전이다.(《모택동 군사문집》, 제 4권, 군사과학출판사, 1993년, p. 41)

정태전역이 1947년 4월 9일에 시작되어 5월 4일에 끝났다. 전장은 하북성 석가장 외곽, 정정正定에서 태원太原까지의 철로 연선으로, 한신 장군이 당시 배수전을 해서 유명해진 전략적 요충지인 태행팔척太行八陉의 하나인 정척구井陉口를 포함하는데, 해방군은 이 전역에서 크게 승리하였다. 이러한 지도원칙에 따라, 2년 7개월이란 시간 내에 전 중국대륙을 석권했다. '你打你的, 我打我的너는 너의 목표를 타격하고, 나는 나의 목표를 타격한다'라는 8자는 해방군 작전의 기본원칙이 되었다. 1997년 7월, 《중국군사 백과전서》는 "이 8자가 모택동이 중국공산당을 영도한 인민전쟁의 전략전술의 기본정신으로 …… 현대전쟁이 비록 과거와 비교해서 많은 변화가 있었을지라도, 중국 군민軍民은 여전히 '你打你的, 我打我的'라는 이 근본원칙을 견지할 것이다"라고 설명하고 있다. 그리고 초한전 이론은 "기술종합시대의 전쟁규율이 이미 도래했다"하더라도, '你打你的, 我打我的'라는 근본원칙에서 여전히 벗어나지 못하고 있다.

챠오량은 미국 국방부가 초한전을 'Unrestricted Warfare'로 번역하는 것에 동의하지 않고, 'Going Beyond Limits Warfare'로 번역해야 한다고 생각한다. 이것은 사람들이 '你打你的, 我打我的'보다 8년 더 빠른 '16자결十六字訣'을 생각하게 만든다. '16자결'은 "敵進我退, 敵駐我擾, 敵疲我打, 敵退我追 적진아퇴, 적주아요, 적피아타, 적퇴아추"이다. 이것은 모택동과 주덕朱德이 1929년 4월 5일 함께 제기한 '유격전쟁의 작전원칙'이다. 그 지위는 '你打你的, 我打我的'와 서로 엇비슷하다. 이 원칙은 "약함으로 강함을 이기고, 열세한 장비로 우세한 장비를 가진 적을 싸워 이긴 기적"을 만들었기 때문에, 현대전쟁이 비록 과거전쟁과 비교해서 새롭고 많은 특징을 나타낼지라도, '16자결'의 기본정신은 결코 뒤떨어진 것이 아니고, '현대조건 하 인민전쟁'에 대해 여전히 지도적인 역할이 있다.

1945년 이후, '16자결'은 국제적으로 일시에 유명해졌고, 제 3세계의 군인 또는 혁명가들이 유일한 원칙으로 삼았다. 하지만 그것의 사상적 근원에 관해서, 《군사사전(軍事辭典)》과 《중국군사 백과전서》를 포함한 중국공산당의 모든 저작물도 상세한 기록이나 해설이 없다. 필자는 오랫동안 탐구하여 《蒙兀儿史记》의 삼봉산 전투三峰山之戰에 관한 기록을 읽어서 모두 알게 되었다.

이 사건은《元史》,《新元史》,《多桑蒙古史》등에 기록되어 있으나,《蒙兀儿史记》가 가장 상세하다

삼봉산 전투는 원나라 태종 4년에 일어났다. 태종은 황하를 건너 대장군에게 볜징汴京, 지금의 하남성 카이펑을 공격하지 말라고 명령했다. 금나라는 정주郑州, 현재의 하남성 郑县에서 보병과 기병 15만 명을 이끌고 원조를 왔다. 몽골의 명장 튜오레이拖雷는 만 명의 기병으로 그 부대를 뒤쫓게 했다.《蒙兀儿史记》의 기록에 따르면, 튜오레이의 작전은 다음 내용을 포함하는 것이었다.

> 우리 군은 금나라 군대와 싸우지 않고, 적이 숙영하려고 하면, 아군은 다시 강을 건너 습격하여, 금나라군이 취사 및 숙영을 못하게 한다. 튜오레이는 부대에게 다음과 같이 명령했다: 적이 휴식을 하지 못하게 하고, 밤에는 떠들어서 그들을 괴롭힌다. 적군이 3일 간 식사를 못하면 갑옷과 투구가 눈 위에 있을 것이고, 창은 서까래 같이 굳어 버릴 것이다. 튜오레이가 남북 양군을 포위해서 금나라 군대는 산이 무너지는 것 같이 붕괴되었다. …… 아군은 거의 모두를 죽이고 금나라의 정예부대는 여기에서 죽었다.

'16자결'과 위의 기술을 대비해 보면, 완전히 부합한다. 모택동은 많은 책을 읽었고,《二十四史》를 손에 쥐고 삼봉산 전투의 기록을 읽었다. 만약 '16자결'의 사상이 여기에서 다시 태어났다고 말하면, 그것은 합리적인 추론이다.《蒙古史料四種》및《黑鞑事略》은 몽골 군대의 전법을 다음과 같이 묘사하고 있다: "무릇 적군을 만나면, '三三五五四五'하여, 집결시켜서 적에게 포위되어는 안 된다. 대체로 보병은 전체整가 적합하고 기병은 분할分이 적합하다. 적이 분할하면 분할하고, 적이 모으면合 모아서, 맹렬히 돌진시킨다. 멀거나 가깝거나, 많거나 적거나, 집중하거나 분산하거나, 나아가거나 사라지거나, 하늘에서 떨어지듯이 오고 번개가 사라지듯이 간다."

우리들은 몽골뿐만 아니라, 국경 부근 민족들의 사료들을 읽었다. 그들은 세력이 흥했을 때, '요동또는 종잡을 수 없음'과 같은 공통적인 특징을 가지고 있었다. 즉, 주동 · 기습 · 기동 · 집중을 통해 국부적인 우세를 점하는 전법으로 모두 승리의 조건들이다. 그리고 '요동'이 사람들에게 가장 큰 인상을 주었다.

그래서 챠오량이 강조한 'Going Beyond Limits'를 되돌아 보면, 예전에 만난 적이 있는 것 같다는 느낌을 지울 수 없을 것이다.

이 외에, 모택동은 1936년 12월 발표한《중국혁명전쟁의 전략문제》에서 "노획물이 없거나 노획물이 소비를 초과하지 못하면, 우리들에게 의미가 별로 없다. 우리의 전력을 하나—로 열十을 상대하고, 우리의 전술은 열로 하나를 상대하는 것이다"라는 선언을 하였다. 바로 모택동은 '전략상 적을 무시하고, 전술상 적을 중요시하는' 이치인 것이다. 그리고《孫子 · 作戰 篇》의 가장 어려운 '勝敵而益强'은 모택동이 그 의미를 다 표현해 준다. 초한전의 언급은 기본적으로, "전략상 적을 무시하고, 전술상 적을 중요시 한다"는 정신이고, 기본정신은 '你打你的, 我打我的'이며, 기본전법은 "敵進我退, 敵駐我擾, 敵疲我打, 敵退我追"이다. 이것들이 있어야 '편정률'이 있고, '전 차원'에서 '전 과정 조정'까지 8개의 원칙들에 부합한다.

이것은 두 저자가 모택동을 베낀 것이 절대 아니다. 초한전은 확실히 창작물이나, 그 골자에는 모택동 사상의 기본적인 내용이 들어 있다. 이런 추론은 '검증'을 통해 얻은 것이다. 당연히 모택동 사상도 "하늘이 내려준 지혜"가 아니다. 그도 그 근거가 있어서, 그가 읽은 책이 비옥한 지식의 토양을 이루어 그의 지식을 풍부하게 했다. 미국의 학자인 Ralph D. Sawyer는 1993년, 《무경칠서》를 영어로 번역하여 서문에 "중국의 모택동, 월남의 보응우옌잡 같이 아시아의 형세를 크게 바꾼 전쟁 지도자들은 이 책의 교훈을 이용해 적에게 큰 피해를 주었다"라는 글을 썼다. 그리고《무경칠서》에서, 모택동이 가장 추앙하고 탄력적으로 적용한 것은《손자》이다. 중화인민공화국의 수립 이후,《손자》에 대한 연구는 전력을 기울여《손자》의 학설과 그들 특유의 군사변증법 이론을 이미 결합시켰다. 예를 들어, "虛實 · 奇正 · 安危 · 强弱 등을 전쟁 모순의 변증적 규율에 넣었다. 긍정적 모순은 서로 변화시킬 수 있다.'奇正之變不可勝窮', 勢篇 능동적으로 전쟁의 주도권을 잡을 수 있다.'致人而不致於人', 虛實篇 변증적으로 전쟁의 상황을 안다.'知彼知己 百戰不殆', 謀攻篇 전장상황의 변화에 적절한 전법을 운용한다.'踐墨隨敵, 以決戰事', 九地篇《손자》의 군사변증법 사상은 이미 군사적 범위를 넘어섰다고 생각했다"이다. 초한전 이론은 많은 부분이 여기에서부터 인정을 받았다. 초한전이 예로 든 조귀曹劌 · 전기田忌 경주마 등의 역사적 사례도 모택동이 언급한 것은 더 말할 나위가 없다.

이것은 단지 한 가지 예일 뿐이다. 모택동 사상의 계보를 거슬러 經史 · 子集 · 諸子 · 詩文集의 영역들로 확대시켜 보면, 초한전은 그들의 '유전' 인자를 부정할 수가 없다.

Sawyer 같은 학자들은 서방으로부터 초한전의 뿌리를 찾으려고 시도했다. 이 탐색은 가까운 곳에서 먼 곳으로 이루어졌다. 먼저 중국공산당 사상에서 나타난 것은 마르크스 · 엥겔스 · 레닌 · 스탈린 같은 사람들, 심지어 제정러시아 시대의 장군들 · 소련의 쿠투조프Kutuzov 등을 포함한다. 사람들은 이들 중 일부에게 실망하게 되며, 설사 "마르크스 · 레닌주의의 전쟁과 군대에 관한 학설"이 초한전에 얼마나 많은 양분을 제공했는지 찾을 수 없었고, '전쟁' 또는 '전쟁규율'에 대한 나머지 사람들의 이론에서도 찾을 수가 없었다.

서양과 초한전 사상에 일치되는 근원으로 16세기 이탈리아의 마키아벨리즘Machiavellism을 든다. 마키아벨리즘의 중심사상인 "목적을 위하여 수단을 가리지 않는다"라는 논점은 마치 초한전의 "제한된 목표, 무제한의 수단有限目標, 無限手段"과 꿰맞춘 것 같다.

명백히 언급한 클라우제비츠와 같은 사람들 외에 언급할 만한 사람이 있다. 그 사람은 《전쟁예술사》의 작가인 다이부뤼커역자 주-중국어 발음이다. 그는 이 책에서 일찍이 언급되었으나, 오랫동안 냉대를 받았던 '소모전략'에게 생명을 다시 불어주었다. 이 전략이 취한 전법은 순조롭게 싸워 승리하는 데 있어서 '不戰而屈人之兵'이란 개념과 상당히 비슷하고 초한전의 '편정률'과 부합한다.

앙드레 보프르가 쓴 《戰略緖論》은 펜싱으로 전략을 비유한다. 여기에는 기습 · 양공 · 기만 · 돌격 · 소모 등을 포함하는데 모두 초한전의 "有限目標, 無限手段"과 거의 부합한다. 그는 전략적 결정에 대해 3개의 '주요 좌표'를 제시했다. 즉, 시간, 공간, 역량의 양과 질로 이는 초한전의 필수 원칙이기도 하다. 전자는 리델 하트가 제기했는데, 그의 간접전략은 초한전에 참고할 만한 가치가 있었다. 초한전의 행간 및 기자 인터뷰의 답변에서 저자들이 많은 책을 읽었다는 것을 관찰할 수 있다. 저자들은 우원芜文이 열거한 책들을 주시하고 깊이 연구하였다. 이 때문에 각 책들의 정수는 모두 초한전의 이론에 들어갔다.

위에서 언급한 것을 이해하면, 다시 두 가지 문제를 자세히 살펴야 한다. 첫째, 챠오량은 초한전이 제시한 군사적 의미가 미래 20년에서 50년 내에 나타날 수 있다. 인터뷰에 응한 타이베이의 퇴역한 고급장교들도 해방군의 생각을 완전히 전환시키는데, 20~30년의 숙성이 있어야 충분한 성과가 있을 것이라고 생각한다. 둘째, 미국의 관례대로 "以其人之道還治其人之身그 사람의 도로써, 도리어 그 사람의 몸을 다스린다; 중국에 대해서 중국이 썼던 방법으로 대응하다"이 두렵지 않은가? 그리고 약소국이 강대국을 상대하는 전법인데, 왜 대만이 중국을 상대하는 데 이용할 수 없겠는가? 이것도 진일보한 토의가 요구된다.

첫 번째 문제와 관련해서, 먼저 명백히 해야 할 것은 왜 "해방군의 생각을 전환시켜야 하는가?"이다. 이 생각의 전제는 "초한전을 채택하기만 하면, 철두철미한 군사혁명이고, 기존의 모든 것은 폐기 또는 뒤집어야져야 한다"이다. 필자는 이와 같이 생각하지 않는다. 초한전이 특수한 전략적 사고 · 특수한 전술적 운용 · 특수한 전법적 기교가 있을지라도, 이것은 결코 과거의 모든 것이 폐기되는 것을 의미하지는 않는다. 예를 들어, 조나라의 무령왕趙武靈王이 호족의 복장을 도입한 것과 같이, 완전히 보병을 포기하지 않았다. 그리고 유격전법을 채택한다고 영원히 정규전을 포기하는 것은 아니다. 초한전의 운용은 돌격대여야 한다. 초한전을 전통적인 군사력과 함께 또는 교대로 사용하면, 효과가 더욱 좋고 클 수가 있을 것이다.

이것은 20년에서 50년이 있어야 군사적 의미가 나타나는 것이 아니다. 예를 들어, 이렇게 오래 되어야 하기도 하고, 십수 년 후에는 새로운 구상이 나와서 새로운 것이 옛 것을 배척할지도 모른다. 이와 같이 끊임없이 순환하면 영원히 '탁상공론'일 것이다.

두 번째 문제와 관련해서, 초한전은 "다른 분점이 없이, 이 집 하나뿐이다"와 같은 독보적인 측면이 있다. 단지 중국공산당이란 배경이 있어야만, 이런 전략 ·

전술 · 전법 사상을 가질 수 있다. 다른 사람들은 배우고 싶어도 배울 수 없다. 그리고 이 배경에는 단계 · 깊이 · 넓이가 있는데, 마치 모택동이 당시 《중국혁명전쟁의 전략문제》와 같이, 이 중에는 전쟁 · 혁명전쟁 · 중국혁명전쟁의 3단계로 나누어 그것의 특색을 형성한다. 미국 혁명전쟁과 러시아 혁명전쟁의 경험은 중국의 혁명전쟁에게는 효과가 없다. 마찬가지로, 중국혁명전쟁의 경험도 수출할 수는 없다. 각자는 각자의 문제가 있고 각자는 각자의 방법이 있는 것이다.

중국공산당의 배경, 중국 고유의 군사문화, 변화된 변증법이 수십 년 동안의 전쟁 속에 섞여서 초한전 사상이란 온상을 만들었다. 시험 삼아 물어보는데, 미국과 대만은 어떻게 배우는가? 어떻게 배우는가를 막론하고, 단지 동시효빈東施效顰: 역자 주-맥락도 모르고 덩달아 흉내 내다일 뿐이다.

전략적 측면에서 보면, 초한전의 가장 큰 효과는 억제에 있다. 그 이유는 전술상 "出其不意"라는 주도권을 가지고 있어서, "勝兵先勝而後求戰"이란 우세를 점할 수 있기 때문이다. 이 때문에 적은 막으려 해도 막을 수 없게 되고, 미국은 자기 '패권'이 약화되어 항상 "미국이 하고 싶은 대로 해서"는 안 되며 "蜂蠆有毒"을 깨닫고 "나라가 크더라도 전쟁을 좋아하면 반드시 망한다"는 나쁜 결과를 피하길 바란다고 경고하고 있다.

이 글의 저자는 류전즈劉振志 대만학자이다.

'초한전'으로부터 평화적인 굴기: 중국특색의 대전략을 중심으로

이 글은 대전략의 정의를 소개하고, 미국은 중국 특색의 초한전을 겨냥하여 자신의 대전략을 수립하는 것이 필요하다는 것을 알고 있다. 이 글은 전쟁의 본질과 힘의 전이 이론을 통해, 최근 세계정세와 결합한 전쟁의 발전 추세를 개괄하였다. 이 글은 최근의 형세 하에서 물리적 전쟁의 가능성이 점차 작아지고, 이를 대체할 수 있는 것이 각종 비非운동Non-Kinetic; 역자주, Kinetic Warfare는 폭파, 충격, 전술적 기동 같은 물리적 효과를 통해 적 부대를 파괴하는 데 중점을 두는 전쟁이고, Non-Kinetic Warfare는 이와 상반되는 개념이다전쟁이다. 예를 들어, 금융 · 정치 · 매체 등이다. 동 · 서양의 서로 다른 전략 개념 하에서, 미국은 클라우제비츠의 개념을 포기하고, 중국 특색을 겨냥하여 자신의 미래 대전략을 수립해야 할 것이다.

> 전투력은 단지 대전략의 한 수단이고, 대전략은 금융 · 외교 · 상업 · 도덕적 압력에 의지하여 상대의 의지를 약화시켜야 한다. …… 전략과 달라서, 대전략은 연구하고 이해해야 할 내용이 매우 많다.
>
> –리델 하트, 《전략》–

많은 관찰자들이 지적했듯이, 21세기 초의 중 · 미경쟁은 제 1차 세계대전의 영 · 독경쟁을 불러일으킨 것과 비슷하다. 이 때문에, 국제관계학 학계는 중 · 미관계가 미래에는 수십 년 내 가장 중요한 양자관계가 될 것이고 생각하고 있다.

그러나, 이 중요한 양자관계는 그 추동력과 최종결과의 측면에서 큰 불확실성이 존재하고 있다. "충돌은 피하기 어려울 수 있다"는 문제에 직면할 때,

3개의 학파현실주의, 자유주의, 구조주의는 매우 신중히 비관적이고 낙관적인 견해를 각각 제시한다. 확실히, 최근 가장 관심이 있는 주제에 대해, 어떠한 예측도 별다른 의미가 없다.

외부 관찰자 입장에서 보면, 가장 이해하지 못하는 것은 낙관주의자와 비관주의자가 충돌과 전쟁에 대해 서로 비슷한 개념을 가지고 있다는 것이다. '충돌'은 거의 말하지 않아도 아는 개념이고, '전쟁'은 오히려 역사적 범주를 초월하는 정의이다. 특히, 힘의 전이 이론을 지지, 반대하는 사람들도 중국 전략문화의 독창성과 과거 50년간 전세계의 3가지 발전추세'중대한 전쟁'의 감소·군대의 '대체 가능성'의 하락·'전쟁' 본질의 변화를 고려하지 않는다. 그리고 '중대한 전쟁'의 원인 · 시간 · 강도와 결과에 대한 논쟁이 계속되고 있다. 이와 함께, 국방부문은 최근 "병력집중을 필요로 하는 전쟁"이 나타나지 않을 것으로 생각한다. 9 · 11 사건 이래, 미국의 전략적 관점은 '전쟁'의 논조로 가득 차 있다. 여기에는 전쟁에 대한 각종 묘사가 계속 나타났고, 비재래식전 · 비규칙전 · 비대칭전 · 사악전邪惡戰 · 범죄전 · 제 3의 전쟁 · 비非3위1체전 · 새로운 형태의 전쟁 · 반격전 · 인민전 · 제 4세대 전쟁 · 혼합전 · 네트워크전 · 반란 · 전세계 유격전 · 경제테러주의 · 정보전 · 금융전 · 자원전 · 법률전 · 네트워크전과 혼합전 등이 있다.

일부 전략가들은 영국 스미스 장군의 "전쟁은 더 이상 존재하지 않는다"라는 관점에 동의하고 있다. 비록 재래식전 · 국가경쟁 · 군대경쟁 · 전쟁 등의 개념이 매우 빨리 없어지지 않을지라도, 전쟁이란 단어는 지금 "안개와 모순"으로 가득 차 있다. 최근 미국의 바노Barno 중장은 다음과 같이 솔직히 인정했다.

> 비군사전쟁 행동으로 국제사회에 선전포고하는 비국가세력의 주체는 초국가, 초영역, 초수단의 방식으로 나타난다. 냉전 이후, 우리들의 부대는 전쟁개념이 없는 상황에서 행동하고, 우리들은 진력해서 충돌의 '통일된 원리'를 찾고 있다. 이를 통해, 군사교범과 전술 · 연구개발 · 훈련과 조직 · 지도자 배양과 교육 · 무기 · 인력과 승진 정책 등 군사 부문에서 여전히 주도적인 위치를 차지하는 냉전적인 구조를 대체하는 것이다. 현재, 이러한 중요한 요소들을 추동 및 발전시킬 일치된 견해

가 아직 나타나지 않았다. 이런 국면이 나타난 이유는, 서로 다른 관점들이 전문성이 일치된 결과를 내기가 어렵기 때문이다.

"통일된" 전쟁이론이 없기 때문에, 현재 미국과 같은 강대국의 군사분석가들은 "방어적 현실주의"라는 정책을 채택하여 각 군종 사이에 가장 낮은 수준의 일치를 보고 있다. 미국의 과거 3년 간 가장 큰 성과는 바로 '위협 혼합'이라는 개념을 만들어 낸 것이다.

프랑크 대령과 플레어 대령은 이 개념을 한 단계 발전시켜, '위협 혼합'은 전쟁의 물리적 그리고 심리적 요소의 종합, 재래식전과 비재래식전 · 동력과 비동력 · 전투인원과 비전투인원 사이의 모호한 한계를 강조한다고 설명했다.

사람들은 '혼합'이란 특성을 제기할 때, 늘 지정학적 요인을 무시했다. 이것 때문에 오늘날까지 우리들은 '위협 혼합'이란 단어에만 국한되었고, 혼합전과 관련된 논리적인 문제를 얼버무리게 되었다.

반대로, 중국의 전략가들은 "공격적 현실주의"라는 태세로 더욱 치우쳐져, "통일된" 전쟁원리를 수립했다. 비록, 이 원리가 과거 중국의 전략문화와 관계가 있을지라도, 전쟁 중의 하이브리적인 요소는 이미 주요한 지위를 차지하지 못한다. 이 원리와 관련된 사례는 1999년 두 명의 대령이 쓴 초한전이다. 간단히 말하면 다음과 같다.

> 군사행동을 전쟁을 지지하는 주요 수단으로 아는 것은 이미 시대에 뒤떨어진 것이다. 리델 하트도 이 점에 관심을 가졌다. 그는 '간접 수단'을 이용하여 적의 방어가 가장 약한 지역을 선택하고 적이 생각하지 못한 행동으로 공격할 것을 주장하였다. 전장은 끊임없이 확대되고, 정치 · 경제 · 외교 · 문화와 심리적 범주를 포함시켰다. 각 요소 간의 영향은 사람들로 하여금 군사적 요소를 문제해결의 주요 수단으로 삼기를 더욱 어렵게 만들었다. 전쟁은 비전쟁영역에서 전개되는데, 만약 우리가 미래에서 승리를 하고 싶다면 우리들은 반드시 이런 상황을 위하여 전면적인 준비를 해야 한다. 바꾸어 말하면, 준비를 잘하여 한 나라의 각 부문에 영향을 주는 전쟁을 개시하는 것이다. 이런 전쟁은 군사적 행동을 위주로 하는 것이 아닐 수 있을 것이다.

위에서 인용한 단어들을, 독일 전략가 루덴도르프의 '전면전쟁역자 주-총력전'과 비교해 보면, 초한전의 개념은 영국의 전략가 리델 하트의 '대전략'이란 개념과 더욱 가깝다. 이런 상황 하에서, 비동력 수단은 동력수단이 점하는 지위보다 더욱 중요할 뿐만 아니라, 흔한 형세는 전체적인 동원이 아니라 각종 요소 간의 결합이다. 이 외에, 전쟁을 개시하는 방식이 원리상 "제한을 받지 않는" 것일 지라도, 결과는 오히려 제한을 받을 것이다. 예를 들어, 두 명의 대령은 확실히 "시간과 공간의 제한을 받지 않는 목표를 추구해서는 안 된다."라고 경고하고 있다.

초한전이란 단어가 비록 이해하기가 쉬울지라도, 결코 "중국이 미국을 파괴하는 데 이용하는 주요한 계획"은 아니다. 마찬가지로, 그것은 중국 장교들에게 사고를 개방시키게 하는 아이큐 테스트가 아니다. 최근 환경에서, 초한전의 가장 좋은 정의는 '굴기 중인 강대국이 '스테로이드 주사를 맞는' 것과 같은 작전방식은, 바로 군사력이 점차 감소해야 하는 시대에 '전면적인 냉전'을 수행하는 계획이다.

초한전은 "시험적인" 개념으로, 중국의 관련 기구에서 초한전의 중요성을 확인해 볼 필요가 있다. 비록 초한전은 단지 4가지 군사사상의 분파 가운데 하나라고 생각하는 사람이 있을지라도, 깊이 연구하면 초한전은 다른 3가지 분파의 정수를 대표할 뿐만 아니라, 다른 3가지 분파에 서로 걸쳐져 있다.

이 개념은 정계政界에도 영향을 주어, 강택민 주석과 츠하오텐 국방장관도 초한전을 읽어봤을 뿐만 아니라, 후진타오는 주석 취임 이래 7년 간 근무했다. 정부의 "평화발전"이란 외교수칙과 비정부의 "초한전"이란 군사수칙도 모순되는 부분이 존재하고 있다.

2003년, 정부가 "평화발전"이란 개념을 제기함에 따라, 중국공산당 중앙위원회도 여론전 · 심리전 · 법률전에서의 정치공작을 강화하는 "3전三戰"이란 개념을 지지했다.확실히 초한전의 개념에서 힌트를 얻었다 같은 해, 중국 정부는 "走出國門" 계획을 시작했다. 이것은 새로운 중상주의 공격방식으로 국외에서 전략적 투자를 함과 동시에, 해방군이 첫 네트워크전 부대를 만들 것을 계획했다. 중국의 해커가 개시한 "Titan Rain" 공격은 사람들로 하여금 중국정부도 여기에 참여하고 있다고 의심을 품게 만들었다.

2008년까지, 미국 국무부의 국제안보 자문위원회는 현재 3개의 비운동Non-Kinetic 전쟁이 형성되고 있다는 것을 확인했다: "미국은 중국정부의 '3전'이란 개념으로 대표되는 전면적인 전략적 경쟁을 잘 이해하고, 효과적인 대응조치를 취할 필요가 있다. 만약 적극적으로 대응하지 않는다면, 북경의 심리전 · 여론전 · 법률전은 중국으로 하여금 중요한 영역에서 전략적 우세를 얻게 할 것이다."

2009년, 중국이 신속히 발전시킨 금융전과 네트워크전 능력은 미국 국방부가 금융전 연습을 수행하게 하고, 미국 전략사령부에 통일된 네트워크 사령부를 창설하게 하였다.

초한전이 출판된 지 10년 후, 책속 24종의 행동방식은 확실히 과거만큼 분명하지 못했다. 중국은 각종 비운동Non-Kinetic 수단 예를 들면, 심리전, 여론전, 법률전, 금융전, 네트워크전 등을 이용하여 수정주의역자 주-현상을 변경시키려는 생각 대전략을 만들고 있다.

하지만, 미국 국방부 외 초한전은 여전히 사람들에게 알려져 있지 않다. 이런 모호한 개념은 군사잡지와 정부보고서에 가득 차 있다. 그리고 이런 것들도 민간의 형세인식을 향상시킬 수는 없다.

이 글의 목적은 다른 사람들의 고견을 이끌어 내기 위하여, "중국의 위협"에서 미국의 국방과 학술 사이의 인식 관련 차이를 보충함과 동시에, 각 부문의 초한전 관련 형세인식 능력을 향상시키는 것이다.

힘의 전이 이론

역사를 개념화하듯이, 전쟁사의 개념화에도 2가지 방식이 있다. 즉, 선과 주기이다.

주기의 개념에서는, 중대한 전쟁이 "패권전쟁"이라 불린다. 이 전쟁은 역사상

힘의 전이가 있을 시기에 발생하는 현상이 있다. 예를 들어, 펠로폰네수스 Peloponnesus 전쟁, 30년 전쟁, 나폴레옹 전쟁, 2번의 세계대전 등이 있다. 이 가운데 처칠과 드골은 2번의 세계대전은 "제 2차 30년 전쟁"으로 보았다.

이 역사적 주기 개념은 힘의 전이 이론의 기초이다. 이 이론은 2000년 《힘의 전이: 21세기 전략》에서 발표된 후, 한 시기를 풍미하여 중 · 미 양국 사이의 경쟁을 분석하는 도구가 되었다.

표면적으로 보면, 힘의 전이 이론의 매력은 "힘의 전이라는 배경에서 정치와 관련된 '통일된' 전쟁원리를 만들 수 있는데"에 있다. 이 이론은 "모든 국제적 이론 가운데, 힘의 전이 이론은 가장 엄밀하게 전쟁이 발발하는 이유, 방식과 시간을 해석할 수 있다. 이 밖에도, 이 이론은 전쟁 관련 손실 · 강도 · 지속시간 · 결과 등의 증거를 제시할 수 있다.

힘의 전이 이론은 깊은 분석을 통한 이론의 엄밀함에 있는 게 아니라, 1세기 전 영 · 미와 영 · 독 사이 힘의 전이의 역사를 대조하는데 있다. 이 이론은 강한 자기 서술과 역사적 서사의 감각을 가지고 있다. 간단히 말하면 다음과 같다.

> 힘의 전이 이론의 관점에서 보면, 미국은 영국과 같은 정치와 경제구조 · 자유로운 민주문화를 가지고 있고, 전세계적인 정치 · 경제와 법률질서를 갈망하고 있다. 미국은 자존심이 강한 국가이고, 현행 시스템의 수정을 통해 자신의 이익을 얻을 수가 있다고 믿는다. 그리고, 그들은 최근의 구질서를 대체할 새로운 질서를 필요로 하지 않는다. 영국은 미국이 희망한 국제질서를 이해해서 자신의 권력이 질서에서 약간의 영향을 받는 것을 받아들일 수 있다. 그러나, 영 · 독 힘의 전이 과정에서, 독일과 영국의 정치 · 경제 · 문화는 완전히 달랐고, 양자의 국제질서에 대한 관점이 달랐다. 이 때문에 독일은 결코 만족하지 못했다. 영국의 지도자들도 마찬가지로 그들은 너무 많은 양보를 하고 싶지 않았다. 설사 전쟁의 위험을 받아들일지언정, 평화적 이행에서 영국의 이익이 큰 손실을 당하는 새로운 국제질서를 바라지 않았다.

이 두 종류의 "힘의 전이 이야기"에 문제가 있을 뿐만 아니라, 중대한 전쟁을 결정하는 2개의 요소, 즉 패권국가간의 "세력균형"과 새로운 강대국의 현 질서에 대한 "불만족 정도"란 문제가 존재한다.

첫 번째 문제는 군사적 영향력이 떨어지고 비대칭전략이 날로 증대되는 시대에, "세력균형"을 평가하는 과정에서 문제들이 생겨난다. 정부 측 통계자료는 투명성이 결여된 것 외에도중국의 실제 국방예산은 정부 측 숫자의 3배이다 미국과 중국이 종합국력을 평가하는 방식도 다르다. 질과 양의 구별 세력균형이 깨지는 상황은 실수의 위험과 상대가 전쟁을 개시하는 위험도 증가될 수 있을 것이다.

힘의 전이 이론이 채택한 "힘"의 개념과 "균형"이란 단어는 모두 시대에 뒤떨어진 것이다. 비록 이 이론의 "힘"에 대한 정의힘은 강압하거나 또는 권하여 상대가 자신의 요구를 따르게 하는 능력이다가 현대적 사실에 가까워질지라도, 힘에 대한 평가방식은 아직도 구식인 면이 있다. 힘의 전이 이론에서, 힘은 세 요소의 총계이다. 즉, 업무와 전투에 참가하는 인원 수 · 경제생산 능력 · 개인의 노력을 집중시켜 국가목표를 위해 일하는 정치시스템의 효율이다.

군사적 힘? 힘의 전이 이론가와 달리, 중국은 소련이 20세기 80년대에 레이건과 군비경쟁을 수행하여 파산한 사실을 잊지 않고 있다. 등소평의 4대 현대화 항목 중, 군사현대화는 맨 뒤에 배치하였고, 앞에는 농업 · 공업 · 과학기술 현대화가 있다. 더욱 중요한 것은 "빌헬름 시대의 독일과 중국의 주요한 구별은, 독일은 영국과 비슷한 능력을 발전시키고자 했으나 중국은 비대칭능력을 발전"시키고자 한 것이다. 중국도 11대의 항공모함을 건조하여 해상에서 힘의 균형에 도달하고 싶은 것이 아니라, 각종 비대칭 수단을 이용해서 위성전에서 지뢰전 · 대함 탄도미사일에서 "해양법 전쟁"까지 봉쇄전략을 계획하는 것이다.

경제적 힘? 현재의 이론은 힘 전이의 동력에 더욱 치중하고 "생산력"을 더 이상 강조하지 않으며, 공업과 금융의 발전을 더욱 중시할 것이다. 중국은 미국에 필적하는 생산력에 도달하는데 매우 긴 여정이 필요하다. 그러나 중국이 보유한 외환보유액 2조 4천억 달러는 미래 기축통화의 종류를 결정할 수 있는데, 이것이 전세계의 우세에 관한 미국의 핵심 사항이다.

소프트 파워? 매우 신기하게도 힘의 전이 이론은 과거 20년 동안의 "힘의 변화"를 중시하지 않고, 점차 소프트 파워를 강조했다. 중국의 개념은 미국의 "소프트 파워"란 개념이 아니라 독일의 "民力국민의 노력 또는 재력"이란 개념에 더욱 가까웠다. 이것은 힘의 전이 이론을 주장하는 사람들이 이해하지 못하는 부분이다. 중국에 대해 말하면, 소프트 파워는 군사와 안보영역 이외의 모든 내용을 대표하고 있고, 유행하는 문화와 PR을 포함할 뿐만 아니라, 경제와 외교정책을 포함한다. 예를 들어, 자금을 이용한 원조, 다국적 조직 참가 등이다.

두 번째 문제는 현재 질서에 대한 "불만족한 정도"를 정의할 때, 힘의 전이 이론은 "힘의 균형"을 처리하는 문제에서 비교적 유물주의라는 현상이 드러난다. 만약 한 나라의 "전략문화"와 "대전략"을 깊이 연구할 수 없다면, 그 나라의 불만족 정도를 평가할 방법이 없는데, 이 두 가지 사항은 힘의 전이 이론이 제기하지 못하였다.

전략문화: 만약 힘의 전이 이론이 제기한 것과 같이 확실하다면, 영 · 독의 힘의 전이는 "독일과 영국이 정치 · 경제 · 문화상의 차별이 있기" 때문이다. 그러면 사람들은 중국과 미국은 정치 · 경제 · 문화상 차별이 더욱 크다는 것에 주의해야 한다. 비록 영 · 독의 경쟁이 어떤 수준에서 "문화적 충돌"을 야기한다고 말할 지라도, 양국은 같은 종류의 문명사회에 속한다. 반대로, 중국과 미국은 서로 다른 문명을 대표한다. "힘의 전이" 이론은 이런 문명의 차이를 경시하고, 학계와 충돌을 피하려고 한다. 즉, 사무엘 헌팅턴의 "문명의 충돌"과 관련해서 보면, 힘의 전이 이론에는 2개의 요소가 결여되어 있다. 첫째, 종전 힘의 전이와 비교해 보면, 최근 국가들 사이미국과 중국의 경쟁이 더욱 큰 문화적 전이를 배경으로 한다는 것을 알지 못했다. 지정학상 대서양에서 태평양으로 바뀌고, 지경학과 지地문화상 서방에서 다른 지역으로 바꾸는 것을 말한다 둘째, 유럽시스템과 차이점으로, 전통적인 아시아 시스템이 신분제도와 비非힘의 균형적 사유로 기우는 경향이 있으며, 최근 문제는 중국의 인접국들이 "힘의 균형"을 바라는

염원이 얼마나 큰지를 알지 못했다.

대전략: 논리적 순서에 따르면, 엄밀한 힘의 전이 이론의 첫 번째 임무는 어떤 수정주의 대전략이 세계대전 발생의 위험을 증가 또는 감소시키고, 세계대전의 발발을 가속 또는 완화시키며, 참전인원에 대해 어떤 영향을 주는지를 평가하는 것이다. 이런 연구를 통해, 사전에 세계대전의 발생 시간 · 지속시간 · 치열한 정도와 결과를 개괄해 볼 수 있다. 하지만, 힘의 전이 이론의 대전략에서는 이러한 내용들이 없다. 힘의 전이 이론은 각 부문이 평형인구·생산과 정치적 능력을 유지하는 상황에서, 영 · 독과 미 · 독의 힘의 전이 시간 · 격렬도 · 결과도 크게 달랐다. 그러면, 독일의 대전략은 "실수 중의 실수"지 않았겠는가?

마지막으로 힘의 전이 이론은 줄곧 "목적"을 평가하는 기초 위에서 "힘"을 비교할 수가 없다. 여러분이 힘의 전이 이론에 근거하면, 중국이 근본적으로 미국과 "전세계 패권"을 다투는 데 관심을 두지 않고, 전세계의 다극화란 경향을 이용하여 "패권전쟁"의 관점을 없애려는 것을 영원히 이해하지 못할 것이다.

결론적으로 힘의 전이 이론은 수단힘의 원천에 대한 연구를 중시하기 때문에, 그 이론은 중국이 비록 "시스템 상" 수정주의 국가일지라도, 중국과 빌헬름 독일의 방식전략문화과 결과대전략는 같지 않을 것이다.

이렇게 보면, 힘의 전이 이론의 구매력은 어디에 있는가?

기껏해야, 이 이론도 상투적인 화제를 제공했다. 예를 들면, "상대국가가 힘의 측면에서 강대국과 평형을 이루고 현재 시스템에 불만족 한다면, 지속시간이 길고 치열도가 큰 전쟁이 발발할 수 있다"이다. 이런 논조는, 과거 30년 동안 각종 국제관계의 이론가 하여금 "내가 먼저 알았다"라고 말하지 않을 수 없게 한다.

발발 가능성이 있는 전쟁을 경고를 할 때, 힘의 전이 이론의 옹호자는 전쟁을 역사적 범주를 뛰어넘는 것으로 본다. 2000년에 발표한 《힘의 전이》에서, 힘의 전이 이론가들은 전쟁에 대한 토론이 이미 20년 동안 발전했다는 것을 모르는 것 같다. 또한 그들은 후기 현대사회에서 "세계대전"이 《초한전》의 형식으로 나타날 수 있다는 것을 제기하지 못했다. 사실, 10년 전 나타난 이후, 힘의 전이 이론의 주요 관점은 늘 "패권주의 전쟁"이 나타날 수 있다고 생각했다. 서양의 관찰자들은 "역사는 끝날 것이다" 또는 "이익의 협조"가 평화적인 협치를 낳을 것으로 믿지 않았는데, 힘의 전이 이론은 그들에게 경고성 있는 내용을 제공했다.

비록 핵시대가 근본적으로 세계대전의 자본과 이익을 바꾸었다는 것을 받아들이더라도, 힘의 전이 이론은 핵보유 국가들 사이의 세계대전은 절대적으로 피하기 어렵다고 생각한다. 그러나, 이론이 이런 결론을 얻은 이유는 완전히 착오이다.

힘의 전이 이론은 전략문화 · 대전략 · 세계대전의 경고 · 무력사용의 감소와 전쟁 자체 발전의 중요성을 제기하지 않았기 때문에, 이 이론의 설득력에는 한계가 있다. 그리고, 공업과 금융동력의 차이를 이야기 하지 않고, 단지 예측을 하는 이론의 역할을 하기 때문에, 오해를 살 수 있다. 또한 이 이론은 세계대전의 가능성을 지나치게 높이 예측하기 때문에, 사람들은 이론의 가치에 더욱 의심을 품게 되었다.

힘의 전이 이론 가운데 가장 풍자적인 것은, 앞선 "패권주의 전쟁"에 대한 지나친 민감함 때문에, 현재 이 이론의 지지자들은 극단적인 충돌이 "완화"되는 즉, 공존을 지지하는 것이다.

힘의 전이를 지지하는 사람들의 건의는 "중국과 관련하여, 나토가 확장하여 중국을 포함하면, 평화의 조건을 만들 수 있다. 이렇게 하면, 세계대전의 가능성을 낮출 수 있다"라는 수준으로 다소 수준이 떨어진다.

중국이 나토에 가입하지 않으면, 세계대전이 발발할 것인가? 가능한가?

10년 전, 전세계는 "단극화" 상태에 있어서 양자 간 힘의 전이란 관점에서 중국의 굴기를 연구하는 것은 합리적이지 않았다. 10년 후, 우리가 직면한 미국 이후의 세계는, 중국의 발전이 아세안 · 러시아 · 유럽연합과 미국의 영향을 받아서, 힘의 전이 이론은 논리적인 지지를 잃게 되었다.

역사의 주기라는 개념은 틀리지 않아서, 중국은 강대국의 굴기와 쇠락을 성실히 연구하고 있다. 틀린 것은, 서방의 사회과학자들이 역사를 논쟁의 도구 및 그들의 거짓 과학에 대한 미련과 연구영역을 무시하는 것이다. 새로운 시대의 이론가들은 "정책과의 관련성"을 고려하려 한다. 하지만, 국제관계학 학자가 앞 세대가 잃어버린 외교관들의 신뢰를 다시 얻고자 한다면, 그들은 미숙한 역사분석만으로 어리석은 정책을 제공하는 것을 피해야 할 것이다.

초한전의 형성

군사의 역사는 늘 선형 발전이라는 개념을 가지고 있다. 이 개념으로 보면, "세계대전"은 늘 특정한 시기와 관련이 있다. 예를 들어, 클라우제비츠 시대, 1792년의 발미Valmy에서 1945년 히로시마의 원자탄 피폭까지이다.

이 시기들은, 서방 군사사의 주요 내용들이 점차 확대된 과정이다. 사회동원프랑스 대혁명에서 시작한다, 공업동원미국의 내전에서 시작한다은 최종적으로 20세기의 총력전을 낳았다. 헤겔의 말을 빌리면, 발미에서 히로시마 피폭까지 배후의 철학은 점진적인 역사 실현의 과정이거나 또는 클라우제비츠가 말한 "절대전쟁"이다.

군사사의 발전과정에서 보면, 나폴레옹에서 히틀러 전면전쟁의 발발까지 이 과정들을 명백히 알 수 있어서, 많은 학자들이 과거 20년 동안 많은 연구를 하였다. 이와 반대로, 히로시마 이후 발전의 맥락은 결코 그렇게 분명하지 않다. 1945년부터 1989년까지는 줄곧 세계대전에 대한 경고와 작은 전쟁의 확대였다. 사실상 20세기 후반기에 국가들 사이의 전쟁은 다시는 나타나지 않고심지어 비핵국가들 사이에도 전쟁이 없었다, 국내전쟁이 비교적 흔히 있었다. 이 국내전쟁의 형식은 다양하여, 혁명 · 종족 · 범죄 · 자원전戰 등을 포함한다. 하지만 세계대전 · 작은 전쟁이란 견해는 단지 현상의 일부만을 표현할 수가 있다.

또 다른 형식도 있다. 외교사가 지금까지 언급하지 않았는데, 바로 20세기 후반에 운동Kinetic 전면전쟁이 비운동Non-Kinetic 전면전략으로 바뀌기 시작했다는 것이다. 사람들은 이 형식의 전반부로 트루먼 시대의 국가안보 체제에서 아이젠하워 시대의 전면적인 냉전까지로 알고 있다. 그러나 뒷부분의 발전 과정은 레이건 시대의 "제 2차 냉전"으로 불려서, 단지 내부의 인사들만이 일방적으로 이해하고 있다. 예를 들어, 국가안보지침 제 75호NSDD-75가 규정한 것은, 레이건의 대전략이 실제로 초한전의 전신으로 단지 미국적 특색을 가졌을 뿐이다. 간단히 말하면, 세계대전이 끝난 후 서방의 전략가들은 총력전의 다른 부분들을 분석하기 시작하여, "경제전", "심리전", "정치전" 등의 개념들이 전략에서 나타나기 시작했다. 수정주의 국가 예를 들어, 독일에서 전략가들의 목표는 더욱 효과적인 방법을 찾아 다음번 세계대전을 이기는 것이었다. 이 때문에 루덴도르프 장군은 공격적인 총력전 이론을 만들었다. 이 이론은 정책이 전략에 복종하여 전쟁을 "생존에 관한 최고의 표현방식"이라고 보았다.

힘이 비슷한 국가들은, 예를 들어 영국의 목표는 평화를 유지하고, 세계대전 동안 유행한 클라우제비츠식의 파괴를 피하는 것이다. 이 때문에 리델 하트의 시스템적 재평가전술·작전과 전략는 그가 "대전략"이란 개념을 만드는 데 간접적으로 도움을 주었다. 루덴도르프의 "총력전"과 같이, 리델 하트의 "대전략"이란 개념도 전시와 평시 사이 한계의 모호함이 있었다. 하지만, 두 개념은 근본적으로 차이가 있는데, "대전략"에서 군사수단은 단지 다른 수단을 지지하는 성격만을 가지고 있다.

두 번의 세계대전 동안 리델 하트의 이론은 높은 평가를 받았고, 2차 대전 후 그의 명성은 쇠락하기 시작했다. 주된 이유는 이론 · 역사 · 정책의 영향을 받았기 때문이다. 이론상 클라우제비츠와 달라서, 리델 하트는 결코 "대전략"의 시스템적 저작물을 제시하지 못했다. 그의 이론은 흩어져 있어서, 1929년부터 1954년 사이에 출판된 글 속에 분산되어 있다. 역사상, 그의 "간접방식"은 의심스러운 역사적 관점에 지나치게 의존되어 있다. 예를 들면, 소위 "영국식 전쟁"은 역사학자들이 보고 싶지 않을 것이다. 정책상, 오늘날까지 리델 하트는 여전히 "데탕트"를 지지했기 때문에, 사람들에게 기억되고 있다. 하지만 자세히 분석해 보면, 그의 이론적 성과는 조지 케넌의 "억제"이론과 비슷한 것이다.

2차 대전 후, 서방의 주류들은 "대전략"이란 개념을 포기하고, 더욱 모호한 "국가안보전략"이란 개념을 사용하기 시작했다. 첫 번째 수소폭탄이1952년 출현함에 따라 이후 10년 동안, 서방 주류의 전략적 논쟁은 핵전략에 중점을 두고 전략적 신앙을 신속히 만들기 시작했다.

이와 동시에, 리델 하트는 계속 간접적인 대전략이 더욱 필요하다고 생각했다: "수소폭탄과 그 실험은 '총력전'의 모형과 '전쟁승리'라는 목표가 이미 시대에 뒤떨어진 것으로 보인다. 원자탄은 전략으로 하여금 가치를 잃게 하여 어떠한 근거도 없이 오해를 낳는다. 원자탄의 파괴력은 다른 간접적인 방법을 출현시켰는데, 이것이 바로 전략의 본질이다."

그러나 그의 저서 《전략》에서는, 단지 몇 페이지의 내용만이 대전략의 개념을 언급했다. 그는 "이 큰 주제를 분석하는 것은, 더욱 많은 내용을 필요로 할 뿐만 아니라 전문서적을 별도로 쓰는 게 필요하다. 비록 대전략이 다른 전략을 통제할지라도, 대전략의 원칙은 항상 전략의 영역에서 유행하는 관점과 위배되기 때문이다"라고 해석한다. 수정판에서, 간접방법에 대한 그의 흥미는 국가전략에서 전장전략으로 전환하게 되었다.

1963년, 리델 하트를 추종한 프랑스의 앙드레 보프르 장군은 "총력전"이란 단어를 이용하여 "대전략"이란 이론을 다시 정의하고자 했다. 우리들은 보프르의 책을 평가할 수 없을지라도, 두 가지 사항은 비교적 가치가 없다고 지적할 수 있다. 첫째, 그의 "내부 기동"과 "외부 기동"의 구분은 오늘날 "전장"과 "전장공간"의 구분과 비슷하다. 둘째, 스테판 푸송리역자 주-중국어 발음의 과학기술전 개념이 발표되기 전에, 보프르는 다음과 같이 언급했다.

> 평화시기는 새로운 전략을 발전시키고 있는데, 이 전략은 '군비경쟁'이란 단어를 이용하고, 전쟁이 나타날 것으로 생각하지 않는다. 경쟁방식은 힘써 자신의 장비 성능이 상대를 능가하게 하는 것을 도모한다. 이런 형세는 일찍이 '후근전략'으로 불렸다. 이것의 전술은 공업 · 과학기술 · 금융 등의 요소들을 포함한다. 이것은 간접

성격의 소모이고, 직접적으로 적의 자원을 파괴하는 것이 아니다. 그것의 목표는 적으로 하여금 자기보다 뒤떨어지게 하여 적에게 큰 소모를 조성시키는 것이다. 소리는 없으나 분명한 평화적인 전쟁이 시작되었다. 하지만, 전쟁 자체는 결정적인 것이다.

보프르의 성과는 비록 가치가 조금도 없는 것이 아닐지라도, 미국의 독자들에게 "지나치게 프랑스화 되었다"라고 말하고 있다.

최근 미국판 "전면전략"은 1962년 출판된 《전쟁의 새로운 전선: 정치전의 과거와 미래》란 책에서 찾을 수 있다. 이 책은 윌리엄 젠트너와 서프 카오언페이역자 주-중국어 발음가 공저한 것으로, 아이젠하워 시대의 "총력전" 개념을 파악함과 동시에, 한 시대 앞서서 훗날 챠오량과 왕샹수이가 쓴 《초한전》 이론을 제시했다. 《전쟁의 새로운 전선》은 정치전을 "한 국가가 군사력을 직접적으로 이용하지 않고, 자신의 희망사항을 상대국가에게 강요하는 충돌형식"으로 정의한다. 정치전은 외교 · 국제 비즈니스 · 정보와 민간기구 · 정부와 비정부기구 · 군사활동 등으로 조직되어, 강도가 더욱 큰 현재의 행동을 표현할 새로운 명칭을 필요로 한다. 이 때문에 우리들은 새로운 명사들을 만들었다. 예를 들면, 정치활동 · 경제전 · 심리전 등이다. 우리들은 "군사활동"의 범주를 더욱 개선시켜, 외국정부와 주민 또는 유격부대와 정파 전쟁 등에 자금 지원하는 것을 포함했다.

젠트너의 책은 큰 관심을 끌지는 못했는데, 그 이유에는 두 가지가 있다. 첫째, 쿠바 미사일 위기 후, 미국의 전략가들은 대전략에 대해 관심이 없었고 위기관리에 중점을 두었다. 둘째, 월남전의 위기가 고조됨에 따라, 대전략은 반란평정 작전에게 자리를 양보했다.

동시에, 20세기 70년대 사회과학자들의 위세가 역사학자들을 넘어섰고, 국제관계 이론에서는 고전적 현실주의가 구조적 현실주의에게 자리를 넘겨주었으며, 후자와 "대전략"의 개념 사이에는 관련된 부분이 조금도 없었다. 비록 영국 역사학자 폴 케네디가 훌륭한 작업들을 많이 했을지라도, 대전략에 대한 연구는 여전히 국제관계 이론과 외교역사 등에 의해 하찮은 구석으로 밀려지게 되었다.

레이건 시대의 "제 2차 냉전"이 도달함에 따라, 대전략은 "억제"로부터 "반격"으로 전환되기 시작했다. 1979년, 서방국가는 소련은 공격태세에 있고, 미국은 쇠퇴단계에 있다고 생각했다. 1989년, 소련은 쇠퇴로 전환되고, 미국은 "유일한 초강대국"이란 지위에 올랐다. 레이건의 "제 2차 냉전"은 아이젠하워 시대보다 "총력전"이란 개념에 더욱 부합한다. 그러나 이상한 것은 국가안보 지침 제 75호NSDD 75는 이 대전략의 전략연구에 대해 단 한마디도 하지 않았다.

일부 원인은 "제 2차 냉전"이 비밀스럽게 개시되었기 때문에, 어떤 요소들은 현재까지 여전히 비밀상태에 있다. 그러나, 큰 원인은 학계가 고르바초프에게 공을 돌리고 레이건을 "역사 속에서 몽유하는" 할리우드 배우로 간주하기 때문이다. 이 때문에 냉전말기에, 대부분의 역사학자들은 고르바초프의 역할을 중시하고, 레이건 첫 임기의 역할을 무시했다. 학계가 1979년부터 1985년까지 "제 2차 냉전"시기로 정의하는 것은, 레이건의 "반격"전략과 냉전 종전과는 어떤 관련도 없다는 것을 설명하기 위함이다.

역할의 관점에서 보면, 레이건의 대전략은 특허전에서 석유전까지, 저강도 전쟁에서 "신앙전"까지를 포함한다. 지정학의 관점에서 보면, 레이건의 전략은 중앙아메리카 지역에서 소련을 격퇴시키고, 동유럽에 대한 소련의 통제를 약화시켜서, 소련을 아프가니스탄에서 철수시키는 것이었다. 레이건의 전략은 횡적으로 외교 · 정보 · 군사 · 경제수단을 종합할 뿐만 아니라, 정부 간 조직과 비정부 간 조직을 수직적으로 연계시키는 것이었다.

간단히 말하면, 레이건의 "반격"은 초한전의 전신이다. 그러나 이 내면에는 결함이 있었다. 형식적으로 보면, 레이건의 전면전략은 매우 복잡하고 범위가 넓으며 매우 효과적이었다. 이 '초한전'은 어떠한 비용효과 분석도 결여되어, 단지 대가가 매우 높은 승리로 간주될 수 있었다. 국내적으로 보면, 1986년 미국은 세계적인 주요 채권국에서 주요 채무국으로 변했다. 국제적으로 보면, 미국은 중국과 이슬람 국가들이 소련에 저항하여 뜻밖의 결과를 낳는데 협조하였다.

군사전략가 존 아퀼라가 최근 지적한 것과 같이, 파키스탄이 러시아에게 저항하여 아프가니스탄을 점령한 반군들에게 은신처를 제공했기 때문에, 레이건은 파키스탄의 군사독재자가 핵무기 개발을 포기하도록 지나치게 독촉하고 싶지 않았다. 이 착오가 가져온 결과는 일을 더욱 복잡하게 만들었다. 그 이유는 파키스탄의 불법적인 확산 네트워크가 북한 · 이란 · 알카에다 조직이 대량살상무기를 획득하는 데 무시할 수 없는 역할을 했기 때문이다.

대량살상무기의 확산을 무시하는 것 외에, 레이건 정부는 월남전 후 미군으로 하여금 재래식 군사력의 건설을 대담하게 추진하게 했다. 당시 나타났던 반테러 문제를 무시해서, 아퀼라는 다음과 같이 생각했다.

> 이 자금 대부분은 중부유럽의 재래식 전쟁을 위한 준비에 쓰였고, 전쟁의 가능성은 요원했다. 이와 동시에, 테러주의는 전쟁의 형식이 되고 있었다. 레이건 정부의 구성원이 테러주의에 대해 '先發制人'하는 타격을 수행하기 위하여 기습부대를 만들 것을 건의했을 때, 이 건의는 전통주의자들로부터 매서운 훈계를 들었다.

간단히 말하면, 사무엘 헌팅턴이 말한 바와 같이, 레이건 정부는 중국-이슬람 유대를 만든 도구였다.

두 가지 원인에서 비롯되어, 레이건의 대전략은 학계가 받아들이지 않았을 뿐만 아니라 군사기구도 인정하지 않았다. 1979년부터, 국제관계학 학계의 관심은 정책결정에서 이론 정립으로 전환되어, 구조적 현실주의가 냉전이 끝나기 전까지 줄곧 지배적인 지위를 점했다. 1979년 전후, 미국 군부는 직업군인의 주요업무는 재래식 전술과 작전방식에 중점을 두는 것으로 결정했다. 그들은 월남전에서 교훈을 얻어서, 클라우제비츠와 같은 전략이 없는 전쟁과학을 채택했다.

냉전이 끝남에 따라, 전략개념과 "대전략"이란 사유思惟는 학계와 군 계통에서 더욱 알려지지 않았다. 군 계통에서는, 칼 보르드가 90년대 중반 다음과 같이 언급했다.

냉전의 종결과 핵경쟁의 위험이 만든 정치의 한계성 때문에, 어떤 사람은 미국 군부가 전략적 사유의 부흥을 일으킬 것으로 기대했다. 그러나 이것은 발생하지 않았다. 걸프전과 보스니아 충돌은 거의 작전과 전술방식으로 해결한 것이다. 미국의 전략적 사유는 거의 숨기 시작하였다. 30년 전, 국가안보 영역에서 전략사상의 빛은 사방에 비치고 있었다. 그리고 30년 동안, 전략의 이론화는 미국의 주류사상이 되었다. 만약 우리 군부의 작전의 사유와 견줄만한 곳이 없고, 전술의 사유가 끊임없이 생겨난다면, 전략의 사유는 포기되었을 것이다. 국가안보의 전략요소는 정치가와 외교관의 일로 작전과 전술요소는 군부에 속하며, 시민들은 이 둘과 무관하다고 간주했다.

이와 동시에, 학자들 예를 들어, 리차드 베트역자 주-중국어 발음는 "전략문화가 서방의 엘리트들 사이에서 점차 쇠락하고, 군사력의 발전도 약화되며, 전쟁의 비선형적 성격이 점차 증가되고 있는데, 이런 상황에서 전략은 아직도 공상인가?"라는 질의서를 보내기 시작했다. 학계의 "전략연구" 영역은 모호한 "안보연구"가 되어서, 대전략의 개념이 완전히 사라졌을 뿐만 아니라, "국가안보"의 개념도 모호한 "인간안보"란 개념으로 변했다. 그리고 전쟁 자체는 민간 학계에서 점차 "위험관리"로 보게 되었다.

냉전 후 학계든 군부든 모두 대전략에 노력을 하는 것에 큰 관심을 두지 않았다. 학계에서는, 단지 "전세계 감독"과 "인간안보"로 미화하는 학자들이 연구자금을 쉽게 확보할 수 있었다. 그리고 군부에서는, 대규모의 예산삭감에 직면하여 정부의 전략은 "클라우제비츠 VS 컴퓨터"와 같은 논쟁으로 신속히 변하여, 병력밀집형의 육군과 해병대, 무기를 중심으로 하는 해군과 공군으로 하여금 서로 허물을 들춰내서 공격하게 하였다. 소수의 정통파가 《전쟁론》의 무결점을 믿는 것 외에, 대부분의 미국 군사엘리트들은 클라우제비츠의 부족한 부분을 인식하기 시작했으나, 군사혁명의 지지자들이 보기에 클라우제비츠는 그렇게 사악한 것 같지는 않았다. 해군대학의 유명한 교수인 마이클 헨델은 동서양의 전통사상인 클라우제비츠 이론과 손자병법을 조화시키려고 노력했다. 그는 두 가지의 이론에 대해서 많은 설명과 "보충"적인 작업을 많이 해서,

"손자병법은 대전략의 관점에서 전쟁을 연구하고, 클라우제비츠는 구체적인 전략을 많이 사용해서 문제를 해결했다"라고 생각한다.

비록 그가 클라우제비츠 이론을 구제한다고 할지라도, 헨델은 "손자의 이론이 전략과 전쟁 측면에서 분석할 때, 클라우제비츠 이론보다 우리의 시대에 더욱 적합하다"라는 결론을 냈다. 9 · 11 사건 전날 밤, 헨델은 통일된 전쟁이론이 나타나기를 바란다는 의견을 표명했다. 그리고 10년 후, 바르노Barno 장군도 바로 통일된 이론이 부족했기 때문에 탄식이 그치지 않았다. 이와 동시에 중국군은 미국의 군사개혁에 관심을 가지면서, 자기 전략의 전통을 다시 연구하고, 이 기간에 "전략의 개혁"을 진행했다.

초한전의 길(超限戰之道)

동서양의 전쟁과 전략의 전통은, 서로 다른 관습적인 사유체계를 만들었다. 간단히 "서양의 이론은 기율 · 기술과 결정적 전투를 중시하고, 동양의 이론은 기만 · 책략과 비군사력을 통한 해결을 중시한다"라고 결론을 낼 수가 있다.

20세기 각종 과학기술이 출현함에 따라, 이 양자 간의 구별은 희미해졌다. 1904~1905년의 러 · 일전쟁에서 사람들이 놀란 것은, 일본이 갑자기 러시아의 용병방식보다 더욱 서구화 되었다는 것이다. 동양국가의 군사 서구화는 20세기에 지속되었고, 1998년에 이르러 인도와 파키스탄의 핵 실험은 일부 서양 관찰자들로 하여금 2세기 동안 유지된 서양의 군사적 우세가 끝났다는 것을 받아들이게 했다: "200년 동안, 이 세계는 줄곧 서양의 군사적 통치 하에 있었다. 국가적 역량의 대변인격인 포함砲艦은 이미 전투기에 의해 대체되었고, 전투기는 미사일과 위성, 컴퓨터에 의해 대체되었다. 그러나 최근까지 이 기술들도 유럽과 북미의 국가들이 독점하고 있었다. 현재 이 독점은 다시는 없어졌다."

9 · 11 사건 후, 다른 관찰자들은 이미 서양의 군사적 우세가 있는지 의심을 품기 시작했고, 이런 우세는 단지 과학기술의 제한만을 받는 게 아니라 전략의 제한도 받았다.

냉전이 끝나기 전에, 중국을 오랫동안 관찰한 랄프 소이어는 중국이 이미 자신의 전략적 전통을 다시 연구하기 시작했다고 지적했다: "1985년 이래, 중국 국방대학의 창설과 《中國兵書集成》이 출판되기 시작함에 따라, 중국의 군사과학은 자신의 이론과 실천 유산을 연구하기 시작했다. 이것은 중국이 새로운 군사과학 즉, 모방할 뿐만 아니라 서양의 전략가를 초월하는 과학을 만들도록 촉진시켰다. 이 과학은 수준이 높아서 무기 · 지휘 · 통신분야의 우세를 조합시킬 수 있었다. 전통적인 중국의 군사저작물, 특히 《손자병법》, 《六韜》, 《百戰奇略》과 《三十六計》도 크게 유행하였고, 각종 형식의 TV 드라마와 만화책 등으로 제작되었다.

10년 후, 해방군은 과학기술에서 "서구화"를 진행함과 동시에, 끊임없이 자신의 전략으로 하여금 "동양화"가 되도록 하였다. 중국학의 아서 왈드론은 선견지명이 있어서, 당시 다음과 같이 말했다.

> 19세기 군사개혁이 시작되어, 서양의 국가들은 군사적 수단을 이용해 문제를 해결하기 위하여 자신의 능력을 높이려는 경향이 있었다. 그래서 우리들은 자주 무기를 결정적인 수단으로 간주하는데, 여기에는 속사포 · 전차 · 공중역량 또는 최근의 첨단 과학기술을 포함한다. 하지만, 핵무기의 개발과 전장이 전세계적 범위로 확장될 가능성이 많아짐에 따라, 우리들은 갈수록 결정적인 역량을 획득하기가 어렵다는 것을 인식하게 되었다. 이런 상황은 중국에게 친숙한 것이다. 그 이유는 기본적인 작전방법이 지나치게 무력에 의지하게 되면 동반되는 제한성과 위험을 강조하기 때문이다. 중국이 강조한 계략은 서양에게 현대화된 무기시스템이 제공하기 어려운 사유체계를 제공했다.

풍자적인 것은, 중국이 자신의 전통을 다시 연구할 때, 서양의 수정주의 학파는 이른바 중국의 전통은 없다고 주장했다. 기껏해야 "필요의 전쟁"에 직면할 때, 중국은 다른 국가들과 같이 클라우제비츠 이론을 사용했다. "선택의 전쟁"에 직면할 때, 중국은 여전히 간접적 방식으로 해결하는 것을 좋아했다. "지혜로 상대를 이기지, 상대를 싸워 이기는 것이 아니다"라는 방식은 여전히 "上兵之道"로 간주되어 있다.

우리 수정주의자들이 주장한 것과는 달리, 중국의 전략문화는 교과서에서 정의된 것과 같지 않고, 다른 어떤 전략과 같이 장점이 집중된 역사적 경험들이었다. 중국이 비록 서양의 국가들이 굴기한 이유를 이해한다 할지라도, "힘의 전이"에 대한 그들의 이해는 서양의 국제관계 이론이 아니라, 자신의 역사 즉, "전국시대와 중일전쟁"에 기반한다.

중국이 집단으로 기억하는 중심은 아편전쟁 시기 서양 열강과의 경쟁이었다. 이 시기는 일찍이 서양에게 뒤처져 있었고, 중국은 이 "굴욕의 세기"가 시작된 이 시기를 명심하고 있다. 실제로 서양이 아편을 무기로 이용한 간접적인 수단으로 중국을 이겨서, 중국으로 하여금 치욕을 느끼게 하였다. 이런 "권모술수"는 18세기 말부터 시작하여, 400만 중국인으로 하여금 그 해악을 깊이 느끼게 했다. 그래서 전쟁부터 시작하는 것은 그 결말이 이미 정해진 것이었다.

중국이 다른 나라와 같이, "집단 기억"이 항상 실제 역사와 부합하지 않는다. 하지만 이 집단기억이 공상이라고 할지라도, 그것의 집단행동에 대한 효과는 오히려 진실이다. 즉, "정치는 관념의 전쟁"인 것이다. 1997~1998년의 금융위기는 아시아에서 서양의 국가들이 개시한 "금융 9 · 11 사건"으로 간주된다. 챠오량과 왕샹수이 대령은 조금도 주저하지 않고 소로스를 테러분자 빈 라덴과 비교하여, 아시아 위기를 다음과 같은 전환점이 되었다고 생각한다.

> 비국가조직이 비군사수단을 이용하여 주권국가와 교전한다. 이 때문에, 금융전은 비군사전쟁 방식이다. 그것의 파괴력은 유혈전쟁 만큼 큰데, 피를 흘리는 희생이 단지 나타나지 않았을 뿐이다. 금융전은 현재 정식으로 전쟁의 한 종류가 되었다. 핵무기의 억제력이 날로 쇠퇴함에 따라, 금융전은 이미 전세계의 관심을 끄는 전략적 수단으로 변하였다.

챠오량과 왕상쉬는 1998년 아시아 "금융전"의 역사적 중요성은 1991년 걸프전보다 낫다고 말한다. 이 때문에 그들은 군사의 과학기술 혁신은 사유의 개혁, 전략의 개혁을 낳는 첫 걸음을 낳았다고 생각한다: "오랫동안, 군인과 정치인들은 특정한 사유방식을 채택하는 데 습관화되었다. 그들은 국가안보에 위협을 조성하는 주요한 근원이 적대국가 또는 잠재적인 적대국가의 군사력이라고 생각한다. 그러나 20세기 말 10년 간 발생한 전쟁과 중대한 사건은 우리들로 하여금 관점을 바꾸게 한다. 즉, 군사적 위협은 국가안보에 영향을 주는 중요한 요소가 아니다. 현재 영토분쟁 · 민족충돌 · 종교문제 등이 존재하고 있지만, 동시에 자원획득 · 시장쟁탈 · 무역제재와 다른 경제적 요소들이 존재하고 있다."

일찍이 10년 전, 전략가인 에드어드 루터와커역자 주-중국어 발음는 지정학적 방식은 지경학적 방식으로 바뀔 것으로 언급하였으나, 이런 변화가 군사전략에 어떤 영향이 있는지는 명확히 지적되지 않았다. 챠오량과 왕샹수이는 서양으로부터 사유의 제한을 조금도 받지 않았다. 그들은 클라우제비츠가 동양 전통의 한 부분이 된 적이 없었고, 금융전에서는 전혀 쓸모가 없었다고 주장했다. 반대로, 중국은 리델 하트와 어떤 일치된 면이 있고, 1994년에 그의 저서 《전략》을 번역하였다.

챠오량과 왕샹수이는 분석가로서 20세기 90년대 미국의 군사적 논쟁을 잘 파악하였다. 그들은 전략가로서 미국에 관심을 가져서 다른 지역의 전략가들과 같이 대부분의 토론도 지정학을 전제로 한다. 미래주의자로서, 그들은 "구성주의"적인 전쟁개념을 제기했다. 이 측면에서 두 사람은 중국의 앨빈과 하이디 토플러로 평가될 수 있다.

《초한전》 발표 2년 전에, 토플러 학파는 공업시대의 주요 특징은 국가 사이의 동맹이고, 정보시대의 특징은 정부와 비정부 사이의 "깊은 동맹"이라고 생각했다: "걸프전 기간의 동맹과 달리, 현재 실재實在적인 "깊은 동맹"이 존재할 수 있다. 예를 들어, 3개의 국가가 만들 수 있고, 그리고 10개의 민간조직도 만들 수 있다. 또한 2~3개의 민간기업이 공동의 이익 때문에, 결합할 수도 있다. "깊은 동맹"은 한 시스템 가운데 각 단계의 기구와도 관련된다. 그것은 다차원적 관계이고, 모두 구성부문이 끊임없이 증가 · 확대 · 융합되고 있다. 1648년 베스트팔렌 조약 이후 만들어진 국가들 사이의 시스템이 달라서, 새로운 시스템은 주요국가들 사이의 '힘의 균형'에 적게 의지하였다. 그들은 각 구성부문의 정확한 결합능력에 관심을 두었다. 힘의 균형보다 더욱 중요한 것은 균형을 유지하는 힘이었다. 즉, 한 나라가 자신의 지위를 분명히 인식하여, 자신의 경제 외 군사적 능력을 지식 차원과 결합하는 것이다. 이렇게 하면, 모든 세계는 후기 베스트팔렌과 후기 클라우제비츠 시대란 세계질서에 진입할 것이다."

이런 "깊은 동맹"의 개념은 어떤 수준에서 초한전 개념을 구현하였다. 그 이유는 그것이 끊임없이 비국가행위자의 정치적 역할을 강조하여, 신용평가기구와 마약 단속기구 등을 포함하기 때문이다. 또한 그것은 "전쟁의 시민화"란 개념을 다음과 같이 강조했다.

> 현대 과학기술은 무기와 전장을 바꾸고 있다. 동시에, 그것은 전쟁참가자를 더욱 모호하게 바꾸고 있다. 비직업전사와 비국가조직이 주권국가에게 주는 위협이 갈수록 많다. 무한한 전장에서 갈수록 많아지는 전쟁의 형식에 직면하여, 군사력과 무기에만 의지해서는 국가의 안보목표를 달성하지 못하게 되고, 국가이익을 보장할 수도 없다. 확실히 전쟁은 병사 · 부대 · 군사위주에서 정치인 · 과학자 · 은행인을 위주로 하는 형식으로 바뀌고 있다.

챠오량, 왕샹수이 두 사람은 "조합"을 중요한 글자로 말하고, 그들은 "조합"이 군사사에서 가지는 중요성을 강조하기 시작하였다. 예를 들면, 리델 하트가 '간접방법'에서 "3000년 전의 전쟁이든지, 20세기 말의 전쟁이든지 최종적인 승리는 동일한 현상을 보여주었다. 즉, 승리는 자원을 효과적으로 조합한 측이다"라고 논술한 것과 같다.

그들 관점의 독창성은 바로 각 수준국제·정부간·각 국가에서 시스템적으로 각종 역할영역과 행동영역법률·경제·심리 등을 "조합"하는 것이 필요하다고 강조한 점이다. 바로 초한전의 중심사상은 "조합"이기 때문에 서양도 "조합전"이라 불렀다.

하지만, 지금까지 초한전은 여전히 전면적이지 않다. 첫째, 그들은 "살상력"과 "폭력"의 구분에 대해 후기 현대주의적 색채를 지니고 있다. 비치명적인 전쟁으로 판명되어야, 그것을 비폭력인 것으로 표현하는 것이 아니기 때문에, 폭력에 대해 새로운 정의를 할 필요가 있다. 둘째, 그들은 "확실한 방법"과 같은 금과 옥조를 발견했다고 말하고 있으나, 군부의 책략가들은 이에 대해 의구심을 표한다.

초한전은 전략이론상의 사유체계가 되었고, 가장 흥미가 있는 것은 동 · 서양의 전통에 의지한다는 사실이다. 어떤 사람은 초한전을 보프로 장군이 만든 "총력전"이란 개념의 새로운 판본으로, 단지 비국가행위자의 혁신전략을 담고 있다고 생각한다. 다른 사람들은 초한전을 후기 현대의 손자병법으로, 단지 전장의 디지털화 · 법률의 무기화와 외국정책의 금융화를 담고 있다고 생각한다.

하지만, 중국기관에서 초한전의 중요성은 확실하지 않다. 초한전은 일찍이 중국의 군사계통 4가지 학파 가운데 하나로 간주되었다. 첫째, 전통주의자이다. 그들은 모택동의 방어적 성격의 인민전쟁 개념을 신봉한다. 둘째, 새로운 전통주의자이다. 그들은 지구地區적 역량의 투사를 바란다. 셋째, 첨단과학기술 혁명주의자이다. 그들의 중점은 요원한 네트워크 중심전이다. 초한전은 최근 출현하여 다른 세 종류의 학파와 경쟁하는 개념이다. 이런 설명은 비록 이해하기가 쉬울지라도, 사람들로 하여금 믿게 하기는 쉽지가 않다.

한편 주의해야 할 점이 있다. 군사전략 학문은 오늘날의 인민전쟁 개념이 선배들의 개념과 완전히 다르다고 설명한다. 즉, "인민전쟁은 전쟁의 조직방식으로, 인민전쟁과 군사 과학기술 수준은 완전히 무관하다. 인민전쟁의 개념은 '결코 낮은 수준의 과학기술 전쟁에 한정되지 않는다. 인민전쟁의 거대한 역량은 모든 국가적 역량을 방출하고, 인민전쟁은 평시와 전시를 조합시키며, 군사와 민간자원을 조합시키고, 전쟁활동과 비전쟁활동을 조합시키는 것이다." 간단히 말하면, 인민전쟁은 결코 원래의 농민유격전 사상과 같지 않다. 오늘날의 인민전쟁은 "시민전쟁"과 조금도 관련이 없고, 초한전 개념도 네트워크 애국자를 출현하게 했다. 이렇게 말하면, 첫 번째와 세 번째 학파는 특별한 차이가 없다.

또 다른 점은, 2004년 12월 후진타오 주석이 "우리 군대의 새로운 세기, 새로운 단계의 역사적 임무"를 공포한 이래, 해방군 임무는 단지 구역 영토의 방어만이 아니라 힘의 투사로 정의되었다. 그래서 첫 번째와 두 번째 학파 사이에는 차이가 존재하지 않는다.

초한전을 3가지 학파와 비교해 보면, 결코 새로운 것이 아니라는 것을 발견할 수 있다. 단지 3가지 학파를 조합했을 뿐이다. 예를 들면, 찰스 호킨스가 2000년 다음과 같이 의견을 제시했다.

> 새롭게 출현한 초한전 개념은 몇 가지 측면에서 철학적 성격이 있다. 이 관념은 약함으로 강함을 이기는 방식으로 선전을 한다. 그것은 3가지 학파의 사유를 참고하고, 자신들의 넓은 전쟁 개념을 가미시켰다. 초한전은 선진 과학기술을 지지함과 동시에, 어떤 가용한 수단을 이용해 병력투사를 할 것을 제안했다. 예를 들면, 미사일이 대만을 위협할 수 없다면, 중요한 기초시설에 대해 사이버 공격을 개시하여 역할을 할 수 있을 것이다. 또는 2개의 수단을 비밀리에 운용하는 것이다. 초한전 개념도 전통적 사유에서 뿌리를 내렸다. 그것은 인민전쟁 또는 적극방어의 조치이다. 그것은 전쟁의 범위를 확장시키고 첨단과학 기술을 이용하여 더욱 많은 사회적 요소로 하여금 전쟁에 참여하게 한 것이다.

하지만, 중국의 군정軍政측면에서 생각해 보면, 군부 이외에서 초한전의 지위를 알 수 있는 방법이 없다. 어떤 서방 관찰자들은 당·정·군 사이의 충돌, 군사와 정치 엘리트 사이에는 "군정軍政의 간격"이 존재할 수 있다고 생각한다.

서양의 관찰자들은 중국의 4대 군정지도자인 모택동·등소평·강택민·후진타오에 대해 분류를 했다. 어떤 부분은 지금까지 명확한데, 그것은 바로 2003년 제 4대 지도자가 취임한 이래, 정부의 "평화적 굴기"란 외교지침과 비정부 측 초한전 군사지침 사이에는 모순이 더욱 명확해졌다는 것이다. 예를 들어, 젠제중簡介中은 제 4대 지도자가 법률전 · 심리전 · 여론전 · 금융전과 사이버전을 확대시키고 있다고 설명한다.

국방부는 초한전의 "간접방법"에 대응한다

비록 9 · 11 이후, 초한전이 일시에 이름을 알렸을지라도, 미국 국방부는 일찍이 10년 전에 이런 개념에 대해 연구를 전개했었다.

비록 국회가 국방부에게 매년 "중국의 대전략 · 안보전략과 군사전략 및 군사조직과 작전개념의 발전"을 요약하는 보고서를 제출하라고 요구할 지라도, 미 국방부의 연도 보고서는 줄곧 "운동Kinetic적인" 위협을 중시한다. 2009년도 보고서에도 초한전과 관련이 있는 비운동Non-Kinetic 위협을 두 페이지로 요약하였다.

중국의 대전략을 이해하기 위한 좋은 출처는 미 · 중 경제와 안보평가 위원회의 연도 보고서와 중국관련 소프트 파워 · 전략적 기만 · 사이버 능력 · 무역수칙 등이 만들어 내는 특별 보고서이다.

미 국방부가 왜 초한전 이론에 대해 줄곧 침묵을 유지하는 것에 대해, 우리들은 단지 추측만 할 수 있을 뿐이다.

첫 번째 이유는 관료들의 기풍일 수 있다. 당국이 "전쟁의 독점을 잃어버리고" 군사기구가 비군사수단을 이용하여 전쟁을 개시할 수 있는 것에 대해 평온하게 있을 수는 없다. 이 개념은 챠오량과 왕샹수이가 작성한 것이다. 초한전에 대한 첫 반응은 수정주의 국가의 전략가들과 적대국가의 전략가들 사이에 있는 사유의 차이를 잘 보여준다. 미국 육군대학의 군사분석가는 다음과 같이 언급하였다.

> 많은 해방군의 지도자들은 초한전이 얼마나 큰 흡입력이 있는지 발견하지 못할 것이다. 그 이유는 초한전은 21세기 중국 군인들의 전문적인 사유에 대해 큰 도전을 제기했다. 만약 전쟁에 경계가 없다면, 병사들을 훈련시켜 현대전쟁의 각 부문을

장악할 수 없을 것이다. 상대적으로, 중국의 전문적인 군사교육 기구의 임무도 필요 없이 변했다. 이 외에, 전통적인 군사장비 예를 들면, 전차 · 장갑차 · 고성능 비행기 · 전함은 초한전에서 부속품으로 변하였다. 심지어, 중요하지도 않다. 그리고 전통적인 군사능력 평가의 기준 예를 들면, 인력 · 화력 등은 간과된다. 고대문명에서, 관료정치학은 매우 엄중했다. 초한전이 토론한 개념 예를 들어, 정보전과 경제전은 중국의 정치 지도자들에게 큰 흡입력이 있을 수 있다. 그 이유는 초한전의 개념들이 자본이 적게 드는 국방정책을 제공할 수 있기 때문이다. 그러나 군부는 새롭고 비싼 무기시스템을 획득하기 어렵다는 것을 발견할 것이다. 대부분의 중국 병사들은 이러한 전쟁형식을 환영하지 않는다. 그 이유는 이렇게 하면 그들은 단지 적은 국방예산 · 인력자원 · 관료자본만을 얻고 해방군의 위신은 떨어질 것이기 때문이다.

이런 현상은 9 · 11 사건 전의 "대군사大軍事"라는 관료적 사유를 반영할 수 있고, 또한 이런 사유가 초한전 이론으로 하여금 다른 국가에서 생겨나게 한다. 하지만 수정주의 국가들은 이런 조합주의 사유를 일찍이 초월했다.

두 번째 이유는 미국의 체면 문제를 고려하는 것일 수 있다. 미국은 이런 조잡한 개념을 자신의 교범에 반영하고 싶어 하지 않는다. 하지만, 미군 교범에서 오랫동안 존재하는 비재래식 전쟁은 개념상 초한전과 너무 쉽게 뒤섞인다. 비재래식 전쟁 핸드북의 최신판은 비재래식 전쟁과 초한전이 교범에 뒤섞일 수 없다고 강조한다. 즉, 초한전 이론의 첫 번째 원칙은 원칙이 없다는 것이다. 강대국이 같은 수단을 사용하지 않고, 약소국을 공격하는 것은 '강대국은 원칙을 수립하고, 굴기 중인 중국은 원칙을 깨고 빈틈을 노리기' 때문이다. 저자들이 새로운 이론을 만들었느냐는 검증에 달려 있다.

그들의 책은 서방국가들의 관심을 끌었다. 이는 주로 초한전이 중국의 전략적 사유를 대표하기 때문이다. 만약 이런 사유가 정부의 허가를 받지 못하면 출판하지 못한다. 특히, 수수께끼같은 중국에서는 더 그렇다. 육군 특수부대 장병과 합동 및 다국적 파트너들은 초한전을 이해해야 한다. 그러나 그들은 이 단어가 정식적으로 승인된 교리가 아니라는 것을 알아야 한다. 그것은 매우 명확한 국제적 배경과 응용을 가지고 있다.

달리 말하면, 미국 국방부가 초한전의 중요성과 새로운 부분을 평가 절하할 때, 미군은 이 개념의 어떤 부분들을 조용히 채택하고 있었다. 이 무기력한 전략의 개혁은 두 가지 축으로 발전한다. 공간 축선에서는 끊임없이 운동Kinetic 전장을 확대하여 비운동Non-Kinetic 전장공간을 포함시켰다. 시간 축선에서는 끊임없이 전시와 평시의 구분을 모호하게 하여 "장기 충돌"이란 개념을 채택하고, 전통적인 4개의 군사전쟁 단계에서 소위 "0단계"여건의 조성를 추가하였다.

이 외의 초한전에 대응하는 3가지의 "간접방법"도 제기할 만한 가치가 있다.

첫째, 논쟁 성격의 공공영역이다. 비록 미국 학계가 중 · 미 사이에 나타난 경쟁을 구식의 힘의 전이 활동으로 본다고 할지라도, 미국 정부는 "전세계 공공질서" 제공자 · "전세계 공동이익"의 보호자라는 지위를 드러내고 싶어 한다. 이 때문에 미국은 "논쟁적인 공공영역"의 문제를 처리할 권리가 있다. 미국은 이런 문제가 우주의 군사화와 해양의 영토화와 관련되어, 중국의 육 · 해 · 공 · 우주의 능력을 취급하고 있다.

둘째, 클라우제비츠의 쇠퇴이다. 과거 4년 동안, 교범에서 리델 하트의 "간접방법"에 대한 재평가와 클라우제비츠의 직접방법에 대한 점진적인 포기를 볼 수 있었다. 클라우제비츠 이론은 영원히 존재하나 점차 쇠퇴하고 있다. 2006년 《4년 안보평가》는 정부의 교리가 리델 하트의 이름으로 다시 만들어지고 있는 것을 상징한다. 2007년 《반란 진압 핸드북》은 로렌스의 회귀를 상징하고 있고, "적을 중심으로"에서 "인구를 중심으로"로 변하는 것은 클라우제비츠의 쇠퇴를 대표하고 있다. 2008년의 《비재래식 전쟁 핸드북》은 대전략을 이야기할 때, 손자병법은 클라우제비츠 이론보다 더욱 제목에 부합한다. 투쟁하는 쪽은 자신의 각종 역량을 이용해 경쟁한다. 이런 형식은 국제적 환경의 특징이 되었다. 베스트팔렌 조약 이래, 사람들은 경쟁이 나라들 사이에서 발생한다고 생각했다. 이런 경쟁에는 국력의 수단 예를 들면, 외교 · 정보 · 군사와 경제 등을 포함한다. 최근 이런 수단들의 범위는 외교 · 정보 ·

군사 · 경제 · 금융 · 정보와 법 집행 등으로 확대되었다. 7개의 국력의 수단이 다 소모되거나, 충분한 경쟁력을 제공하기 어려울 때, 군사적 수단을 이용하여 국제적 분쟁을 해결한다. 클라우제비츠는 군사력을 이용하는 행위를 "상대가 우리의 희망을 따르게 하는 폭력"으로 묘사하고 있다. 이 주장의 영향은 매우 크다. 하지만 현대에 직면하여, 그의 이론은 제한되는 측면이 있다. 손자병법이 지금과 더 부합한다. 비록 참전이 승리를 위한 것이라도, "百戰百勝幷非上策, 不戰而屈人之兵才爲上策백전백승은 결코 상책이 아니고, 싸우지 않고 적의 군대를 굴복시키는 것이 상책"인 것이다.

셋째, 위협을 혼합시키는 전쟁이다. 만약 수정주의 국가, 예를 들어 중국 전략의 중심어가 "조합"이란 동태적 개념이라면, 그들의 상대국가 예를 들어, 미국 전략의 중심어는 "혼합"이다. 이는 정태화靜態化를 더욱 추가하는 개념이나, 이런 개념 하에서 3군의 일치를 달성할 수가 있다.

과거 5년 간 출판된 글 들 중에서, 프랭크 호프만은 위협을 혼합하는 "다多방식"과 "다多단계"의 특징을 분석했다. 2006년 이스라엘과 헤즈볼라의 전쟁은 "국가분쟁의 파괴력과 비재래식 전쟁의 열광 · 지속성"의 결합을 강조했다. 호프만은 "미래에 만날 우리들의 가장 큰 도전은 단지 한 수단만을 채택하는 국가에서 오는 것이 아니라, 각종 전술과 과학기술을 이용하여 그것을 완전 새로운 방식으로 혼합시켜 그들의 전략문화 · 지리적 위치와 목표를 만족시키는 국가이다"라고 언급하였다.

이런 경고는 단편적으로 "전술과 과학기술"을 강조했고, 네이선 프렐 대령은 군사분석가들에게 위협을 혼합시키는 "직접적인 방어수단군사수단"에 국한시키지 말고 "간접적인 방어수단민간조치"을 분석해야 한다고 호소하였다.

프렐은 자신이 이단아로 보이는 것을 걱정하지 않고, 올해 중국의 재래식 군사력 건설이 단지 주의를 돌리기 위한 것일 수 있다고 직접적으로 암시했다. 그는 고도의 위협을 혼합하는 군사적 측면은 실제 충돌 또는 경쟁에서 부차적인 위치에 놓일 것으로 생각했는 데, 이런 인식은 훌륭하다. 하지만 이런 군사적 측면은 상대가 주의를 돌리는데 사용하는 수단일 수 있다. 그 목적은 미국의 위협을 증가시키거나 미국의 주의를 집중시킴과 동시에, 다른 영역에서 진정한 전쟁을 개시하는 데 있다. 예를 들어 정치 · 경제 · 사회활동 등의 영역이다. 매우 좋은 사례는 사실 학계가 재래식에 지나친 관심을 두는 대전大戰 형식이고, 군사전략가들은 첨단 과학기술의 '국부전쟁'에 지나치게 관심을 두는 것이다.대만 그리고 이런 상황은 더 큰 전쟁방식의 위험을 무시할 가능성이 있다.

하지만, 프뢸 스스로 말한 바와 같이, 미군 내부는 전체적으로 비운동Non-Kinetic 전쟁이란 개념을 받아들이고 싶지 않았다. 현재, 국방부의 반은 현재 수행하는 전쟁에 관심을 가지고 있다. 그들은 이것으로 심신이 피곤하다. 이 때문에 그들은 미래에 출현할 반테러와 반란진압 작전 이외의 다른 내용을 보고 싶지 않아 한다. 국방부의 다른 사람들은 여전히 굴기하는 중국과의 첨단 과학기술 전쟁에 관심을 두고 있다. 이런 국가들은 정치 · 경제 · 비재래식 투쟁능력을 이용하고 효과적인 수단으로 우리들을 상대하고 있다.

현재 논쟁 중인 "혼합"이란 개념은 일정한 가치가 있다. 하지만 이 개념은 지정학과 관련되지 않는다. 그래서 단지 "위협 혼합"이란 단어에 국한되어, "혼합전 논리"의 문제점을 해결하지 못했다.

초한전도 비밀작전으로 여겨질 수 있다. 그래서 미 국방부 이외의 사람들이 초한전에 현혹되어도 정상을 참작할 만하다. 일부 기관은 초한전을 들어본 적도 없고, 학계도 초한전을 언급한 적이 없다. 이런 공개된 개념은 사람들로부터 쉽게 이해되지 않기 때문에, 민간의 상황인식을 향상시킬 수는 없다.

초한전은 군부에서도 상응하는 관심을 얻지 못했다: 지금 이라크와 아프가니스탄 전쟁의 영향을 받아서, 군부에서 논쟁의 주제는 2005년부터 "현대주의"파가 되었다. 반란진압 전쟁을 위한 통일된 교리의 수요는 1999년 초한전이 확대시킨 전략논쟁의 관점 때문에, 다시 제한을 받게 되었다.

프뢸에 따르면, 2005년 《국방전략》의 한 기안자는 "어떤 사람도 초한전 개념이 국방전략을 현혹시킬 수 있다는 것을 알았다."라고 언급했다. 고위급 지도자들은 먼저 비재래식 위협의 가장 긴급한 두 가지 문제를 이해해야 했다.

즉, 테러주의와 반란이다. 초한전 개념에 대한 배척은 비재래식 도전에 대한 생각을 제한시킬 수 있었고, 초한전의 공인된 '비재래식 전쟁'의 영향을 무시할 수도 있었다.

하지만, 5년이 지나고, 미국 국방부가 받아들인 반란평정 작전과 초한전 사이의 구별은 사유의 측면에서 보면, 단계상의 구별이지 종류상의 구별이 아니다. 주요 차이는 반란평정 작전은 한 나라 국내를 담당한 전술과 작전이고, 초한전은 국가들 사이의 전략과 대전략을 담당한다. 그러나 양자에 대해 말하면, 작전의 논리적 노선은 물리적 노선보다 커야 한다. 이 점에서 보면, 반란평정 작전과 초한전은 모두 80%는 정치적 성격, 20%는 군사적 성격이라고 말할 수 있다.

미국 국방부는 왜 반란평정 작전에서 정부의 일치를 얻을 수 있었고, 초한전 개념은 안 되는가? 만약 여러분이 반란평정 작전에서 언급하는 6가지 행동의 논리적 노선을 이해한다면, 초한전에서 언급하는 24개 행동의 논리적 노선을 알 수 있을 것이다.

1998년, 초한전의 저자들은 미국 조직들 간의 비협조에 대해 놀라움을 표했다. 사람들로 하여금 놀라게 하는 것은, 이렇게 큰 나라가 통일된 전략과 지휘기구도 없이 비군사전쟁 위협을 처리하는 것이다. 사람들로 하여금 이러지도 저러지도 못하게 하는 것은, 그들은 반테러 활동에 책임을 지는 49개 부처와 행정부서가 있었으나, 이 부처들은 서로 협조를 할 수가 없었다. 미국은 반테러를 위해 70억 달러를 지출했다. 이것은 단지 미국 국방비2500억 달러의 1/25이었다.

10년 후, 부처 간의 비협조 상황은 다소 개선되었으나, 바로 잡아야 할 업무들이 있었다. 2009년 초한전 토론회에서, 미국 국방부의 항목 분석 및 평가 주임은 미국은 '4년 안보평가'와 비슷한 '4년 국가안보 평가'팀을 만들 필요가 있고, 그것은 국방부의 요구를 구별하여 처리할 것을 강조했다. 도전에 대한 효과적인 대응은 정부의 협조 방법에 있다. '4년 국가안보 평가'는 우리들로 하여금 협조를 통해 복잡한 문제들을 생각하게 할 것이다.

현재, 국무부는 '4년 국가안보 평가'를 만들어 부처 간의 상황인지를 제고시켜 '4년 외교와 발전 평가'와 일치시킬 필요가 있다. 초한전이든지, 다른 문제이든지 간에, 만약 미국 국방부가 앞장서서 부처 간 협조를 할 수 없다면, 다른 부처는 더욱 앞장서서 협조할 수가 없을 것이다. 미 국방부의 항목 분석 및 평가 주임은 급선무가 학계와 군부 사이의 거리를 좁히는 것이라고 지적하였다.

현재 대부분의 전쟁, 혼합전, 비재래식 전쟁, 초한전 등 모두는 소프트 파워와 사회 의제를 중시해야 하는데, 우리들은 어떻게 움직여야 할지도 모른다. 우리는 과거 4, 5년 내 많은 노력을 해서 그것들을 이해했다. 우리들은 인류학자 · 역사학자 · 사회학자들에게 자문을 구하고, 그것들을 이해하려고 시도했다. 하지만, 우리가 일정한 성취를 달성했을지라도, 미래 몇 년 동안 여전히 노력할 필요가 있다.

비록 군사분석가들 대부분이 작전연구를 하고, 그들이 최근 주저하지도 않고 사회학자들을 만나 중국위협의 성질을 분석할지라도, 이런 노력은 충분치 않다. 솔직히 말하면, 학계는 그다지 초한전 개념을 고려할 가능성이 없다. 그들은 뉴스 기자 제임스 맨이 논평에서 중국에 대한 미국 엘리트들의 환상을 비판했듯이, 중국은 평온한 발전적인 상황에 있다고 생각한다: "평온한 발전 개념은 경제발전이 불가피하게 중국 정치 시스템의 개방을 야기할 것이라고 생각한다. 그것은 단지 미래에 중국발전의 결과 가운데 하나이지만, 오히려 중국에 대한 미국 주류의 관점이다. 이런 평온한 발전 개념을 유지하는 사람에는 중국을 연구하는 학계 전문가, 중국과 무역 또는 투자를 하는 사업기구, 이런 기관투자에 의지하는 싱크탱크, 엘리트 조직 등을 포함한다. 중국문제 전문가들은 그들이 중국과 사업하는 회사를 위해서 고문을 맡아 돈을 벌 수 있다는 것을 발견했다. 학자들이 글을 쓰고, 연구팀에 참가할 때, 그들은 직업을 대학의 직책으로 쓰고, 중국의 고문으로 참가하는 것을 잘 드러내지 않는다."

중국의 고문, 전문가들을 피하고, 중국에 대해 수박 겉핥기인 국제관계학 사람들에게 도움을 구하는 것은 중국의 위협을 해결하는 데 조금도 도움이 안 된다. 주류의 국제관계학 사람들은 중국문제를 토론할 때, 그들의 주요 관심은 중국이 미국에게 주는 위협을 어떻게 평가하는 것이 아니라, 새로운 이론특히 힘의 전이 이론이 자신이 지지하는 이론 · 학계의 지위와 "대전략"에 대해 주는 위협을 제한시키는 것이다.

이런 상황은 끊임없는 논쟁만을 만들고, 어떤 진실되고 명쾌한 견해를 얻지 못할 것이며, 항상 정책적 오도를 낳을 것이다. 예를 들어, 자유구조주의자들은 항상 실수란 이유로 힘의 전이 이론을 비판하고, 그들은 북경이 근래 정부 사이의 조직적 행동에 참여하며 반박할 수 없을 정도로 중국이 "책임 대국"이 되고 있다고 말한다.

관찰을 해보면, 여러분은 사실 이런 후기 모택동주의 중국의 행위는 트로츠키의 침투활동 또는 그람시의 전복 전략과 매우 비슷하다. 참여는 한 패이고, "사회주의화"는 또 다른 한 패이다. 중국은 국제무역조직의 일원으로 과거 10년 동안 지적 재산권에 대한 표절행위를 금지하지 않았을 뿐만 아니라, 국제무역조직으로 하여금 전체적인 통제도 하지 못하게 했다. 더욱 중요한 것은, 중국이 비록 2001년 서양국가가 만든 세계무역기구에 가입했을지라도, 같은 해에 중국도 반서구조직인 상하이 협력기구를 만들었다. 장기적으로 보면, 상하이 협력기구도 세계무역기구보다 국제질서에 대한 영향이 더욱 클 것이다.

많은 사람들이 아는 비유와 같이, 술 취한 남자가 가로등 밑에서 자신의 열쇠를 찾는 것은 "가로등 밑에는 빛이 있기 때문이다." 당국의 관심을 받는 자유구조주의도 서방국가가 만든 정부 사이의 조직에서 "가로등" 아래 "새로운 세계질서"란 열쇠를 찾고 있다. 그 이유는 영어로만 말할 줄 아는 사람들에게는, 이것이 유일하게 이용할 수 있는 "가로등"이기 때문이다. 자유구조주의는 "전세계 통치"이론을 연구하여, 그들은 유럽연합 · 나토 · 세계무역기구와 같은 저작물들을 썼으나, OPEC · 이슬람 협력 기구와 상하이 협력기구와 관련된 글은 한 편도 없었다. 전세계에는 비서방 정부 간 조직이 많이 존재하고 있고, 중국은 이 조직들이 자신의 역량을 늘리는데 도움이 된다고 생각하기 때문에,

미국 국방부의 "지혜의 여신" 계획도 이 조직들을 연구 중점으로 삼아야 한다.

간단히 말하면, 군부의 분석가들이 학계와 계속 접촉할지라도, 학계의 논쟁도 파벌적인 요소가 존재한다는 것을 늘 기억해야 한다. 학계의 각 학파는 군부의 파벌과 같이, 과학적인 언어로 자신의 조직적 성격 또는 이념상의 파벌적 속성을 덮는다.

우리는 다음과 같이 의심의 여지가 없는 사실을 안다: 전략교육 · 전략정보 · 전략계획과 전략적 소통이 여전히 발전하지 못한다면, 미국 대전략의 수립과 실시는 영원히 물거품일 것이다. 만약 미국 국방부가 주도적으로 부서 간 대전략적 사유를 만들어 내지 못한다면, 다른 부서들은 뜻을 이루기가 더욱 어려울 것이다.

"지구전持久戰"에서 네트워크 전격전"까지

적어도 세 가지 이유로, 미국 국방부는 초한전을 "중국적 특색을 구비한 위협적 행동"으로 보지, 모택동 지구전의 계속으로는 보지 않는다. 첫째, 진주만과 9 · 11 사건과 같은 뼈아픈 경험이 있는 국가는, "전략적 기습"의 심리적인 그림자가 있다는 것을 피하기 어렵다. 둘째, 클라우제비츠의 결정적 전투의 현혹과 과학기술 지상주의라는 믿음은 미군으로 하여금 "신속한 기습" 같은 행동을 방어하기 어렵게 만들었다. 셋째, 《초한전》의 어떤 장 · 절은 전격전을 격려하는 내용들을 명확히 언급했다.

비록, 이 책이 전략과 공간 사이의 관계를 명확히 파악했을지라도, 이 책의 주요 결점은 전략과 시간과의 관계를 제기하지 않은 점이다. 초한전은 "단계적 성격"과 관련된 전통적인 군사적 사유를 소홀히 했고, "협동Synchrony"을 제창했다. 그러나 저자들은 우리들에게 "협동"과 "동시Simultaneity"를 헛갈리지 말 것을 알려준다. 이런 소홀함은 사람들로 하여금 이상함을 느끼게 하는데, 그 이유는 동서양 전쟁방식의 구별은 바로 전략과 시간과의 관계이고, 미국 같이 주의력이 결여된 국가에게 시간은 가장 약한 고리이기 때문이다. 어떤 사람은 초한전이란 단어가 조합전으로 형용된다면, 초한전의 논리적 사유는 여전히 지구전이라고 말한다. 예를 들어, 젠트너 대령은 50년 전 일찍이 다음과 같이 말하였다.

> 모택동의 관점은 지구전으로 점차 양측의 상대적 역량을 바꿀 수 있다는 것이다. 이 때문에 전쟁을 무장충돌로 보는 데 습관화된 서방의 전략가들과는 다른 것이고, 공산당 지도자들은 충돌의 범위는 더 넓혀져야 한다고 생각한다. 군사작전은 단지 전쟁형식의 하나이다. 다른 전쟁형식에는 정치 · 심리 · 사회 · 과학기술과 경제전 등을 포함하는 데 모두 중요하며, 어떤 상황에서는 더욱 중요할 수가 있을 것이다. 전쟁승리를 위하여, 전략가들은 수십 년간의 계획을 수정할 필요가 있다. 몇 년은 아니다.

무시할 수 없는 다른 문제는, 초한전이 제기한 행동 24가지의 논리적 노선은 전격전 등과 유사한 방식의 영향을 받지 않을 것이다. 예를 들어, 법률전 · 금융전 · 네트워크전의 시간 노선 등이다.

법률전의 시간 노선은 매우 길다. 1971년, 중국은 UN의 일원이 되었고, 정치분석가 아다 포츠만은 UN이 서양국가들이 만든 국제법을 집행하는데, 점차 이는 비서양국가들로 하여금 반식민화 의식을 일깨울 것으로 보았다. 그러나, 이런 국제질서 전부를 뒤집는 것은 짧은 시간에 할 수 있는 것이 아니다. 서양의 법률질서에 대한 첫 번째 중대한 도전은 1990년에 발생했는데, 당시 이슬람 협력기구는 이슬람 세계인권 선언을 제정하는 것을 지지했다.

단지 10년이 되어서야, 중국은 다자조직을 "제 4의 지주"로 삼아 외교활동의 범위에 반영할 것을 결정했고, 그때부터 3가지 외교관계강대국, 인접국, 개발도상국를 중시하기 시작했다. 이 점에서 보면, 자유구조주의자는 틀리지 않았다. 그들은 이전과 다르며, 최근의 국제질서는 "가입은 쉽지만, 뒤집어지기가 더욱 어렵다"고 생각한다. 법률전이 발발했을 때, 중국의 공격은 제한되더라도 정확했다. 마치 해전海戰과 같다. 어떤 수준의 법률전은 비교적 긴 시간동안 지속될 것이다.

금융전의 지속시간이 법률전과 같이 길지는 않더라도, 네트워크전보다

짧지는 않다. 중국은 단지 2년 만에, 미 달러를 세계의 기축통화로 여기는 상황을 끝내기로 결정했다. 이것은 중국이 10년이란 시간을 사용하고, 자신에게 영향을 주지 않는 상황에서 목적을 달성할 수가 있다. 동시에, 중국은 위엔화를 동아시아 지역의 비공식적인 유통화폐로 만들려고 노력하고, 해외에 직접투자를 늘릴 것이다.

네트워크전의 지속시간이 가장 짧다. 어떤 사람이 2003년 "Titan rain"라는 공격부터, 네트워크 공격은 중단된 적이 없었다는 것을 알더라도, 사람들은 통상 네트워크전을 기습적인 수단이고 적진 공격전투는 아니라고 생각한다. 정보혁명이 역사의 발전 속도를 가속시킴과 마찬가지로, 네트워크 무기도 전쟁의 폭발을 가속시킬 것이다. 예를 들어, 전前 반테러 전문가인 리차드 클라크는 네트워크 시대와 미사일 시대는 사람들을 놀라게 하는 것이 있다고 다음과 같이 지적했다

> 60년대, 전쟁의 속도는 확실히 빨라졌다. 장거리 미사일은 와이오밍 주에서 직접 모스크바를 타격할 수 있었다. 이 과정은 단지 35분이 필요했다. 그러나 네트워크전의 타격속도는 거의 광속과 같다. 이 속도는 기선을 잡는 데 유리하다. 이는 사람들이 네트워크전을 확대할 것이란 것을 의미하고 있다. 반대로, 이렇게 되면 네트워크전이 발발할 가능성은 확대될 것이다. 만약 네트워크전 지휘관이 신속하게 출격(역자 주–먼저 나아가 타격하다)하지 않으면, 그의 네트워크는 먼저 파괴될 것이다. 만약 지휘관이 기선을 잡을 수 없다면, 그는 목표국가가 갑자기 새로운 방어조치를 취해, 심지어 인터넷을 직접 폐쇄하는 것을 발견할 수 있을 것이다. 네트워크전에서는 기선을 잡는 것이 매우 중요하다.

지금은, 계산착오의 위험이 매우 높아졌다. 이것은 컴퓨터 프로그램전戰의 최종적인 발전이 무기전역자 주-총기·무기를 이용한 전쟁이 되게 할 가능성이 있는 것이다. 네트워크전이 네트워크 전사에 대해 조성하는 위험은 매우 적고, 그들은 단지 한 신호를 보내서 총과 탄약을 쓰지 않고도 결정적인 효과를 달성할 수 있는 것이 필요하다. 한 명의 공격자는, 네트워크 공격이 마치 전력망을

꺼버리고 어떤 네트워크의 중요 부분을시스템이 수주 동안 마비된다 파괴해도, 상대가 과격한 반응을 하지 않게 하기 때문에, 긴장상태가 가장 낮은 수준이 될 것으로 생각할 수 있다. 하지만 수백만 명은 암흑, 심지어 어둡고 추운 세상, 식물을 얻지도 못하고 현금을 찾지 못하며, 소란을 처리할 수 없는 상태에 처할 것이다. 이것은 그들 도시에 폭탄을 투하하는 것과 같다. 이 때문에 공격을 받은 국가는 "운동적인Kinetic 조치"를 이용해 반격할 가능성이 있다.

그러나, 반응의 전제는 누가 여러분을 공격했는가를 아는 것이다. 네트워크전과 재래식전의 큰 차이점은 "문제가 어디에 있는지 찾는" 것인데, 이것은 전장의 위험정도를 크게 높일 수 있다. 네트워크전에서 공격자는 자신의 신분을 숨겨서 자신의 흔적을 가릴 것이다. 더욱 나쁜 것은, 그들이 공격의 대상을 오도할 수 있는 것이다.

학계에는 "공방 평형"이란 이론이 있는데, 이 이론은 모두 평등하고 어떤 시기의 군사과학 기술 수준도 공격과 방어, 2개의 방향에서 발전한다고 설명한다. 이 때문에 전쟁의 가능성이 많지도 감소하지도 않는다. 그러나 네트워크 무기의 출현에 따라, 이 평형은 공격자에게 많이 기우는데, 사람들은 이런 형세 때문에 무의식적인 총동원을 하게 되는 것을 걱정한다.

2001년 발표되어 영향력이 큰 글인 '역사의 기점: 기억과 망각의 전략적 의의'는 쟝원한江文漢 작가가 발표했다. 그는 정보혁명이 집단의 기억으로 하여금 어떤 전략적 의미를 가지게 했다고 말한다: "정보기술의 발전으로, '기억과 망각'이란 화제는 끊임없이 역사를 창조하고 있다. 그들은 미래를 겨냥한 전략적 배치를 만든다. 디지털 기술과 인터넷은 그림과 소리를 이용하여 '기억과 망각'이란 화제에게 전대미문의 사실감 · 속도 · 범위와 감정적 공감을 주었다. 기억 · 역사와 전략적 배치는 긴밀히 서로 연합되어 있다."

1999년 유고슬라비아 주재 중국대사관은 미국의 "오폭"을 통해 다음과 같은 중국의 반응을 이끌어 냈다: "해방군의 지도자들은 초한전이 얼마나 큰 흡입력이 있는지 발견하지 못할 것이다. 그 이유는 초한전은 21세기 중국군인의 전문적인 사유에 대해 큰 도전을 제기했다. 만약 전쟁에 경계가 없다면, 병사들을 훈련시켜 현대전쟁의 각 부문을 장악할 수 없을 것이다. 상대적으로, 중국의 전문적인 군사교육 기구의 임무도 필요 없이 변했다. 이 외에, 오폭의 뉴스는 먼저 인터넷을 통해 보도되고, 유럽에서 직접 중국의 학생단체에게 보내졌다. 그들은 분노하여 동원하기 시작하였다. 중국정부를 지지하는 홍콩의 해커는 미국의 내무부 · 에너지부 · 국가공원 서비스와 정부의 다른 홈페이지를 다운시켰다. 애국주의자들은 미국이 고의로 중국의 외교기관을 파괴한 것은 중국에 대한 직접적인 모험이라고 생각했다. 전세계의 인터넷 뉴스와 다방면의 네트워크 공격과의 결합은, 격정으로 가득 찬 기억과 망각의 내용이 새로운 과학기술과 결합되어 놀라운 효과를 낳았다. 중국의 대중은 중 · 미 관계란 배경에서 이 오폭사건을 보았다. 어떤 사람은 과거의 역사를 서방국가가 군함과 대포를 이용하여 경제적 침투와 개발을 하는 과정으로 보았다. 미국과 중국 대중들의 차이점은, 전세계의 정보 · 자금과 기술의 유동이 우리들을 동일한 세계로 이끌지라도, 그들 사이에는 근본적인 오해가 존재한다는 것이다. 확실히, 전세계의 변화속도와 다른 역사적 관점은 어떤 상황에서 국제적인 오해와 위기를 확대시킬 것이다."

이 때문에, 네트워크 공격은 해방군 측이 지지하는 것이 아닐 수 있고, 대만을 겨냥한 반미 네트워크 기습은 기껏해야 자발적인 국민들의 네트워크 행동이며, 날마다 성장하는 중국의 애국주의적 관점이 낳는 공감이다.

중국의 전략문화는 수세적 태세를 취하는데, 중국의 리지쥔李際均 장군도 미국의 관련부서가 해석하는 것과 같다. 크리스토퍼 콜럼버스와 다른 서양의 발견자들과 달리, 정화鄭和는 식민지를 결코 만들고 싶지 않았다. 지금까지, 중국은 미국과 같이 156개 국가에 761개의 군사기지를 보유하고 있지 않다. 그러나 바로 독일과 일본이 보여준 바와 같이, 전략문화는 바뀔 것이고 어떤 때는 매우 큰 폭으로 변할 것이다. 유럽인의 눈에, 독일인 대부분의 역사는 모두 무해하여 담배를 피고, 술을 마시며, 헛된 공상을 꾸는 사람들이었다. 단지 1870~1945년 사이에 이 상황이 바뀐 것이다. 마찬가지로, 일본은 17세기에 일찍이 총을 금지시켰는데, 세계에서 유일하게 이 무기를 파괴하고 싶어

하는 국가였다.

등소평은 비스마르크 이후 뛰어난 정치인이나, 다들 알다시피, 비스마르크의 1890년 퇴임 이후에 그의 뒤를 이은 능력이 미흡한 지도자들은 독일인의 애국주의 열정을 통제하기가 어려웠다. 이와 동시에 1880~1914년의 기술혁명은 역사의 발전을 추동시켰고, 이런 상황은 오늘날과 비슷하다.

중국 지도자들이 1991년부터 추진한 애국주의 교육운동은 이런 정세를 더욱 심화시켰다. 1999년 대사관 "오폭"사건 이후, 중국의 네티즌 수가 2000만 명 증가해서 4억 명이 되었고, 네트워크 애국자의 수도 이에 따라 증가했다. 이 시대의 정치 엘리트들은 3억 명으로 하여금 빈곤에서 벗어나게 하여 전대미문의 역사를 창조했다. 이는 그들로 하여금 지나친 자신감을 가지게 했기 때문에, "오폭"사건 또는 해상의 중대한 사고에 대한 그들의 뒤이어진 반응이 어떠한 것인지는 매우 쉽게 상상할 수 있다. 하지만, 빌헬름 독일시대와 현재의 중국은 여전히 큰 차이점이 있다: 비록 독일의 엘리트들이 당시의 정세가 결코 독일에게 이롭지 않다는 것을 알았을지라도, 이에 반해 중국은 "능력을 숨기고, 때를 기다리라"는 등소평의 의견을 따른다면, 미래는 조만간 그들에게 올 거라고 생각하고 있다.

장기전에 대한 회고

국제환경의 특징은 1979년부터 바로 중국과 이슬람의 역사가 두 세기 만에 돌아오기 시작한 것이다. 1980년대, 미국은 제 2차 냉전을 개시하는데 관심을 두고, 등소평과 호메이니의 개혁이 낳은 역사적 중요성을 무시했다. 1990년대, 미국의 엘리트들은 아시아 시장이 제공한 번영에 도취되어 중국에 초점을 맞춘 정책을 수립하지 않았으며, "자본가들은 우리들에게 밧줄을 팔아, 우리들로 하여금 밧줄을 이용해 그들을 목매달아 죽이게 할 것이다"라는 레닌의 예언을 따를 뻔했다.

9 · 11 이후 10년 동안, 미국은 이슬람 세계에 줄곧 관심을 가졌고, 무심코 "중국 돈을 빌려 사우디아라비아에게 주는" 정책을 끝냈다. 부시 정부의 임기

말기에, 국가정보위원회의 《2025년 세계추세》는 "전세계의 경제와 부는 전대미문의 규모 · 속도로 서양에서 동양으로 전환될 것이다"라고 언급하였다.

미국의 엘리트들은 현재 중국의 형세를 자세히 연구하는데, 루시앙 피이가 "중국은 하나의 국가가 아니고, 그들은 한 국가인 문명으로 위장하고 있다"고 말한 것을 생각해야 한다. 미국과 중국은 역사와 지정학 관점에서 보면 비대칭적이다: "만약 여러분이 미국인이면, 여러분의 역사적 관념도 과거 60년으로, 중국은 미국이 만든 현재의 상태를 위협하는 '수정주의 국가'로 간주될 것이다. 만약 여러분이 중국인이라면, 여러분의 역사적 관념은 과거 3000년으로, 중국은 단지 자신의 전통적 지위가 200년이란 짧은 기간 동안 깨진 후에 다시 되찾는 것뿐이다. 간단히 말하면, 한 사람 눈의 수정주의는 다른 사람의 눈에서는 바로 정상주의이다: 이 외에, 여러분이 미국인이라면, 여러분은 중국을 지구상 마지막 다민족 제국으로 회귀하려는 시대착오적인 국가로 볼 것이다. 만약 여러분이 중국인이라면, 여러분은 전세계의 경제와 정보 네트워크가 '네트워크' 대大중국을 만들 수 있을 거라고 생각할 것이다. 여기에는 인도양에서 태평양, 미국까지를 포함한다.", "만약 21세기의 경쟁이 중국과 미국 사이에서 발생한다면, 중국은 우세를 점할 것이다. 만약 경쟁이 중국과 부흥하는 서양시스템에서 발생한다면, 서양이 최종적으로 승리할 것이다." 만약 이 두 개의 형세로 미래를 귀결시킨다면, 이런 생각은 지나치게 천진난만한 것이다. 우리 같은 세계주의 학자들은 "서양"을 의식하는데, 이는 찬양할 만한 가치가 있다. 그러나 이런 가설은 착오적인 것으로 첫째, 중국과 이슬람은 매우 밀접하고, 둘째, 서西대서양은 이미 존재하지 않는다.

20세기에 굴기한 국가 가운데, 독일에서 일본까지 소련에서 미국까지, 그들은 이슬람으로 하여금 자신의 조력자가 되게 하려고 시도하였다. 중국도 예외가 아니어서특히, 에너지에 대한 큰 수요 때문이다, 이슬람은 협력을 받아들일 것이다. 싱가폴의 마카이수오马凯硕는 일찍이 "중국의 굴기는 이슬람 세계의 환영을 받았다. 이슬람 세계는 점차 중국을 미국의 지혜롭지 못한 지정학적 정책에 맞서는 수단으로 간주한다."라고 언급하였다.

비록 중국-이슬람 중심이란 개념이 "통일된 지휘"가 결여되어 성립될 수 없을지라도, 어떤 의제 또는 논단의 "통일된 행동"은 중국과 이슬람의 유대를 증명할 수 있다. 네이선 프렐은 우리들이 직면한 도전을 "장기 전쟁"으로 정의하고, 이슬람의 도전에 큰 관심을 가지게 하여, 중국과 다른 반란 활동들의 도전을 무시할 가능성이 있다: "미국은 비재래식 분쟁과 극단주의자라는 상대와 장기적으로 대치하고 있다. 그러나, 저자는 "장기 전쟁"이란 개념은 그다지 정확하지 않다고 생각하는데, 그 이유는 미국이 직면한 각종 활동 · 적대적 경쟁 · 제압 행위를 단편적으로 설명하기 때문이다. 성전주의를 겨냥한 '장기 전쟁'은 단지 복잡한 비국가와 국가가 경쟁하는 측면이 있다. '장기 전쟁'이란 개념이 각종 적수의 범위를 제한시켰다."

비록 이런 제안이 합리적일지라도, 프렐은 내부 기획자들을 중요한 위치에 두어 위협 · 위험을 역사적 도전 · 자연적 재해와 병렬시켰다. 정책기획자들의 업무는 각종 가능성 있는 도전과 긴급한 사건을 수집하는 것이다. 그리고 정책 수립자의 업무는 그 가운데 가장 중요한 문제를 선택하는 것이며, 이 중요한 문제들은 확실히 중국과 이슬람이지, 쓰나미와 전염병 상황이 아니다. 우리들은 장기 전쟁의 개념을 포기해서는 안 되고, 정의를 다시 하여 중국과 이슬람의 관계를 포함해야 할 것이다.

중국-이슬람 집단은 서양국가가 만든 질서를 배척할 뿐만 아니라, 전략적인 일치성을 가지고 있다. 국방분석가 로버트 펑크는 초한전 토론회 때, 다음과 같은 놀랄 만한 비유를 하였다.

> 초한전의 많은 경험들은 비국가조직, 예를 들어 테러조직 · 반란조직 · 해커 등을 거울로 삼는다. 이 때문에 초한전은 '알카에다' 조직의 편람과 비슷하다. 그러나, '알카에다' 조직의 편람은 전술과 작전의 성격인 반면, 초한전은 작전과 전략의 성격이고, 심지어 대전략의 성격이다.

중국-이슬람 유대는 결코 "문명 충돌"의 불가피성을 설명하지 않는다. 또 다른 가능성은 2007년 여름 워싱턴 토론회에서 제기된 "서양국가가 없는 세계"와 같이, 다른 지역이 자신의 사무를 스스로 만들어, 서양국가들을 무시하는 것이다.

현재 어떤 서대서양 조직이 이미 존재하지 않고 있으며, 정부 측 설명 외에는 어떠한 서양의 개념도 있지 않다. 낙관주의자는, 이것을 대체하는 것은 3개의 제국미국, 유럽과 중국들이 "제 3세계"에 대해 영향력 경쟁을 하는 것으로 이야기 한다. 실제로 어떤 상황에서는 브뤼셀 컨센서스와 북경의 컨센서스간 어느 정도의 차이가 존재한다. 그러나 이 두 가지 컨센서스와 워싱턴 컨센서스에는 다른 차이점이 있다.

비관주의자는, 미국이 "전세계적의 지도자"라는 개념에 지나치게 집중하여 미국 이후의 현실에 대응하기 어렵다고 이야기 한다. 또한 서양은 에너지에 의지하여 러시아의 핀란드화가 아랍의 이슬람화에 비하면 더욱 친밀하다고 생각한다. 간단히 말하면, 유럽의 대전략은 "유럽화일지언정, 유럽-아랍화는 원하지 않는다"라고 정리할 수 있다.

만약 서양이란 단어가 다시 만들어진다면, 그것은 범위가 큰 "대大서양" 즉, 미국 · 유럽 · 러시아를 포함하는 것이다. 냉전을 이기기 위해 중국을 필요로 했던 것과 같이, 장기 전쟁을 승리하기 위해서는 러시아를 이용할 필요가 있다.

손자병법: 미래가 바로 과거이고, 중국의 특색이다

냉전 후기, 학계의 글들이 "공백을 채우는 사회건설"로 불려질 수 있을 때, 클라우제비츠 이론의 학파는 다시 한번 전쟁의 본질을 강조했고, 자연히 사람들의 이목을 끌게 되었다.

2001년 9 · 11 사건은 우리들을 일깨웠다. 전쟁은 다른 활동과 같이, 계속 사회건설의 활동이고, 미래에도 계속 이와 같을 것이다. 과거 10년 동안, 미국 전략의 저작물은 점차적이지만 이런 근본적인 사실을 받아들이고 싶지 않았다.

전쟁은 사회가 구축한 것이다. 1400년 전후의 영국과 프랑스 양국의 병사들이 참전한 전쟁이 "백년 전쟁"이라는 것을 알았다면, 그들은 크게 놀랐을 것이다. "백년 전쟁"이란 설명은 19세기에 명명한 것이다.

전쟁은 사회가 구축한 것이다. 클라우제비츠의 《전쟁론》에 아편전쟁의 내용을 포함하지 않았다면, 이것은 당시 전쟁의 사회적 구조가 프러시아 군부로 하여금 이러한 개념을 상상하기 어렵게 했기 때문이다. 그러나 이것은 4000천만 인구를 가진 국가가 아편을 무기로, 인구가 4억인 국가를 정복하는 것을 결코 제어할 수 없었다.

전쟁은 사회가 구축한 것이다. 오늘날 전문 직업군인은, 전쟁에 대해 많은 내용을 말할 수가 있다. 그가 자신을 전쟁범죄로 넣는데 개의치 않는다면, 전쟁은 먼저 《무장충돌법》에서 정의하는 내용이어야 한다. 만약 클라우제비츠 시대가 정립한 국제적 협의가 오늘날의 전쟁에 더 이상 적용되지 못한다면, 여러분은 이 협의를 바꿀 필요가 있다. 그렇지 않으면, 여러분이 가장 용감하고 영리한 전사를 데리고 있을지라도, 여러분은 전쟁에서 패하게 될 것이다.

전쟁은 사회가 구축한 것이다. 나토 동맹국들은 1999년 새로운 전략개념을 수립하기 시작했다. 그 가운데 논쟁 사항은 "네트워크 공격은 '전쟁행동'으로 간주되어야 하기 때문에, 제 5조가 규정한 대응행동미국의 관점을 채택하거나, 제 4조가 규정한 응급행동독일의 관점을 채택해야 한다"는 것이다.

전쟁은 사회가 구축한 것이다. 통속적으로 말하면, "조직적인 범죄"와 "비재래식 전쟁" 사이의 구별은 쉽게 없어질 수 있다. 미국의 입법자들은 도시 폭력을 "제 3대의 파벌"로 부르고, 지금의 형세를 "제 4대 전쟁"으로 정의하며, 원래의 《지방경무법(地方警舞法)》을 폐지했다.

전쟁은 사회가 구축한 것이다. 간단히 말하면, 클라우제비츠 이론가들의 주요문제는, 그들이 알지 못한 클라우제비츠의 "가역성"이란 관점은 단지 반만 맞다는 것이다. 일반적으로 말하면, 전쟁은 확실히 "정치의 계속"으로 부를 수 있다. 특수한 상황에서는, 정치가 "전쟁의 계속"으로 변하게 된다. 만약 20세기가 "극단의 시대"라고 역사책에 기록된다면, 그것은 상당히 특수한 시대였기 때문이다.

20세기의 전반기, 유럽의 국내정치는 전쟁의 계속으로 볼 수 있다. 이것도 당시 가장 영향력이 있는 서양 정치사상가 2명의 주요 관점이다. 좌파인 안토니오 그람시는 정치는 "기동전"에서 "진지전"까지 각종 형식의 활동을 포함한다고 생각했다. 우파인 칼 슈미트는 정치의 본질은 "피 · 아"의 구별이고, 정치와 전쟁 사이의 구별은 본질상의 구별이 아니라, 치열한 정도의 구별로 보았다.

20세기의 후반기, 정치는 여전히 "전쟁의 계속"으로 볼 수 있다. 단지 활동 범위가 국제적 영역으로까지 확대되었는데, 이것이 "냉전 시기"라고 불리게 된 이유이다. 1947년, 월터 리프만은 냉전을 제목으로 하는 짧은 글을 출판할 때, 많은 사람들은 이 개념이 모순적이어서 받아들일 수 없었다. 실제로, 이 글자는 1870년부터 1914년까지 유럽에서 유행한 "무장 평화"란 개념보다 더 괴이하지는 않았다. 뒤에 증명되었듯이, 냉전이란 개념은 조금도 신기하지 않았다. 이 때문에, 이 단어는 중세의 스페인에서 사용하기 시작했는데, 그들은 이 단어를 이용해 이슬람과 기독교 사이의 장기 전쟁711~1683년을 묘사하였다.

"장기 전쟁"은 21세기의 "냉전"이라고 볼 수 있겠는가? 최소한, 중국 노인이 말한 바와 같이, 우리들은 "재미있는 시대에 살고" 있다. 1991년 등소평은 미국과 중국은 점차 "냉전"을 형성하고 있고, 이것은 서양국가들의 관심을 끌지 못했다고 말하였다. 20년 후, 55%의 중국인들은 모두 그의 관점에 동의한다. 이와 동시에, 미국인도 21세기는 중국의 세기가 될 것이라는 것을 알고 있다.

전쟁은 사회가 구축한 것이다. 중국의 전략가들은 "전쟁은 피를 흘리는 정치이고, 정치는 피를 흘리지 않는 전쟁"이라는 모택동의 정의를 "수정"할 필요가 있다는 것을 알고 있고 동시에, "초한전"이란 개념을 제기한 사람들을 마귀라고 말한다: "전통적인 병사와 우리들이 말하는 현대적인 병사 사이에는 간격이 나타났다. 비록 이 간격은 결코 넘을 수 없는 게 아닐지라도, 그것은 우리들로 하여금 군사적 사고를 전면적으로 수정할 것을 요구한다. 이 방법은 군사 마키아벨리를 만드는 것이다. 비록, 마키아벨리가 '한계 초월'의 기원중국의 한비자가 그보다 훨씬 빠르다이 아닐지라도, 그는 이 개념의 제창자이다."

전쟁은 사회가 구축한 것이다. 만약, 반란진압 전쟁은 "대학생 수준의 전쟁"으로 부를 수 있다면, 초한전은 "대학원 수준의 전쟁"이라고 불러야 한다. 중국은 이 점을 잘 이해하고 있는데, 이것도 최근 미국대학에서 공부하는 중국의 장교들이 미국의 장교들보다 더 많아야 하는 이유이다.

전쟁은 사회가 구축한 것이다. 미군은 계속 전쟁의 "본질"이란 개념이 있다고 가정하는데, 여기에는 합리적인 이유가 있다: 만약, 그들이 자기비하 하지 않고 그들의 업무를 "살인과 파괴"라고 부른다면, 그들의 주인인 시민들은 조금도 주저하지 않고 그들을 이용하고 남용하여, 그들로 하여금 자녀를 돌보게 하거나 쓰레기를 줍도록 하게 할 것이다. 다시 말하면, 확실히 진정한 전쟁은 존재한다. 만약 여러분의 경쟁 상대가 클라우제비츠를 포기하고 마한Mahan · 리델 하트와 손자를 채택한다면, 여러분도 추세를 따라야 할 것이다.

간단히 말하면, 현재의 국가 중에서 미국과 같은 나라의 군사전략가들은 지나칠지언정 부족하지 않게, 전쟁을 "어떤 수정주의 상대가 생각하는 방식"으로 간주한다. 만약 여러분이 "통일된 전쟁이론"을 찾고 있다면, 그것은 바로 곁에 있다. 즉, 초한전이다.

이상적인 상황에서, 부담이 너무 큰 군대는, 정치인이 선거 때 제기한 "영구적인 전역戰役"에는 지나친 관심을 가져도, "대전략"을 발전시키는 데는 흥미가 없다. 만약 미군도 대전략이라는 문제를 처리할 수 없거나 하고 싶지 않으면, "21세기는 중국의 세기가 될 수가 있고, 역사에 기록되는" 최종적인 비극을 피하기 어려울 것이다.

출처 : 미국의 존스 홉킨스 대학 2006~2009년 "초한전 세미나"의 논문집이고, 저자는 토니 코언이다.

'자유의 행동 유지': 미국식의 초한전

형식적인 면이 강한 미국은, 이번 반테러 전쟁에 감화력이 큰 이름을 붙여주기를 원했다. 그들은 최초에 '무한의 정의로운 행동'이라고 불렀으나, 후에 내포하는 종교적 의미가 이슬람교를 자극하기 때문에 '자유의 행동 유지'로 바꾸었다.

9 · 11 사건 당일, 미국의 매체들은 미국이 테러의 습격을 받았으나 전쟁은 아니라고 보도했다. 이튿날부터, 국무부 장관 파월, 이어서 부시 대통령은 '이것은 전쟁이다'라고 선포했고, 적을 확정하지 못한 상황에서 미국을 대표하여 선전포고를 했다. 적이 불명확한 것은 이 전쟁과 과거의 전쟁이 다른 점이다. 우리는 "해커의 침입, 세계무역 센터의 폭파, 빈 라덴의 폭탄 공격이든지 간에, 이는 미국이 이해하는 주파수 대역폭을 크게 초월했다. 이러한 적을 대응하는 방법에 있어서 미국은 심리와 수단 측면, 특히 군사사상과 여기에서 파생되는 전법을 준비하지 못했다"고 이해하고 있다.

과거 군사적 수단으로 전쟁을 대응하는 것과는 달리, 미국 정부는 이번에 군사적 경계를 초월하는 많은 전쟁수단들을 사용했다. 9 · 11 사건 후, 미국정부는 테러활동과 관련된 자금 계좌를 신속히 폐쇄하고, 입법과정이 느린 상황에서 해커를 이용하고, 대통령은 각국 지도자들에게 전화를 하여 지지를 요구하였으며, 의회는 예산을 승인하여 UN의 구계좌에 빚을 갚았다. 그리고 이스라엘을 압박하여 팔레스타인과의 관계를 완화시켰고, 고이즈미 수상에게는 중국과 남 · 북한을 방문하게 했으며, 체첸 반정부 무장세력을 테러조직으로 명명하여 러시아의 지지를 얻었다. 또한 카타르 정부에게는 알자지라 방송을 단속할 것을 요구하였고, 빈 라덴의 연설을 방송하는 것을 금지시켰다. 게다가,

CNN 등 5대 매체와 협상하여 뉴스의 자유를 제한시켰고, CIA에게 암살이란 권한을 주었으며, 아프가니스탄 난민을 원조하고 탈레반 장교들에게 뇌물을 주었으며, 반反탈레반 동맹에게 고문을 파견하였다. 그리고 최후에 군사적 타격을 하였다. 부시 대통령이 선포한 것과 같이, 군사적 타격 전에 미국은 금융 영역에서 이미 전과를 획득했고, 아프가니스탄에서 군사적 타격과 병행하여 국내의 반反탄저병 테러활동, 경제발전은 이 전쟁의 제 2 · 3의 전선이었다. 이것은 과거와는 다른 전쟁이었고 많은 전쟁에서 수행된 전쟁들이었다.

확실히, 미국은 세계화시대에 어떤 사람도 단지 군사적 수단에만 의지해서는 전쟁에서 승리할 수 없고, 반테러전쟁에서 이기기 위해서는 반드시 '초한전' 즉, 적을 타격하기 위하여 군사적 영역을 초월하여 각종 수단을 조합하는 방법을 사용해야 한다는 것을 알게 되었다.

만약 미국이 9 · 11에서 초한전을 만났다면, 그들은 지금 즉, '악인에 대해서 악인이 썼던 방법'으로 다루는 것과 같이 초한전이란 방법으로 빈 라덴을 공격하고 테러를 반대한다고 말할 수 있을 것이다. 또한 이것은 미국식의 초한전이라고 말할 수 있다. 초한전은 이미 전쟁의 새로운 추세가 되었다. 세력이 약한 쪽이 이렇게 한다면, 세력이 강한 쪽도 이렇게 해야 한다. 이렇게 하게 되면, 약자는 강하게 되고, 강자는 더욱 강하게 될 수 있을 것이다.

누가 이길 것인가?

이번 반테러 전쟁은 코끼리와 쥐의 싸움과 비슷하다. 어떤 사람도 미국이 탈레반을 평정할 수 없다고 의심하지 않고, 어떤 사람도 테러주의가 바로 사라질 것이라고 믿지 않는다. 누가 이길 것인가는 여러분이 어떤 기준으로 승리를 판단하느냐에 달려 있다.

미국의 역사에서 유격대와 전투하는 것은 항상 떨쳐지지 않는 악몽이었다. 월남에서 소말리아까지 강력한 미군은 항상 우위를 점하지 못했다. '사망률 0'은 미국 사회 나아가 미국 정부의 정치적 목표가 되었다. 이것은 카우보이란 자만심으로 가득 찬 미군의 용감한 정신을 제한시켰을 것이다. 미 국방부의 공보관은 "백병전을 북부동맹의 군대에게 건네주었다"라는 말을 했는데, 이는 많은 살상자가 발생할 수 있는 상황에서 미국은 지상군을 쉽게 파견하지 않을 것이란 것을 명확히 표현한 것이다. 3주 간의 폭격은 정밀폭탄으로 산 동굴에 숨은 탈레반을 대응하는 것으로 좋은 방법이 아니었다. 처음 야망이 있어서 빈 라덴의 조직을 단번에 평정할 수 있을 것으로 잘못 생각한 럼스펠드는 점점 태도를 낮췄다. 그는 빈 라덴을 체포 또는 사살하는 것은 "매우 어려운"일이라고 말했다. 그러나 전쟁이 일단 시작되자, 전쟁 자신의 논리에 따라 발전되어 갔다. 미국 내외에서 '군사적 타격이 교착상태에 빠졌다'라는 여론이 미국 정부가 지상군을 사용하도록 압박하였다. 전쟁이 장거리 폭격기의 깨끗한 계기판에서 이탈하여 지저분하고 피비린내 나는 상황으로 변하기 시작했다. 아마도 이것은 산악지대 동굴 안에서 기다리면서 소련에게 교훈을 주는 것과 같이, 미국에게 교훈을 주려는 오마르와 빈 라덴이 기대한 것이다.

그때는 그때고 지금은 지금이다. 미국과 파키스탄의 지지에 의지했던 아프가니스탄 유격대는 소련군의 철군을 압박할 수 있었으나, 예전과 달리 고립된 탈레반은 비분강개한 마음을 품고 있는 미군 병사를 싸워 이길 수는 없을 것이다. 관건은 미국 시민들이 오랫동안 인내심을 유지하고, 미군은 많은 대가를 지불할 계책이 있는가에 달려 있다.

미국을 보면, 진정한 위험은 전장에 있지 않고, 아프가니스탄의 전후계획에 있다. 그 이유는 이 계획이 많은 국가들의 이익에 영향을 미치기 때문이다. 지금 러시아, 프랑스, 이란, 인도는 '깨끗한' 아프가니스탄의 전후 정부를 주장하고 있다. 그리고 미국, 영국, 파키스탄, 중국은 '기반이 넓은' 정권을 수립하려는 경향이 있다. 이 강대국들 사이의 이익 다툼은 탈레반과 빈 라덴이 그물을 빠져나가는 틈이 될 수 있고, 심지어 전쟁의 결과를 좌우하는 위기를 조정할 수 있을 것이다. 지금까지, 비국가조직은 국가의 근본을 흔들 수 있는 능력을 갖고 있지 않는데, 비정부조직 · 강대국과 대항할 수 있는 다른 강대국이 배후에서 음으로 양으로 지지를 하고 있다. 아마도 각국은 전세계적인 반테러 전쟁에서 공동의 이익을 서로의 차이점에 몰아넣었다는 것을 배우게 될 것이다.

신테러주의라는 도전에 대응하기 위해서는 각국의 많은 협조를 필요로 한다. 테러자금을 차단하고 테러분자를 추적하는 것도 모두 국경을 초월하는 협조에 의지해야 하는데, 이것도 하나의 '초한'이다. 테러주의는 절망에서 생기고, 절망 때문에 싸우는 양측 모두가 죽게 되는 결심을 하게 된다. 이런 절망을 제거하고자 하면, 세계화 과정에서 끊임없이 주변국가와 민족들이 희망을 보게 만들어야 한다. 이것도 전세계 각국이 함께 노력해야 할 사항이다. 분명히, 국가와 신테러주의의 각축은 이미 군사적 영역의 대항을 넘어서서, 현 제도의 각 부분에 영향을 주게 되었다. 이에 대한 인식과 실천만이, 신테러주의를 제거하려는 전쟁에서 승리의 계책을 만들고 지나치게 많은 폭력들을 피하게 해줄 수 있을 것이다.

2001년 10월

초한전(超限戰) : 세계화 시대의 전쟁과 전법

초판 3쇄 발행 2024년 5월 3일

지은이 챠오량(喬 良) · 왕샹수이(王湘穗)
옮긴이 이정곤

펴낸이 오상훈
펴낸곳 교우미디어
주 소 서울시 동대문구 약령시로 8 교우빌딩 1층 교우미디어
전 화 02-925-2861, 02-925-2866 / **팩 스** 02-925-2860, **편집부** 02-925-2825
홈페이지&북스토어 www.kyowoo.co.kr / **이메일** kyowoo@kyowoo.co.kr

등 록 2011년 2월 7일 제305-2011-000007호
ISBN 979-11-85417-38-7 (03390)

Published by Kyowoomedia Printed in Korea

값 22,000원

교우미디어는 (주) 교우의 Imprint 사입니다.
수학정원·과학정원은 (주) 교우의 새로운 브랜드명입니다.

잘못된 책은 구입하신 서점에서 교환해 드립니다.